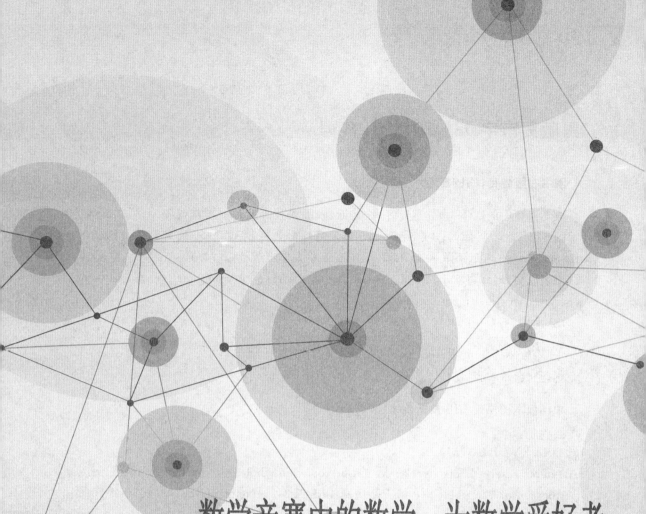

# 数学竞赛中的数学：为数学爱好者、父母、教师和教练准备的丰富资源(第二部)

[美] 蒂图·安德雷斯库(Titu Andreescu)
[美] 布拉尼斯拉夫·基塞凯尼(Branislav Kisačanin) 著

郑元禄 译

哈尔滨工业大学出版社
HARBIN INSTITUTE OF TECHNOLOGY PRESS

黑版贸审字 08—2018—106 号

**图书在版编目(CIP)数据**

数学竞赛中的数学:为数学爱好者、父母、教师和教练准备的丰富资源. 第二部/(美)蒂图·安德雷斯库(Titu Andreescu),(美)布拉尼斯拉夫·基塞凯尼(Branislav Kisačanin)著;郑元禄译.—哈尔滨:哈尔滨工业大学出版社,2020.10

书名原文:Math Leads for Mathletes:A rich resource for young math enthusiasts,parents,teachers,and mentors. Book 2

ISBN 978-7-5603-8836-6

Ⅰ.①数… Ⅱ.①蒂…②布…③郑… Ⅲ.①数学—竞赛题—题解 Ⅳ.①O1-44

中国版本图书馆 CIP 数据核字(2020)第 088316 号

ⓒ 2014 XYZ Press,LLC

All rights reserved. This work may not be copied in whole or in part without the written permission of the publisher (XYZ Press, LLC, 3425 Neiman Rd., Plano, TX 75025, USA) except for brief excerpts in connection with reviews or scholarly analysis. www.awesomemath.org

| | |
|---|---|
| 策划编辑 | 刘培杰　张永芹 |
| 责任编辑 | 王勇钢 |
| 封面设计 | 孙茵艾 |
| 出版发行 | 哈尔滨工业大学出版社 |
| 社　　址 | 哈尔滨市南岗区复华四道街 10 号 邮编 150006 |
| 传　　真 | 0451-86414749 |
| 网　　址 | http://hitpress.hit.edu.cn |
| 印　　刷 | 哈尔滨市工大节能印刷厂 |
| 开　　本 | 787 mm×1 092 mm 1/16 印张 14 字数 230 千字 |
| 版　　次 | 2020 年 10 月第 1 版　2020 年 10 月第 1 次印刷 |
| 书　　号 | ISBN 978-7-5603-8836-6 |
| 定　　价 | 48.00 元 |

(如因印装质量问题影响阅读,我社负责调换)

美国著名奥数教练蒂图·安德雷斯库

献给安德里亚(Andreea)与米勒纳(MiIena)

# 前　　言

"为什么我的孩子们在这个年龄段时,就没有这本书呢!!??"

——Kathy Cordeiro(美国德克萨斯州弗里斯科市人)

我们欢迎你来到解答数学问题的世界！一旦你进入这个世界,希望你能热爱它！

我们为什么要写这部书呢？本书希望为解答数学问题、参加数学竞赛,以及对数学感兴趣的学生们和他们的父母、老师与辅导员,出版一整套解题的入门辅导书.我们在撰写本书时,借鉴了我们与年轻数学工作者的合作经验及世界各地教育工作者的共同智慧.我们的目的是帮助学生们的父母与辅导员,指导他们的抱负不凡的年轻的数学问题解答者.

这部书应该如何定位呢？就其本质而言,本书的读者对象不是特定年龄的学生们.我们的经验表明,本书中包含的论题最适合于高年级的六年级学生.同样,我们知道许多学生后来所显示出的数学才能得益于本书的各章节.此外,用本书提出的丰富概念与问题作为材料,教师可以在课堂中使用,父母可以在家中教他们的孩子,辅导员可以在数学小组或数学俱乐部与数学园地中指导孩子.

阅读这本书需要怎样的预备知识呢？本书是解答数学问题的入门书,需要极少的预备知识.如果学生对数学竞赛感兴趣,那么他(或她)大概知道整数、偶数与奇数、素数与合数能解答简单的方程.虽然未必要求预备知识,但是为了跟随本书的进度,还是需要许多其他知识.我们希望学生有很高的积极性与热心的父母、教师和辅导员的大力支持、指导.我们总是强调在数学教育的每个阶段进行指导的重要性,特别是这个早期阶段.

这部书教什么内容呢？本书将帮助你在数学竞赛的一些重要方向有所提高:代数学、组合学、几何学、数论.

你将学习各种各样的解题策略,将要求你说明解法,写出证明,研究与其他问题的联系.从汇总的材料中你将了解到著名数学家们及其发现的事迹.

为了支持这个学习过程,每节中首先讨论新概念,用例子说明它们,其次提出相关的练习题与问题.本书第 2 篇给出了所有练习题与问题的详细解答.为了教给学生们各种各样的解题技巧,逐渐灌输一题多解的重要性,我们给出许多例题一个以上的解法.在这本书里为富有特色的解法提供了推理与证明书写的范例.这些是想要研究数学、计算机科学、工程技术或取得科学研究成功的任何人必须具备的非常宝贵的技能.

怎样选择练习题与问题呢？本书有超过330个完全解答的练习题与问题以及放在它们前面的许多例题.它们选自大量的数学文献资料,受到了世界各地各种数学竞赛、习题图书与杂志的启发；它们是精心选择出来的,以促进灵活性,创造性,开发智力,要求解答有趣同时又有意义的问题.本书是独一无二的,因为它是供有才能的孩子按照高质量大纲使用的一批课题与问题.《数学竞赛中的数学》是第1部丛书,包含不同的概念、例题与这样水平上的问题.

读这本书后研究什么呢？本书将大大增加你的数学知识与解题技能,但是还有很多知识要学习.例如,在一篇"聚焦"的文章中,我们讨论了伽罗瓦(Galois)关于五次方程的发现,但是我们确实不能解释他怎样想出了它.为了理解这一点与很多其他有趣的数学结果,并解答超过第8届美国数学竞赛范围以外的数学问题,学生们将需要继续学习更多的数学知识,获得更多的解题技巧.

为了激发学生、父母与教师们进一步的学习兴趣,我们继续分析与研究更多有趣的数学论题与问题是有益的——本书是这套《数学竞赛中的数学》丛书中的第2本.其余各本书将包括更详尽与复杂的问题.

致谢：我们非常感谢著名的数学研究专家R. Stong,他对本书提出了非常宝贵的意见与反馈.十分感谢印度国际数学竞赛代表队教练A. Kumar,他详细地审阅了本书.我们也感谢热衷于数学的教育家C. Jeuell,他对本书提出了详尽的建议.

我们也感谢我们的数学同事A. Andreea,Milena与Nikola的支持与审阅.最后,尤其是要感谢我们的妻子Alina与Aleksandra的关心与支持！

蒂图·安德雷斯库

布拉尼斯拉夫·基塞凯尼

2018年1月

# 目 录

**第1篇 概念,练习题与问题**

1.1 计数 I ································································· 4
1.2 帕斯卡三角形与二项式系数 ································ 6
1.3 概率 I ································································ 8
1.4 数学归纳法 ························································ 9
1.5 第 1 套问题 ······················································· 12
1.6 计数 II ······························································ 14
1.7 概率 II ······························································ 16
1.8 斐波那契数 ························································ 17
1.9 鸽笼原理 ··························································· 18
1.10 第 2 套问题 ······················································ 20
1.11 二次方程 ························································· 22
1.12 代数式 ···························································· 26
1.13 线性方程组 ······················································ 28
1.14 不等式 ···························································· 34
1.15 第 3 套问题 ······················································ 37
1.16 角的寻求 I ······················································· 40
1.17 角的寻求 II ······················································ 43
1.18 三角形的几何学 I ·············································· 45
1.19 三角形的几何学 II ············································· 46
1.20 第 4 套问题 ······················································ 48
1.21 剖分图形 ························································· 51
1.22 再剖分 ···························································· 52
1.23 等边多边形与等角多边形的比较 ························· 55
1.24 组合几何学 ······················································ 56
1.25 第 5 套问题 ······················································ 57
1.26 关于除数算法 ··················································· 59
1.27 最小公倍数 ······················································ 61

| | | |
|---|---|---|
| 1.28 | 佳数 | 62 |
| 1.29 | 包含 2 016 的问题 | 68 |
| 1.30 | 第 6 套问题 | 69 |

## 第 2 篇　问题解答

| | | |
|---|---|---|
| 2.1 | 计数 Ⅰ | 75 |
| 2.2 | 帕斯卡三角形与二项式系数 | 78 |
| 2.3 | 概率 Ⅰ | 83 |
| 2.4 | 数学归纳法 | 87 |
| 2.5 | 第 1 套问题 | 93 |
| 2.6 | 计数 Ⅱ | 100 |
| 2.7 | 概率 Ⅱ | 104 |
| 2.8 | 斐波那契数 | 108 |
| 2.9 | 鸽笼原理 | 110 |
| 2.10 | 第 2 套问题 | 112 |
| 2.11 | 二次方程 | 116 |
| 2.12 | 代数式 | 127 |
| 2.13 | 线性方程组 | 133 |
| 2.14 | 不等式 | 140 |
| 2.15 | 第 3 套问题 | 145 |
| 2.16 | 角的寻求 Ⅰ | 151 |
| 2.17 | 角的寻求 Ⅱ | 153 |
| 2.18 | 三角形的几何学 Ⅰ | 156 |
| 2.19 | 三角形的几何学 Ⅱ | 158 |
| 2.20 | 第 4 套问题 | 162 |
| 2.21 | 剖分图形 | 167 |
| 2.22 | 再剖分 | 170 |
| 2.23 | 等边多边形与等角多边形的比较 | 171 |
| 2.24 | 组合几何学 | 173 |
| 2.25 | 第 5 套问题 | 176 |
| 2.26 | 关于除数算法 | 180 |
| 2.27 | 最小公倍数 | 181 |
| 2.28 | 佳数 | 182 |
| 2.29 | 包含 2 016 的问题 | 184 |
| 2.30 | 第 6 套问题 | 190 |

# 第1篇

# 概念,练习题与问题

## 不可能的古希腊问题

古希腊数学家们提出了利用极有限的2种工具解决几何作图问题的传统：无刻度直尺与圆规．这种作图在欧几里得后称为欧几里得作图，他生活约在公元前300年，写出了空前绝后的著名几何学教科书《几何原本》．

古希腊数学家们精通欧几里得作图法技术，能做出具有3,4,5,6,8,10边的正多边形，但是不能找到做出正七边形与正九边形的作图程序．类似的，他们能二等分（分成2个相等部分）任意角，但是他们没有找到三等分（分成3个相等部分）的方法．此外，他们能做出1个正方形使它的面积等于1个已知正方形面积的2倍，能做出1个正方形使它的面积等于任何1个多边形的面积．但是他们不能做出1个立方体它的体积是1个已知立方体体积的2倍，或者不能做出1个正方形使它的面积等于1个已知圆的面积．

古代数学家与以后许多代的数学家们继续回去试图用欧几里得工具解决这4个问题．甚至在多过2世纪以后，它们仍然没有被解决，现在我们知道为什么——只用欧几里得工具不能解决它们．只由16世纪韦达（Viete）与笛卡儿（Descartes）的著作，代数学充分发展后，后来由18与19世纪高斯（Gauss），埃尔米特（Hermite），兰伯特（Lambert），林德曼（Lindemann）的贡献，才解决了这些问题．这里简单说明代数学怎样帮助我们证明几何学问题的不可能性．

（1）立方体倍积①是不可能的，因为它包含$\sqrt[3]{2}$的作图，这是3次方程$x^3=2$的解．但是直线与圆只能解答1次与2次方程，它们是1阶与2阶曲线．

（2）角的3等分②也原来与3次方程有关，因此不能用直线与圆解答．

（3）圆求方向题要求数π的作图，已经证明π是超越数——它是超越（非代数）方程的解，原来它不能用直线与圆求解．

（4）正多边形的作图从古代以来没有进展，直到19世纪，老年的高斯找到了17边形作法．稍后他证明了，当且仅当正多形边数可以写成不同的费马（Fermat）素数③与2的幂之积时，就可以做出这个正多边形．因为7是素数，但不是费马素数，所以不能用欧几里得工具作图．

---

① 立方体倍积也称为德里安(Delian)问题，因为在公元前430年雅典人询问德洛斯(Delos,阿波罗神与月亮女神出生的岛)的神使，怎样才能停止快到的天灾，答案是把阿波罗立方体圣坛体积加倍．

② 阿基米德(Archimedes)后来看到欧几里得作图法的局限性；他找到了3等分任意角的方法，就是允许他自己用2把有刻度直尺．我们认为他的解法是各种解法中最早的方法．

③ 费马素数是形如$2^{2^n}+1$的素数．已知只有5个这样的数：3,5,17,257,65 537．

## 1.1 计 数 I

在本节中,我们将介绍各种排列的基本计数原理.我们先列举2个简单的例子,这些例子是如此简单,以致读者会感到惊奇,我们为什么要讨论它们.我们将指出,这些例子怎样推广到计数原理,这些原理可用来解答各种各样的问题.我们也定义阶乘,它是在1与$n$之间整数乘积的极有用的简写符号.

**例1.1.1** 在我的一个衣橱中有3件T恤衫:红色、蓝色、绿色,而在我的另一个衣橱中还有4件T恤衫:黄色、白色、紫色、黑色.如果我从任何一个衣橱中选择1件T恤衫,我有多少种选法?

我们这里也许不需要说明更多内容,可能只要强调,2个T恤衫集合关于颜色是不相交的,因此选择数是$3+4=7$.

**例1.1.2** 如果1个单词中所有字母都不同,那么利用6个字母的字母表$\{A, B, C, D, E, F\}$可以组成多少个不同的包含2个字母的单词?为了进一步阐明,我们说这些单词在任何语言中都不表示实际单词,例如,FB在本题中可接受为单词.

我们用逐个字母组成单词来解答这个例子.如果第1个字母是A,那么得到以下5个单词

$$AB, AC, AD, AE, AF$$

类似的,如果第1个字母是B,那么得到以下5个单词

$$BA, BC, BD, BE, BF$$

像这样继续下去,把剩下的每个字母分别作为第1个字母,我们各得另外5个单词

$$CA, CB, CD, CE, CF$$
$$DA, DB, DC, DE, DF$$
$$EA, EB, EC, ED, EF$$
$$FA, FB, FC, FD, FE$$

我们看出,对6个字母的每个字母选择为第1个字母,我们对第2个字母有5种选择,共有$6 \cdot 5 = 30$(个)可能的单词.

**加法原理**:如果集合$A$有$m$个元素,集合$B$有$n$个元素,它们没有共同元素,那么它们的并集有$m+n$个元素.

**乘法原理**:如果集合$A$有$m$个元素,集合$B$有$n$个元素,那么使$a \in A, b \in B$的不同有序对$(a, b)$的个数等于$m \cdot n$.

**注** 在以下问题的某个问题中,我们将利用乘法原理的巧妙推广.

假设我们有一个步骤为2步的过程.在第1步,我们有$m$种选择.在第2步,我们有的选择项目可能依赖于我们在第1步中选择了什么,但如果不管这个决定,第2步的选择种

数是 $n$. 于是可能性数是 $mn$.

**阶乘**：在组合学中，我们常常遇到从 1 到 $n$ 的相继整数的乘积，事实上我们希望利用简写符号

$$n! = 1 \cdot 2 \cdots n$$

还有这个乘积的特别名称阶乘. 特别的，$n!$ 读作"$n$ 的阶乘".

定义 0 的阶乘也是有用的：$0! = 1$. 注意，当 $n$ 增大时，$n!$ 的值增大极快①. 表 1.1.1 是到 $n = 10$ 的值.

表 1.1.1

| $n$ | 0 | 1 | 2 | 3 | 4 | 5 | 6 | 7 | 8 | 9 | 10 |
|---|---|---|---|---|---|---|---|---|---|---|---|
| $n!$ | 1 | 1 | 2 | 6 | 24 | 120 | 720 | 5 040 | 40 320 | 362 880 | 3 628 800 |

**例 1.1.3** 6 个大学生准备为他们的历史课程建立模拟政府，他们需要选择总理、副总理、农业部长、交通运输部长、国务部长与国防部长各 1 人. 在他们之间分配这些角色可以有多少种方法？

可以从 6 人中选出一个总理角色，从剩下的 5 人中选出一个副总理角色，等等. 有 $6 \cdot 5 \cdot 4 \cdot 3 \cdot 2 \cdot 1 = 6!$（种）可能方法来分配他们的角色.

## 问 题

1. 图 1.1.1 中有多少个三角形？

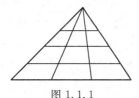

图 1.1.1

2. 在图 1.1.2 中有多少个具有水平边与竖直边的矩形？

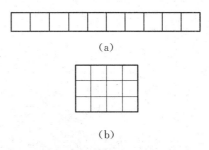

图 1.1.2

---

① 这个增大如此之快，以致最现代的计算方法也不能显示出 70! 的值. 这个增大要用 1 个重要公式计算出来，即 1730 年出现的著名的斯特林（Stirling）逼近公式：$n! \approx \sqrt{2\pi n}\left(\dfrac{n}{\mathrm{e}}\right)^n$. （实际上，它是棣莫弗（de Moivre）发现的，$\pi$ 与 e 是重要的数学常数，$\pi \approx 3.14$，$\mathrm{e} \approx 2.72$.）

3. (1) 在图 1.1.3 中有多少个具有水平边与竖直边的正方形？

(2) 在图 1.1.3 中有多少个具有水平边与竖直边的非正方形的矩形？

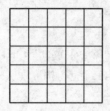

图 1.1.3

4. 正八边形有多少条对角线？

5. 有多少个三位数，使中间数字是其他 2 个数字的平均值？

6. 有多少个由 $1,2,\cdots,9$ 中的不同数字组成的九位数，使任何 2 个相邻数字之和是奇数？

7. 剧场有 8 个电灯，每个电灯可以单独地开或关. 我们可以有多少种方法照明剧场？

8. 7 个大学生进行 800 m 赛跑. 他们有多少种不同名次？不允许有平局.

9. 令 $n = \overline{abc}$ 是三位数.

(1) 有多少个数 $n$，使它们有 $a > b > c$？

(2) 有多少个数 $n$，使它们有 $a < b < c$？

10. 我的银行账户以六位数 PIN（个人识别数）为密码. 如果我决定只用 2 个不同数字，每个数字至少出现 1 次，那么我可以组成多少个不同的 PIN？

## 1.2 帕斯卡三角形与二项式系数

在本节中，我们将学习帕斯卡(Pascal)三角形与牛顿(Newton)二项式定理，我们将看到二项式系数是怎样把它们与组合学联系起来.

(1) 二项式系数即以下形式的数

$$\begin{bmatrix} n \\ k \end{bmatrix} = \frac{n!}{k!(n-k)!}$$

$$= \frac{n(n-1)(n-2)\cdots(n-k+1)}{k!}$$

它可以解答例如以下这样的问题："在 $n$ 个元素的集合中，有多少个包含 $k$ 个元素的子集""从 $n$ 个人中可以组成多少个有 $k$ 个人的不同的委员会".

(2) 帕斯卡三角形

$$\begin{array}{c}
1\\
1\ \ 1\\
1\ \ 2\ \ 1\\
1\ \ 3\ \ 3\ \ 1\\
1\ \ 4\ \ 6\ \ 4\ \ 1\\
1\ \ 5\ \ 10\ \ 10\ \ 5\ \ 1\\
1\ \ 6\ \ 15\ \ 20\ \ 15\ \ 6\ \ 1
\end{array}$$

是由以下方法逐行组成的数表:每行以 1 开始并以 1 结束,而其他的每个表值正是它上方 2 个表值之和. 例如 $15=5+10$.

(3) 牛顿二项式定理

$$(a+b)^n = \binom{n}{0}a^n b^0 + \binom{n}{1}a^{n-1}b^1 + \binom{n}{2}a^{n-2}b^2 + \cdots + \binom{n}{n}a^0 b^n$$

它产生了以下恒等式

$$(a+b)^0 = 1$$
$$(a+b)^1 = a+b$$
$$(a+b)^2 = a^2 + 2ab + b^2$$
$$(a+b)^3 = a^3 + 3a^2 b + 3ab^2 + b^3$$
$$(a+b)^4 = a^4 + 4a^3 b + 6a^2 b^2 + 4ab^3 + b^4$$
$$(a+b)^5 = a^5 + 5a^4 b + 10a^3 b^2 + 10a^2 b^3 + 5ab^4 + b^5$$

## 问 题

1. 如果 $n$ 个元素的集合中 $k$ 个元素的子集数是 $\binom{n}{k}$(读作"$n$ 取 $k$"),证明

$$\binom{n}{k} = \frac{n!}{k!(n-k)!}$$

2. 计算以下二项式系数的值: $\binom{5}{0}, \binom{5}{1}, \binom{5}{2}, \binom{5}{3}, \binom{5}{4}, \binom{5}{5}$.

3. 证明:帕斯卡三角形由二项式系数组成.

4. 证明:帕斯卡三角形关于通过它最高顶点的竖直线对称,即 $\binom{n}{n-k} = \binom{n}{k}$.

5. 证明以下恒等式

$$\binom{n}{0} = \binom{n}{n} = 1 \text{ 与 } \binom{n}{1} = \binom{n}{n-1} = n$$

6. 观察 $(a+b)^0, (a+b)^1, (a+b)^2, (a+b)^3, (a+b)^4, (a+b)^5$ 的系数与帕斯卡三角形表值之间的对应关系. 根据帕斯卡三角形尝试推测 $(a+b)^6$ 的展开式系数. 最后, 实际展开 $(a+b)^6$ 来检验我们从帕斯卡三角形得出的结果是否正确.

7. 证明牛顿二项式定理

$$(a+b)^n = \binom{n}{0} a^n b^0 + \binom{n}{1} a^{n-1} b^1 + \binom{n}{2} a^{n-2} b^2 + \cdots + \binom{n}{n} a^0 b^n$$

8. 集合 $\{a,b,c,d,e,f\}$ 有多少个不同的子集?

9. 利用牛顿二项式公式

$$(a+b)^n = \binom{n}{0} a^n b^0 + \binom{n}{1} a^{n-1} b^1 + \binom{n}{2} a^{n-2} b^2 + \cdots + \binom{n}{n} a^0 b^n$$

证明以下 2 个恒等式

$$\binom{n}{0} + \binom{n}{1} + \binom{n}{2} + \cdots + \binom{n}{n} = 2^n$$

$$\binom{n}{0} - \binom{n}{1} + \binom{n}{2} - \cdots + (-1)^n \binom{n}{n} = 0$$

10. 证明: 对 $1 \leqslant k < p$ ($p$ 是素数), 有 $p$ 整除 $\binom{p}{k}$.

## 1.3 概　率　I

在本节中, 我们将学习怎样计算各种事件的概率. 以下定义虽然在数学上是不严格的, 但是很直观, 适用于我们学习概率基础知识. 概率被以下数学家所利用: 帕斯卡、费马、伯努利兄弟与几个世纪以来的其他数学家们. 最后, 我们将要学习怎样严格地定义概率, 用柯尔莫戈洛夫(Kolmogorov)的方法定义, 但是我们不急着这样做.

**定义 1.3.1**　如果我们做 1 个具有 $n$ 个等可能结果的实验, 要求的事件 $E$ 在这 $n$ 个结果中发生 $m$ 次, 那么这个事件发生的概率 $P(E)$ 由下式给出

$$P(E) = \frac{m}{n}$$

**例 1.3.1**　如果我们的实验包含投 1 个合格的标准六面骰子, 那么有 $n=6$ 个可能结果, 它们是等可能发生的. 如果要求的事件是"投出的点数可被 3 整除", 那么我们可以看出这 6 个结果中它发生 $m=2$ 次(当骰子得出 3 点或 6 点时), 因此可以算出这个事件的概率

$$P(E) = \frac{m}{n} = \frac{2}{6} = \frac{1}{3}$$

任何事件的概率是在 0 与 1(包含)之间的数.如果事件是不可能的,那么它的概率是 0.如果事件是必然的,那么它的概率是 1.在 1 个实验中,某事件将发生或不发生.事件发生与不发生是 2 个对立事件.如果 1 个事件以 $A$ 表示,那么对立事件"非 $A$"表示为 $\bar{A}$,我们可以记

$$P(A) + P(\bar{A}) = 1$$

这个事实可用于很多问题中.

## 问 题

1.我们投 1 个合格的标准六面骰子.投出点数为:(1)3;(2)素数;(3)偶数的概率各为多少?

2.我们从一副 52 张卡片的纸牌中抽出 1 张卡片.抽出的卡片是:(1)皇后;(2)黑卡片;(3)"A"或"2"的概率各是多少?

3.名叫 Meow 的小猫在计算机键盘上跳跃,键盘有 26 个键,对应于英文字母表的各个字母.Meow 猫足落在 4 个不同键上,它能跳到表示它名字的字母键上的概率是多少?

4.2 个八面骰子的各面上标有 1 到 8 的数.每面有相同的落地概率.落地的 2 个面上 2 个数之积大于 36 的概率是多少?

5.从正六边形中随机地选出 3 个顶点.这 3 个顶点可以组成等腰三角形的概率是多少?

6.如果我们投 2 个合格的标准六面骰子,结果得出的点数之和大于 10 的概率是多少?

7.在钱包中有相同数量的铜币(1 分)、镍币(5 分)、银币(5 分与 25 分).4 个硬币被取出,1 次 1 个,每个硬币在取出下 1 个硬币前被放回.4 个硬币总值小于 20 分的概率是多少?

8.我的教室有 23 个大学生,我的学校共有 1 101 个大学生.

(1)教室中有 2 个或更多个人具有相同生日的概率是多少?

(2)这个学校中至少有 4 个人具有相同生日的概率是多少?

为了简化问题,不考虑有闰年存在,因此某人有可能以 2 月 29 日为生日.

9.投 3 个合格的标准六面骰子.它们显示出的点数和至少为 6 的概率是多少?

10.投 4 个合格的标准六面骰子.它们显示出的点数积是偶数的概率是多少?

## 1.4 数学归纳法

数学归纳法是 1 个很重要的证明方法,它允许我们解答范围广泛的问题.1 个形象化的好方法是怎样把数学归纳化比作多米诺骨牌效应.我们把骨牌排成 1 行,撞倒第 1 块骨

牌.当第 1 块骨牌倒下时,它撞倒第 2 块,依次撞倒第 3 块,于是直到撞倒这行最后 1 块.

我们怎样保证多米诺骨牌效应起作用呢?如果我们能保证以下 2 个条件,那么这个效应将起作用:

(1) 我们可以撞倒第 1 块骨牌;

(2) 对任何 $n \geq 1$,以下条件成立:如果第 $n$ 块骨牌倒下了,那么下 1 块也将倒下.

我们现在来讲数学归纳法怎样进行. 如果我们要证明某个公式、性质或命题对任何整数 $n \geq n_0$ 成立,那么我们按如下进行:

第 1 步(基础情形):我们证明它对 $n = n_0$ 成立;

第 2 步(归纳假设):我们设它对某个 $n = k \geq n_0$ 成立;

第 3 步(归纳步骤):根据第 2 步的假设,我们尝试证明它对 $n = k+1$ 成立.

我们用 2 个例子说明这个方法.

**例 1.4.1** 用数学归纳法证明:对任何 $n \geq 1$,前 $n$ 个正整数之和
$$S(n) = 1 + 2 + 3 + \cdots + n$$
可以写作
$$S(n) = \frac{n(n+1)}{2}$$

我们一步一步地进行:

第 1 步:对 $n = 1$,公式成立. 因为
$$1 = \frac{1 \cdot 2}{2}$$

第 2 步:我们设公式对 $n = k$ 成立,那么
$$S(k) = 1 + 2 + 3 + \cdots + k = \frac{k(k+1)}{2}$$

第 3 步:我们能否对下一个 $n$ 证明类似的公式?我们看当 $n = k+1$ 时发生什么情形
$$S(n) = S(k+1) = 1 + 2 + 3 + \cdots + k + k + 1$$
$$= (1 + 2 + 3 + \cdots + k) + k + 1$$
$$= \frac{k(k+1)}{2} + k + 1$$

在最后一步中,我们利用第 2 步中的假设. 最后对 $n = k+1$,有
$$S(n) = S(k+1)$$
$$= \frac{k(k+1)}{2} + k + 1$$
$$= \frac{k(k+1) + 2(k+1)}{2}$$
$$= \frac{(k+1)(k+2)}{2}$$

$$=\frac{n(n+1)}{2}$$

在最后一步中,我们用 $n$ 代替 $k+1$,得出我们想要证明的公式.这用数学归纳法结束了我们的证明.

**例 1.4.2** 利用数学归纳法①证明:对任何整数 $n$,有 $n^3+2n$ 可被 3 整除.

我们首先对 $n \geqslant 0$ 证明这个例子.

第 1 步:对 $n=0$ 命题成立,因为
$$0^3+2 \cdot 0=0 \quad 可被 3 整除$$

第 2 步:我们设命题对 $n=k$ 成立,即 $k^3+2k$ 是 3 的倍数
$$k^3+2k=3m$$

第 3 步:我们看 $n=k+1$ 时发生什么情形
$$n^3+2n=(k+1)^3+2(k+1)=k^3+3k^2+3k+1+2k+2=3m+3k^2+3k+3$$

在最后一步中,我们利用了第 2 步的假设.最后对 $n=k+1$,有
$$n^3+2n=3(m+k^2+k+1)=3t$$

其中 $t$ 是整数,因此对 $n=k+1$,有 $n^3+2n$ 是 3 的倍数.

这完成了命题对 $n \geqslant 0$ 的证明.如果我们也要对 $n<0$ 利用归纳法,那么可以稍微改变归纳方法,看多米诺骨牌在别的方向也将倒下:证明命题对 $n=0$ 成立(我们已经讨论了这一步),然后设它对 $n=k$ 成立,看当 $n=k-1$ 时发生什么情形.

我们用这个方法证明了标号 $n=0$ 的骨牌倒下了,像它撞倒所有标号为正整数的骨牌一样,它可以撞倒所有标号为负整数的骨牌.

# 问 题

1.利用数学归纳法证明以下恒等式:

(1) $1 \cdot 2+2 \cdot 3+\cdots+n(n+1)=\dfrac{n(n+1)(n+2)}{3}$;

(2) $1 \cdot 2 \cdot 3+2 \cdot 3 \cdot 4+\cdots+n(n+1)(n+2)=\dfrac{n(n+1)(n+2)(n+3)}{4}$.

2.利用数学归纳法证明以下恒等式:

(1) $1^2+2^2+3^2+\cdots+n^2=\dfrac{n(n+1)(2n+1)}{6}$;

(2) $1^3+2^3+3^3+\cdots+n^3=\left(\dfrac{n(n+1)}{2}\right)^2$.

---

① 注意,归纳法不是证明本例最容易的方法(你能否找到更好的方法?),但是我们这里证明它,是要说明归纳法怎样进行.

3. 利用数学归纳法证明:对任何整数 $n$,有 $n^7-n$ 可被 7 整除.

4. (**费马小定理**)证明:如果 $p$ 是素数,那么对任何整数 $n$,有 $n^p-n$ 可被 $p$ 整除.

5. 在平面上有 $n$ 条直线,其中没 2 条直线平行,没有 3 条直线共点. 它们分平面为 $L_n$ 个区域,求 $L_n$.

6. 尝试找出前 $n$ 个正奇数和的公式,然后用数学归纳法证明这个公式.

7. 证明:以 9 为底,只用数字 1 写出的数是三角形数,即对某个 $m$,有 $T_m = \dfrac{m(m+1)}{2}$.

8. 利用数学归纳法证明牛顿二项式公式

$$(a+b)^n = \binom{n}{0} a^n b^0 + \binom{n}{1} a^{n-1} b^1 + \binom{n}{2} a^{n-2} b^2 + \cdots + \binom{n}{n} a^0 b^n$$

9. 利用数学归纳法证明:任何整数 $n > 1$ 可以写成数 1 与 1 个素数或多个素数之积.

10. 我们有时尝试证明的命题,即使是正确的,但在被用作归纳假设时,对我们在归纳步骤中需要的转移不能给出足够的支持. 在这种情形下,我们不能用归纳法证明命题,但是可以利用归纳法证明更严格、更强与显然更困难的命题. 这里是 2 个命题. 证明:

(1) $\dfrac{1}{2} \cdot \dfrac{3}{4} \cdot \dfrac{5}{6} \cdot \cdots \cdot \dfrac{2n-1}{2n} \leqslant \dfrac{1}{\sqrt{3n}}$;

(2) $\dfrac{1}{2^2} + \dfrac{1}{3^2} + \dfrac{1}{4^2} + \cdots + \dfrac{1}{n^2} \leqslant 1$.

## 1.5 第 1 套问题

1. Alice,Bob 与其他 12 个朋友要组成 2 个小组,每组 7 人,Alice 领导第 1 组,Bob 领导第 2 组. 有多少种方法完成这个任务?

2. 组织一个国际象棋比赛,使每个选手与其他每个选手各比赛 1 次. 如果总共比赛了 190 次,那么有多少个选手参加?

3. 前夜有 1 个集会,会场的门铃响了 20 次. 门铃第 1 次响时,只有 1 个客人到达. 这以后门铃每次响比前次响多来 2 个客人. 有多少个客人来参加集会?

4. 2 人轮流用另一个球尝试撞倒桌上的 1 个球. 1 人在 1 次尝试中成功的概率是 $p = \dfrac{1}{2}$. 他们准备玩到出现获胜者为止. 第 1 个人获胜的概率是多少?

5. 证明

$$\binom{n}{0} + \binom{n}{2} + \binom{n}{4} + \cdots = \binom{n}{1} + \binom{n}{3} + \binom{n}{5} + \cdots = 2^{n-1}$$

6. 用以下帕斯卡三角形检验以上恒等式

$$\begin{array}{c}1\\1\quad 1\\1\quad 2\quad 1\\1\quad 3\quad 3\quad 1\\1\quad 4\quad 6\quad 4\quad 1\\1\quad 5\quad 10\quad 10\quad 5\quad 1\\1\quad 6\quad 15\quad 20\quad 15\quad 6\quad 1\end{array}$$

7. 写出帕斯卡三角形(mod 2)的前 33 行,即用 0 表示偶数,用 1 表示奇数.

8. 证明:对任何正整数 $n$,$4^n - 1$ 可被 3 整除.

9. 证明:$1 + 2 + 3 + \cdots + n + (n+1) + n + \cdots + 3 + 2 + 1$ 是完全平方数.

10. 证明:$3^n \geqslant n^3 (n \geqslant 3)$.

11. 利用数学归纳法对 $n \geqslant 1$,证明以下恒等式:

(1) $\dfrac{1}{1 \cdot 2} + \dfrac{1}{2 \cdot 3} + \dfrac{1}{3 \cdot 4} + \cdots + \dfrac{1}{n(n+1)} = \dfrac{n}{n+1}$;

(2) $\dfrac{1}{1 \cdot 3} + \dfrac{1}{3 \cdot 5} + \dfrac{1}{5 \cdot 7} + \cdots + \dfrac{1}{(2n-1)(2n+1)} = \dfrac{n}{2n+1}$.

12. 利用数学归纳法证明等比数列前 $n$ 项 $a, ab, ab^2, \cdots, ab^{n-1}$ 之和的公式

$$a + ab + ab^2 + \cdots + ab^{n-1} = a\dfrac{1 - b^n}{1 - b} \quad (b \neq 1)$$

13. 利用数学归纳法证明以下不等式:

(1) $n! > 2^n (n \geqslant 4)$;

(2) $2^n \geqslant n^2 (n \geqslant 4)$;

(3) $(n+1)^n < n^{n+1} (n > 2)$;

(4) $\dfrac{1}{\sqrt{1}} + \dfrac{1}{\sqrt{2}} + \dfrac{1}{\sqrt{3}} + \cdots + \dfrac{1}{\sqrt{n}} > \sqrt{n} (n > 1)$.

14. 证明:如果 $x_1, x_2, \cdots, x_n$ 是正实数,使 $x_1 x_2 \cdots x_n = 1$,那么

$$x_1 + x_2 + \cdots + x_n \geqslant n$$

### 帕斯卡分配问题

以下某种形式的问题对概率论的发展有极大的影响:

2 人玩游戏,游戏分为不同场次.每场得胜给获胜者 1 分.2 人每场有相同的得胜概率.要求得胜总分为 6 分,获胜者取走全部奖金 24 个金币.由于某个事故,当 1 人得 5 分,另一人得 3 分时,他们不能完成游戏.请公平地分配他们的奖金.

在历史上,这个问题起源于帕斯卡①以前,可能是原始的阿拉伯问题.帕斯卡在1654年从贵族与哲学家De Mere那里听到这个问题,在与费马的通信中解答了它.帕斯卡的方法是用2人得胜概率之比分配奖金.如果得胜场数是$n$,最后得分是$(n-r):(n-s)$,于是2人分别还需要得胜$r$与$s$次,我们看见至多在$r+s-1$场后才知道获胜者.即使较早知道获胜者,我们推测,为了简化符号,他们总是继续玩完所有$r+s-1$场.如果1人还得胜$r, r+1, \cdots, r+s-1$场,那么他第1个得胜.因此第1人的得胜概率是

$$P_1 = \frac{\binom{r+s-1}{r} + \binom{r+s-1}{r+1} + \cdots + \binom{r+s-1}{r+s-1}}{2^{r+s-1}}$$

第2人的得胜概率是$P_1$的补概率,于是

$$P_2 = 1 - P_1 = \frac{2^{r+s-1} - \left(\binom{r+s-1}{r} + \cdots + \binom{r+s-1}{r+s-1}\right)}{2^{r+s-1}}$$

$$= \frac{\binom{r+s-1}{0} + \cdots + \binom{r+s-1}{r-1}}{2^{r+s-1}}$$

用这个方法,按照5:3计算.帕斯卡与费马都会说奖金的公平分配按照比

$$\frac{P_1}{P_2} = \frac{\binom{3}{1} + \binom{3}{2} + \binom{3}{3}}{\binom{3}{0}} = \frac{7}{1}$$

进行,即第1人应得21个金币,第2人应得3个金币.

## 1.6 计 数 Ⅱ

在本节中,我们将解答更多的计数问题,其中一些问题用以下例题叙述的"星号与条线"方法解答.

**例 1.6.1** 以下方程

---

① 在1494年,帕乔利(F. L. Pacioli)认为5:3分24个金币是公平的(于是2人各分15个与9个金币),因为他考虑1人比另一人较接近得胜.在1539年,塔尔塔利亚(Tartaglia)注意到了帕乔利的方法不总是公平的.例如1人在结果为1:0时停止游戏,那么把全部奖金给第1人公平吗?塔尔塔利亚的解法考虑2人所得得分之差间的比,于是$5-3=2$,要求得胜的分数即6分,断定第1得到第2人一半的$2/6=1/3$金币,于是第1人得$12+4=16$(个)金币,而第2人得8个金币,于是以2:1分奖金.但是塔尔塔利亚可能发现这样的情形,即他的方法也不公平,解释为"无论用什么方法分奖金,都有起诉的理由."

$$x_1+x_2+x_3+x_4+x_5=12$$

有多少个非负整数解？

为了解答本题，我们利用"星号与条线"方法，首先画出 12 个星号，其次计算它们可以有多少种方法分布在 5 个空格中，这些空格用 4 条条线表示，把星号隔开. 例如 1 个可能的解

$$x_1=3, x_2=1, x_3=2, x_4=0, x_5=6$$

可以唯一地表示为以下星号与条线图（图 1.6.1）.

★★★|★|★★||★★★★★★

图 1.6.1

我们可以做出多少个像上面一样的图呢？总共有 $12+5-1=16$ 个星号与条线，如果它们都不同，那么有 16! 个不同的图. 但是 12 个星号是不可区别的，4 条条线也是如此，不同图的总数是

$$\frac{16!}{12!\ 4!}$$

它也可以写作 $\binom{16}{12}$ 或 $\binom{16}{4}$.

## 问 题

1. 今有 10 本不同的书，其中 5 本数学书，5 本历史书，要求排列在书架上. 如果要求把所有数学书放在所有历史书的左边，那么可以有多少种不同的放法？

2. 重复前一问题，但稍作改变：如果所有数学书不是都不同的，其中有 2 本相同的书，那么可以有多少种不同的放法？

3. 10 只蚂蚁在一条直线上爬行，其中 2 只带红花叶，3 只带绿花叶，剩下的 5 只带黄花叶. 它们可以有多少种不同的颜色排列？

4. 如果要求方程

$$x_1+x_2+\cdots+x_k=n$$

一定有非负整数解，那么方程有多少个不同的解？

5. 如果方程

$$a+b+c=25$$

对变量有约束：$a \geq 5, b \geq 6, c \geq 0$，那么方程有多少个整数解？

6. 有多少个十位数使它各位的数字和等于 7？

7. 教室中有 25 个孩子，他们的身高都不同. 如果身高最高的孩子与身高最矮的孩子：

(1) 站在一条直线的两端；

(2) 一定互相紧挨着；

(3) 一定不互相紧挨着；

那么他们分别有多少种方法站成一条直线？

8. 教室中有 16 个男孩与 16 个女孩. 如果：

(1) 没有约束；

(2) 男孩与女孩一定交错地站着（即男孩，女孩，男孩，女孩，……，或女孩，男孩，……，女孩，男孩，……）；

(3) 序列一定是女孩，女孩，男孩，男孩，女孩，男孩……

那么他们分别有多少种方法站成一条直线？

9. 20 个理事被分配到 5 个委员会中，每个委员会有不同的任务，分别有 3,3,3,5,6 个成员. 有多少种方法可以完成这种分配？注意，委员会的所有成员有相同的职能，因此委员会成员们的顺序是无关紧要的.

## 1.7 概 率 Ⅱ

### 问 题

1. 投 2 个合格的标准六面骰子得出总点数 10 的概率是多少？

2. 从数 1,2,3,4,5,6 中随机取出 2 个不同的数. 它们的积是偶数的概率是多少？

3. 我们投 2 个合格的标准六面骰子，所得出 2 个点数之差是偶数的概率是多少？

4. 1 个袋子内有 4 张纸片，编号为 1,2,3,4. 从中取出 3 张纸卡，1 次 1 张，不替换，组成三位数. 三位数是 3 的倍数的概率是多少？

5. 随机取出小于 2 017 的正偶数可被 3 整除的概率是多少？

6. 投 2 个合格的标准六面骰子，所得的 2 个点数之积是 5 的倍数的概率是多少？

7. 4 个包裹要交付给 4 个家庭，1 家 1 个. 如果随机地交付这些包裹，那么恰有 2 个包裹交付给正确的家庭的概率是多少？

8. 从 6 条长为 2,3,5,6,7,10 的线段中随机取出 3 条线段. 这 3 条线段可以组成三角形的概率是多少？

9. （**几何概率**）如果 1 块小石子投入具有正方形底面的箱子中，它落在正方形上任何地方有相同的概率，求它落在正方形内接圆中的概率.

10. 2 人 Al 与 Bo 分别随机取出一个小于 1 000 的正整数. 如果 $p$ 是 Al 取出的数可被 2 或 5 整除的概率，$q$ 是 Bo 取出的数可被 3 与 7 整除的概率，求 $p-q$.

11. Jimmy 从一副 52 张卡片的标准纸牌中随机取出 3 张卡片. 正好取出 2 张红桃心卡片的概率是多少？

12. L. Bron 在一个明星篮球投篮游戏中，为了得总分 6 分，在最后 2 分钟内，他努力投篮.他可能投中 3 分,2 分与 1 分(罚球).设所有可能性是等可能的,他得 3 分的概率是多少?

13. 如果 $n$ 是随机取出的小于 20 的正整数,求出使下式成立的概率
$$\frac{1}{1} + \frac{1}{2} + \frac{1}{3} + \cdots + \frac{1}{n} > \frac{5}{2}$$

14. John 有 2 条狗,名叫 HECTOR 与 OSCAR.他收到 1 条新狗,命名为 STAR.他把 11 张卡片放在帽子中,每张卡片写上 2 条较老狗名字的 1 个字母,使所有 11 个字母都出现在卡片上.如果他从帽子中随机地一张一张取出 4 张卡片,这些卡片上写的字母依次是 S,T,A,R 的概率是多少?

## 1.8 斐波那契数

数列从 1,1 开始,继续下去的每个新数用前面 2 个数之和算出,这个数列称为斐波那契(Fibonacci)数列(表 1.8.1).它是由意大利比萨市的列奥纳尔多(Leonardo)于 1202 年叙述的.它作为过去增加的兔子数量问题的解法,出现在《算盘书》中,从那时开始,斐波那契数列出现了很多有趣的应用,并且与数学及计算机科学、物理学、化学、生物学、建筑学这样的学科中的多种课题都有联系.

表 1.8.1

| $n$ | 1 | 2 | 3 | 4 | 5 | 6 | 7 | 8 | 9 | 10 | 11 | 12 | ⋯ |
|---|---|---|---|---|---|---|---|---|---|---|---|---|---|
| $F_n$ | 1 | 1 | 2 | 3 | 5 | 8 | 13 | 21 | 34 | 55 | 89 | 144 | ⋯ |

在本节中,我们将研究斐波那契数的几个基本性质.

### 问 题

在以下问题中,首先算出 $n=1,2,3,4,5$ 的表达式的值,其次利用斐波那契数表(表 1.8.1)算出一般结果,并用归纳法证明它.

1. $F_1 + F_2 + F_3 + \cdots + F_n = \cdots$

2. $F_1 + F_3 + F_5 + \cdots + F_{2n-1} = \cdots$

3. $F_2 + F_4 + F_6 + \cdots + F_{2n} = \cdots$

4. $F_1^2 + F_2^2 + F_3^2 + \cdots + F_n^2 = \cdots$

5. $F_1 \binom{n}{1} + F_2 \binom{n}{2} + F_3 \binom{n}{3} + \cdots + F_n \binom{n}{n} = \cdots$

6. 1680 年的卡西尼(Cassini)恒等式:$F_{n-1} F_{n+1} - F_n^2 = \cdots$

7. 西姆森(Simson)在 1753 年发现了,当 $n$ 变得越来越大时,相继的斐波那契数之比 $F_{n+1}/F_n$ 越来越接近黄金分割比

$$\phi = \frac{1+\sqrt{5}}{2} \approx 1.618\,024\cdots$$

利用斐波那契数表计算这个比的前 11 个值.

8. 证明:2 个相继斐波那契数的最大公因数是 1.

9. 证明:没有以不同斐波那契数为边长的三角形.

10. 我们以 $\phi$ 与 $\hat{\phi}$ 表示 2 次多项式 $x^2-x-1$(这是斐波那契数列的特征多项式)的 2 个根,其中

$$\phi = \frac{1+\sqrt{5}}{2},\hat{\phi} = \frac{1-\sqrt{5}}{2}$$

利用数学归纳法证明斐波那契数的比内(Binet)公式(最初由棣莫弗在 1718 年发现)

$$F_n = \frac{\sqrt{5}}{5}(\phi^n - \hat{\phi}^n)$$

11. 证明

$$\frac{1}{F_1 F_3} + \frac{1}{F_2 F_4} + \frac{1}{F_3 F_5} + \cdots + \frac{1}{F_{n-1} F_{n+1}} = 1 - \frac{1}{F_n F_{n+1}}$$

## 1.9 鸽笼原理

鸽笼原理是这样的数学方法(或策略)之一,它极容易陈述与证明非常不平凡的结论.它的优点在于如下事实:它常常可以用来证明对象存在特别的排列,不需要举出排列例子.这个原理在巨大的数学世界中找到了它自己的适当位置.

鸽笼原理(或狄利克雷(Dirichlet)抽屉原理)通常出现在解答以下问题中:代数,组合集合论,组合几何学,数论.以它的直观形式,它可以陈述如下:

**鸽笼原理**:如果把 $n+1$ 只鸽子分配到 $n$ 个笼子中,那么其中 1 个笼子将至少包含 2 只鸽子.

**证** 利用反证法,设每个笼子至多有 1 只鸽子,则我们至多总共有 $n$ 只鸽子,矛盾.

下例是以下事实的很好证明:看来如此平凡的鸽笼原理实际上是证明各个结果的巧妙工具.此外,鸽笼原理向我们提供了怎样证明的清晰描述.把 1 个补充对象加入 $n$ 个对象对这个描述是极重要的.鸽笼原理使我们能够描述具有某个新性质的 $n+1$ 个元素的集合,它提供了新的理解.

**例 1.9.1** 证明:无论我们怎样从集合 $\{1,2,\cdots,10\}$ 中取出 6 个数,其中将有 2 个数,例如 $a$ 与 $b$ 使 $a+b=11$.

**证** 把集合中的数组合成 5 对 $(1,10),(2,9),(3,8),(4,7),(5,6)$.每对中各数之和是 11,它是把 5 对数看作笼子,选出的 6 个数看作鸽子的好方法.由鸽笼原理,在同一对中

将有 2 个数. 这证明了命题.

**附注** 我们可以找出 5 个数, 而不是 6 个数, 它不满足条件; 例如 1,2,3,4,5.

**例 1.9.2** 我们说 2 个数是互素的素数, 如果它们只有 1 个公因数 1. 证明: 在集合 $\{1,2,\cdots,10\}$ 的任何 6 个数中, 存在 2 个数是互素的素数.

**证** 注意, 任何 2 个相继数是互素的素数, 令笼子是 5 对相继数: $(1,2),(3,4),\cdots,(9,10)$. 鸽子是选出的 6 个数. 由鸽笼原理, 1 对相继数(笼子)将包含被选出 6 个数(鸽子)中的 2 个数. 这 2 个数是互素的素数, 因此本题解答完毕.

**附注** 对 5 个数, 条件未必成立, 例如 2,4,6,8,10.

**例 1.9.3** 证明: 在集合 $\{1,2,\cdots,10\}$ 的任何 6 个数中, 其中有 1 个数可被另一个数整除.

**证** 本题要求更巧妙的笼子选择. 我们把集合分为以下子集
$$\{1,2,4,8\},\{3,6\},\{5,10\},\{7\},\{9\}$$
注意, 这些集合中的 1 个集合的任何 2 个数满足条件. 这就是为什么我们要选择这些集合作为笼子来应用鸽笼原理. 因为我们有 5 个笼子与 6 只鸽子(我们的 6 个数), 由鸽笼原理, 存在 2 个数, 使其中 1 个数可被另一个数整除.

**附注** 有 5 个数的组合, 而没有 6 个数的组合, 它不满足命题, 例如 4,5,6,7,9.

**例 1.9.4** 考虑集合 $A=\{1,2,3,\cdots,11\}$. 它的最大子集 $S$ 有多大, 使 $S$ 的不同元素中没有 1 对元素之和可被 5 整除?

**解** 我们首先对题目要求分析已知集合. 方法是利用这些数被 5 除时的剩余. 我们把 $S=\{1,2,\cdots,11\}$ 分为 5 个子集
$$R_0=\{5,10\},R_1=\{1,6,11\},R_2=\{2,7\},R_3=\{3,8\},R_4=\{4,9\}$$
注意, 对具有以上性质的任何最大子集, $T$ 不可能含有 $R_0$ 中的 1 个元素. $T$ 又不能包含 $R_1$ 与 $R_4$ 中的元素, 或 $R_2$ 与 $R_3$ 中的元素. 因为 $R_1$ 包含 3 个元素, 其他子集包含 2 个元素. 可以选出 $R_0$ 中 1 个元素, $R_1$ 中所有元素, $R_2$ 或 $R_3$ 中所有元素来构成 $T$. 例如 $T=\{5,1,6,11,2,7\}$. 于是 $T$ 包含 $1+3+2=6$ 个元素. 显然, 如果我们有多于 6 个元素, 那么鸽笼原理保证我们有不合乎要求的 1 对集合存在(例如取笼子为集合 $\{1,4\},\{2,3\},\{5,10\},\{6,9\},\{7,8\},\{11\}$).

鸽笼原理在数学的不同领域中有多种应用. 下例说明它在组合几何学中的应用.

**例 1.9.5** 考虑 1 个平面, 它被涂成红、蓝颜色. 证明: 无论怎样给平面涂色, 我们总可以找到 2 点, 使它们有相同颜色, 并且相距 1 m.

**证** 在这个平面上考虑具有边长 1 m 的任何 1 个等边三角形的顶点. 如果颜色是笼子, 顶点是鸽子, 那么我们看出 3 个顶点中的 2 个顶点一定有相同颜色, 这证明了这样的点存在.

**例 1.9.6** 证明: 在边长为 3 的等边三角形内任何 10 点中, 有 2 点之间的距离至多是

1.

**证** 在每条边上标出距离为 1 的各点.把对应点联结起来,分三角形为 9 个小三角形.由鸽笼原理,如果我们有 10 点,那么至少有 1 个小三角形一定包含 2 点.这 2 点彼此距离至多为 1.

问　题

1. 为了确保我 2 次得出相同的点数之和,我必须投多少次 2 个合格的标准六面骰子?

2. 证明:我们可以从任意 5 个整数中选出 3 个整数,使它们的算术平均值也是整数.

3. 21 个男孩共有 200 美元.证明:可以找到 2 个男孩有相同的钱数.

4. 在 1 个房间中最少人数是多少,才能保证 2 人英文名字第 1 个字母相同?

5. 抽屉中有 10 本法文图书,20 本西班牙文图书,8 本德文图书,15 本俄文图书,25 本意大利文图书.为了确保我有 12 本相同文字的图书,我必须选出多少本图书?

6. 在我的节目中有几个笑话节目.在每学年开始时,我向我的班级讲了这些笑话节目中的 3 个节目.我已经讲了 12 年,从不重复这完全相同的 3 个笑话节目.关于我的节目中的笑话数量,你可以说出什么结果?

7. 在教室中有 30 个大学生.在键盘技能考试中,1 个学生犯了 12 个错误,而其他学生犯了较少错误.证明:至少有 3 个学生犯了相同数量的错误.

8. 食堂有 95 张饭桌,共有 465 个座位.我们能否确定 1 张饭桌可以坐 6 人或更多人?

9. 我必须投多少次 1 个合格的标准六面骰子,才能确保我 2 次得到相同的点数?

10. 证明:在边长为 1 的等边三角形内任何 5 点中,有 2 点之间的距离至多为 $\frac{1}{2}$.

11. 证明:在 27 个小于 100 的不同正奇数中,至少有 2 个数之和是 102.

## 1.10　第 2 套问题

1. 包含数字 5 的三位数有多少个?

2. 我们必须从有 30 个孩子的班级中选出 10 人代表班级去参加数学比赛.如果:

(1) 没有限制;

(2) 学生 A 说,只有他的好朋友 B 也参加比赛时,他才参加;

那么我们分别有多少种方法做这件事?

3. 在平面上有 2 015 个点,没有 3 个点共线(没有 3 个点在同一条直线上).我们通过每个点作 5 条直线,以致最后每条直线只包含原来的各点之一,没有 2 条直线平行,没有 3 条直线共点,除了原来的点以外.不计算原来的点数,我们得出多少个交点?

4. 从1副52张卡片的纸牌中取出2张卡片,它是1对卡片(例如黑桃K与红桃K)的概率是多少?

5. (**蒲丰(Buffon)投针**) 在本题①中,我们考虑1个求π的近似值的实验.取1张大的纸(至少是通常在计算机打印机上用的字母大小的纸),在纸上画出平行线,使相邻平行线之间距离等于$d$(例如用$d=4$ cm).取1支长$l<d$(例如$l=2$ cm)的缝衣针或牙签.可以证明:随机投下的针将以概率$P=\dfrac{2l}{\pi d}$与任何1条平行线相交.考虑这个实验可以怎样用来求π的近似值,以你可以做到的那么多次实验(至少30次)来尝试.

6. 有15人参加1个派对,其中某人与另一些人握手.证明:至少有2人握手次数相同.

7. 证明:从已知17个整数中可以选出5个数,使它们的和可被5整除.

8. 证明:在边长为2的正方形内选出的任何5点中,有2点之间的距离至多是$\sqrt{2}$.

9. 半径为1的圆盘被7个相同的较小圆盘覆盖(它们可以重叠).证明:各个较小圆盘的半径不能小于$\dfrac{1}{2}$.

10. 在图1.10.1中,把各圆中的各数相加,将看出帕斯卡三角形中的神秘图样.

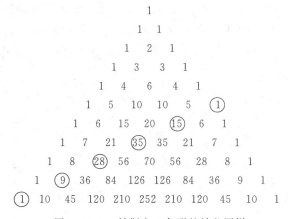

图1.10.1 帕斯卡三角形的神秘图样

11. 令$a_0=0, a_1=a_2=1$,对所有$n \geqslant 2$,令$a_{n+1}=2a_n+2a_{n-1}-a_{n-2}$.证明:对所有$n$,$a_n$是完全平方数.

## 蒲丰投针与π

蒲丰的18世纪投针实验是提供数π与看来把针投在铺上木纹的地板上的无关实验

---

① 这个问题是法国自然科学家蒲丰在18世纪提出的,在历史上是第1个几何概率问题.蒲丰公式$P=\dfrac{2l}{\pi d}$涉及积分法,超出本书范围,因此我们在以下聚焦材料中提出不严格的推导.

之间联系的著名实验.

这个问题的原形式是:

设我们有铺上平行木纹的地板,相邻木纹间有相同宽度,我们把针投在地板上,针与其中1条木纹相交的概率是多少?

令相邻2条木纹(即直线)间的距离等于 $d$. 令针的长 $l < d$. 蒲丰公式 $P = \dfrac{2l}{\pi d}$ 的通常推导涉及积分法,超出本书的范围,但是我们可用不多的几何学知识来证明它.

设我们取出 $M$ 支长为 $l$ 的针,把它们组装成1个边长为 $l$ 的正 $M$ 边形. 我们把这个图形投放在1张纸上,记下 $M$ 支针中有多少支针与直线相交. 重复这个实验 $N$ 次,把得数相加. 令总数是 $S$. 我们希望 $S$ 多大?

首先我们用一些几何学知识来讨论. 正 $M$ 边形接近周长为 $Ml$ 的圆,从而直径是 $Ml/\pi$. 因此它总会与大约 $Ml/(\pi d)$ 条直线相交(相交的直线数当然是整数,于是我们将进位加入或不进位舍去,因为 $M$ 边形不是完整的圆,所以我们说"大约"). 每条直线与它相交2次. 又因为 $l < d$,所以没有1支针与2条直线相交. 因此大约有 $2Ml/(\pi d)$ 支针与直线相交. 于是 $S \approx 2MNl/(\pi d)$ 或 $S/(MN) \approx 2l/(\pi d)$.

其次再利用蒲丰方法讨论. 当我们把 $M$ 边形投放在纸上时,它将是平坦的,每支针或边将随机地落在纸上. 如果 $P$ 是针与直线相交的概率,那么 $M$ 支针的每支将有与直线相交的概率 $P$,我们期望它们相交 $MP$ 次. 因此在 $N$ 次重复实验中,我们期望 $S \approx MNP$ 或 $S/(MN) \approx P$.

比较这2个公式,我们看出

$$P \approx \frac{S}{MN} \approx \frac{2l}{\pi d}$$

我们很难算出误差限,在分析学上,这表示 $P = \dfrac{2l}{\pi d}$,但这不是必要条件. 我们恰好需要看出,当 $M$ 与 $N$ 变大时,这2个近似公式逐渐变得更精确. 因此我们一定有等式.

## 1.11 二次方程

我们怎样解答例如 $x^2 - 8x + 15 = 0$ 的二次方程呢? 1种可能方法是推测有2数,3与5,它们使这个方程为0. 如果不容易做到这一点,那么你也许可以看成因式分解

$$x^2 - 8x + 15 = (x-3)(x-5)$$

于是这将告诉你解是3与5. 如果你做不到这2点,那么最后的回答是利用二次方程求解公式. 一般的,方程

$$ax^2 + bx + c = 0$$

的解是

$$x_1 = \frac{-b+\sqrt{b^2-4ac}}{2a}$$

与

$$x_2 = \frac{-b-\sqrt{b^2-4ac}}{2a}$$

其中,$a,b,c$ 是任何实数,$a \neq 0$.

**例 1.11.1** 在我们的例中,$x^2-8x+15=0$,$a=1$,$b=-8$,$c=15$,因此解是

$$x_1 = \frac{8+\sqrt{64-60}}{2} = 5$$

与

$$x_2 = \frac{8-\sqrt{64-60}}{2} = 3$$

二次方程求解公式中平方根下的表达式称为二次方程的判别式,$\Delta = b^2 - 4ac$. 根据它的符号,我们区分解 $x_1$ 与 $x_2$ 的 3 种情形:

(1) 如果 $\Delta > 0$,那么方程有 2 个不同的实数解.

(2) 如果 $\Delta = 0$,那么方程有 2 个相等的解.

(3) 如果 $\Delta < 0$,那么方程无实数解,更确切地说,有 2 个复数解.

**例 1.11.2** 正如我们以上看到的,方程 $x^2-8x+15=0$ 有 2 个不同的实数解 $x_1=5$,$x_2=3$,因为它的判别式是 $64-60=4>0$. 注意,利用解的值,方程可以写成因式分解的形式

$$(x-3)(x-5)=0 \text{①}$$

**例 1.11.3** 方程 $x^2-10x+25=0$ 有判别式 $(-10)^2-4\cdot1\cdot25=0$,于是它有 2 重解

$$x_{1,2}=5$$

注意到这方程等价于 $(x-5)^2=0$,我们也可以算出这个解.

**例 1.11.4** 方程 $x^2-4x+13=0$ 有判别式 $-36<0$,于是它有 2 个复数解. 实际上,以 $i=\sqrt{-1}$ 表示虚数单位,我们有

$$x_1 = \frac{4+\sqrt{-36}}{2} = 2+3i$$

与

$$x_2 = \frac{4-\sqrt{-36}}{2} = 2-3i$$

---

① 我们将说,在这种情形下方程只有 1 个解,但是我们以后将看见,为什么说有 2 重根,即 2 个解相等是方便的.

下面我们用"配方法"推导出二次方程求解公式.

已知最一般形式的二次方程
$$ax^2 + bx + c = 0$$

我们以加上与减去一项 $a\left(\dfrac{b}{2a}\right)^2$，改写这个方程，对 $ax^2 + bx$ 配方

$$ax^2 + bx + a\left(\dfrac{b}{2a}\right)^2 + c - a\left(\dfrac{b}{2a}\right)^2 = 0$$

$$a\left(x + \dfrac{b}{2a}\right)^2 + \dfrac{4ac - b^2}{4a} = 0$$

$$\left(x + \dfrac{b}{2a}\right)^2 = \dfrac{b^2 - 4ac}{4a^2}$$

方程具有形式 $t^2 = A$，这有 2 个解 $t_1 = \sqrt{A}$ 与 $t_2 = -\sqrt{A}$. 因此

$$x_1 + \dfrac{b}{2a} = \sqrt{\dfrac{b^2 - 4ac}{4a^2}}$$

与

$$x_2 + \dfrac{b}{2a} = -\sqrt{\dfrac{b^2 - 4ac}{4a^2}}$$

最后

$$x_1 = \dfrac{-b + \sqrt{b^2 - 4ac}}{2a}$$

与

$$x_2 = \dfrac{-b - \sqrt{b^2 - 4ac}}{2a}$$

我们可以把它写成一个公式

$$x_{1,2} = \dfrac{-b \pm \sqrt{b^2 - 4ac}}{2a}$$

## 问　题

1. 解以下方程：

(1) $x^2 - 5x + 6 = 0$；

(2) $x^2 + x - 6 = 0$；

(3) $x^2 - 8x + 16 = 0$；

(4) $x^2 - 2x + 5 = 0$.

2. 解以下方程：

(1) $2x^2 + x - 1 = 0$；

(2) $15x^2 + 2x - 1 = 0$;

(3) $16x^2 + 8x + 1 = 0$;

(4) $x^2 - x + 1 = 0$;

(5) $x^2 - x - 1 = 0$.

3. 证明:如果 $x_1$ 与 $x_2$ 是方程 $ax^2 + bx + c = 0$ 的解,那么
$$ax^2 + bx + c = a(x - x_1)(x - x_2)$$

4. 令方程 $ax^2 + bx + c = 0$ 的系数 $a,b,c$ 是整数.证明:如果这个方程有整数解,那么这个解一定是常数项 $c$ 的因数.利用这个结果求 $x^2 - 3x - 10 = 0$ 的解.这是整数根定理.

5. 令方程 $ax^2 + bx + c = 0$ 的系数 $a,b,c$ 是整数.证明:如果这个方程有有理数解 $\frac{p}{q}$,其中,$p,q$ 是互质的数(即它们没有任何公因数允许我们再约分),那么 $p$ 一定是 $c$ 的因数,而 $q$ 一定是 $a$ 的因数.利用这个结果求 $2x^2 - 3x + 1 = 0$ 的解.这是有理根定理.

6. 解以下方程:$x^3 - x^2 - 2x + 2 = 0$.

7. 解以下方程:$(x+2)^3 - (x+1)^3 = 1$.

8. 解以下方程:$(x-a)^3 - (x-b)^3 = b^3 - a^3$.

9. 解以下双二次方程(即不含奇次的四次方程)
$$x^4 - 10x^2 + 1 = 0$$

10. 用适当的代换解以下方程:

(1) $x(x+1)(x+2)(x+3) = 24$;

(2) $\left(x^2 + \frac{1}{x^2}\right) + 5\left(x + \frac{1}{x}\right) + 8 = 0$;

(3) $\left(x^2 + \frac{1}{x^2}\right) + 5\left(x - \frac{1}{x}\right) + 2 = 0$;

(4) $\frac{1}{x^2} + \frac{1}{(x+2)^2} = 2$;

(5) $\frac{x^2 + 2x + 7}{x^2 + 2x + 3} = x^2 + 2x + 4$.

11. 解以下方程:

(1) $(2x^2 - 3x + 1)(2x^2 + 5x + 1) = 9x^2$;

(2) $(x+2)(x+3)(x+8)(x+12) = 4x^2$;

(3) $\left(\frac{x}{x-1}\right)^2 + \left(\frac{x}{x+1}\right)^2 = 90$.

12. 解以下方程
$$x^4 - 2x^3 - 3x^2 - 2x + 1 = 0$$

13. 求以下方程中的实参数 $p$,使它们有实数解:

(1) $(p+3)x^2 - 2x + 1 = 0$；

(2) $x^2 + 2x + p = 0$.

14. 证明：具有奇系数的二次方程不能有有理数解.

15. 证明：如果方程 $ax^2 + bx + c = 0$ 与 $cx^2 + bx + a = 0$ 有共同的解，且 $a \neq c$，那么 $(a+c)^2 = b^2$.

16. 解以下具有 $a, b \in \mathbf{R}^+$（$a$ 与 $b$ 是正实数）的方程

$$\frac{x^2}{a} + \frac{ab^2}{x^2} = 2\sqrt{2ab}\left(\frac{x}{a} - \frac{b}{x}\right)$$

17. 证明：如果 $a, b, c$ 是非零实数，使方程

$$ax^2 + bx + c = 0$$
$$bx^2 + cx + a = 0$$
$$cx^2 + ax + b = 0$$

有共同的实数解，那么这个解是 1. 求其他的解.

18. 求以下方程的实数解

$$\sqrt{5-x} = 5 - x^2$$

## 1.12 代 数 式

在接下来的问题中，我们将利用以下著名的代数恒等式

$$(a+b)^2 = a^2 + 2ab + b^2$$
$$(a-b)^2 = a^2 - 2ab + b^2$$
$$(a+b)^3 = a^3 + 3a^2b + 3ab^2 + b^3$$
$$(a-b)^3 = a^3 - 3a^2b + 3ab^2 - b^3$$
$$a^2 - b^2 = (a-b)(a+b)$$
$$a^3 + b^3 = (a+b)(a^2 - ab + b^2)$$
$$a^3 - b^3 = (a-b)(a^2 + ab + b^2)$$
$$a^n + 1 = (a+1)(a^{n-1} - \cdots + a^2 - a + 1) \quad \text{（对正奇数 } n\text{）}$$
$$a^n - 1 = (a-1)(a^{n-1} + \cdots + a^2 + a + 1) \quad \text{（对正整数 } n\text{）}$$

### 问 题

1. 把以下代数式因式分解：

(1) $7x^2 - 7y^2$；

(2) $a^3b - 8b$；

(3) $ax^2 - 2ax + a$；

(4) $a^4 + a^3 - a^2 - a$；

(5) $a^2 - 1 + ax + x$.

2. 把 $(x-y)(x+y) + 4(y-1)$ 因式分解.

3. 把以下代数式因式分解：

(1) $x^5 + x^4 + x^3 + x^2 + x + 1$；

(2) $x^8 + x^6 + x^4 + x^2 + 1$.

4. 101 010 101 是素数,还是合数？

5. 证明
$$a^3 + b^3 + c^3 - 3abc = (a+b+c)((a+b+c)^2 - 3(ab+bc+ca))$$

与

$$a^3 + b^3 + c^3 - 3abc = (a+b+c)(a^2 + b^2 + c^2 - ab - bc - ca)$$

6. 证明：如果 $a+b+c=0$，那么
$$a^3 + b^3 + c^3 = 3abc$$

7. 把下式因式分解
$$a(b^2+c^2) + b(c^2+a^2) + c(a^2+b^2) + 2abc$$

8. 因式分解 $a^4 + b^4 + a^2 b^2$.

9. 证明热尔曼(S. Germain)恒等式
$$a^4 + 4b^4 = (a^2 + 2b^2 + 2ab)(a^2 + 2b^2 - 2ab)$$

10. $4^{545} + 545^4$ 是素数吗？

11. 求 $3^{18} - 2^{18}$ 的 5 个素因数.

12. 证明以下恒等式：

(1) $xy(x-y) + yz(y-z) + zx(z-x) = -(x-y)(y-z)(z-x)$；

(2) $(x-y)^3 + (y-z)^3 + (z-x)^3 = 3(x-y)(y-z)(z-x)$；

(3) $a(b+c)^2 + b(c+a)^2 + c(a+b)^2 - 4abc = (a+b)(b+c)(c+a)$；

(4) $\left[x\left(\dfrac{1}{y}-\dfrac{1}{z}\right) + y\left(\dfrac{1}{z}-\dfrac{1}{x}\right) + z\left(\dfrac{1}{x}-\dfrac{1}{y}\right)\right](x+y+z) = x^2\left(\dfrac{1}{y}-\dfrac{1}{z}\right) + y^2\left(\dfrac{1}{z}-\dfrac{1}{x}\right) + z^2\left(\dfrac{1}{x}-\dfrac{1}{y}\right)$.

13. 证明以下恒等式：

(1) $(a^2+b^2)(x^2+y^2) = (ax+by)^2 + (ay-bx)^2$；

(2) $(a^2+b^2)(x^2+y^2) = (ax-by)^2 + (ay+bx)^2$；

(3) $(a^2-b^2)(x^2-y^2) = (ax+by)^2 - (ay+bx)^2$.

14. 已知
$$x + \dfrac{1}{x} = 5$$

求
$$x^3+\frac{1}{x^3} \text{ 与 } x^9+\frac{1}{x^9}$$

15. 化简以下代数式：

(1) $\dfrac{ab^3}{a^2b-ab^2}$；

(2) $\dfrac{7a^2+4ab}{49a^2b-16b^3}$；

(3) $\dfrac{a^2+b^2-c^2+2ab}{a^2-b^2+c^2+2ac}$；

(4) $\left(\dfrac{a+b}{a-b}+\dfrac{a-b}{a+b}\right)^2-\left(\dfrac{a+b}{a-b}-\dfrac{a-b}{a+b}\right)^2$；

(5) $\dfrac{x^2\left(\dfrac{1}{y}-\dfrac{1}{z}\right)+y^2\left(\dfrac{1}{z}-\dfrac{1}{x}\right)+z^2\left(\dfrac{1}{x}-\dfrac{1}{y}\right)}{\dfrac{x}{yz}(z-y)+\dfrac{y}{zx}(x-z)+\dfrac{z}{xy}(y-x)}$.

## 1.13　线性方程组

在《数学竞赛中的数学：为数学爱好者、父母、教师和教练准备的丰富资源（第一部）》中，我们说明了线性方程组的两种解法：推测法与变量代换法. 在本书中我们考虑另外两种方法：高斯消元法与克莱姆(Cramer)法则. 虽然推测法依赖于直观，但变量代换法是容易说明与理解的. 同时，高斯消元法是这4种方法中求解最快的，要求比其他方法更少步骤求出解. 基于行列式的方法提供了求解的明确公式（不管解是否存在，如果它存在，不管有唯一解或无穷多解）. 在第1部书中，我们利用以下方程组作为我们的例子

$$\begin{cases}2x+3y=19\\6x-4y=18\end{cases}$$

**高斯消元法**：在这种方法中，我们修改并把这2个方程相加，以致这个变量瞬时消失. 例如，如果把第1个方程乘以$-3$，只要把它加上第2个方程，就从第1个方程中消去未知数$x$. 我们一旦解出$y$，再回去计算$x$. 于是，首先把第1个方程乘以$-3$，得

$$-6x-9y=-57$$
$$6x-4y=18$$

现在我们可以把这两个方程相加，看到刚才第1个方程乘以1个正确的数的好处，得

$$-9y-4y=-57+18$$

即

$$-13y=-39$$

现在整个方程可以除以 13,得
$$y = 3$$
最后回到原方程组中任何 1 个方程,代入 $y=3$ 的值,例如从第 1 个方程,得
$$2x + 3 \cdot 3 = 19$$
即
$$2x = 19 - 9 = 10$$
最后
$$x = 10/2 = 5$$

**克莱姆法则**:如果你考虑它,那么你将理解具有 2 个未知数的 2 个方程的方程组的解只依赖于写在这些方程中的数,在本例中只依赖于以下数阵中的数

$$\begin{matrix} 2 & 3 & 19 \\ 6 & -4 & 18 \end{matrix}$$

不用更多的说明或证明,我们说,可以组成以下行列式来求解

$$D = \begin{vmatrix} 2 & 3 \\ 6 & -4 \end{vmatrix},\ D_x = \begin{vmatrix} 19 & 3 \\ 18 & -4 \end{vmatrix},\ D_y = \begin{vmatrix} 2 & 19 \\ 6 & 18 \end{vmatrix}$$

一般的,$2 \times 2$ 行列式的值计算如下

$$\begin{vmatrix} a & b \\ c & d \end{vmatrix} = ad - bc$$

最后我们可以用以下公式求出解

$$Dx = D_x \text{ 与 } Dy = D_y$$

因为 $D \neq 0$,所以可以把两边除以 $D$,得

$$x = \frac{19 \cdot (-4) - 18 \cdot 3}{2 \cdot (-4) - 6 \cdot 3} = \frac{-130}{-26} = 5$$

$$y = \frac{2 \cdot 18 - 6 \cdot 19}{2 \cdot (-4) - 6 \cdot 3} = \frac{-78}{-26} = 3$$

这有点不可思议吗? 不,这是克莱姆法则.它比只计算解更有用,因为在我们做大量计算前,它就告诉我们关于解的性质.

(**方程令人头痛的事**.)如果我们不知道如何解释我们的结果,那么即使最简单的方程也给我们带来一些头痛的事.例如方程

$$4x + 1 = 6x - 2x + 5$$

无解.我们是怎样知道的呢? 把未知数项移到一边,已知数项移到另一边,我们得

$$4x - 6x + 2x = 5 - 1 \text{ 或 } 0 = 4$$

这对 $x$ 的任何值都不能成立,因此这个方程无解.

另一方面,方程

$$4x+1=6x-2x+1$$

有无穷多解,因为它变为

$$4x-6x+2x=1-1 \text{ 或 } 0=0$$

这对 $x$ 的任何值都成立.

类似的,方程组对它的每个未知数可以有无穷多解、无解或唯一解.由我们以前用过的公式

$$Dx=D_x \text{ 与 } Dy=D_y$$

可以看出,当且仅当 $D\neq 0$ 时,方程组有唯一解.

在其他情形 $D=0$ 时,我们要区分这 2 种情形:

(1) 如果 $D_x \neq 0$ 或 $D_y \neq 0$,那么方程组无解.

(2) 如果 $D_x=0$,$D_y=0$,那么方程组不能有唯一解,但它可能无解或有无穷多解.

对 $2\times 2$ 行列式的这个推理可以推广到 $n\times n$ 线性方程组.对 $n>3$ 计算 $n\times n$ 行列式的值已超出本书范围.我们这里只指出对 $n=3$ 可以怎样计算

$$\begin{vmatrix} a & b & c \\ d & e & f \\ g & h & i \end{vmatrix} = a\begin{vmatrix} e & f \\ h & i \end{vmatrix} - b\begin{vmatrix} d & f \\ g & i \end{vmatrix} + c\begin{vmatrix} d & e \\ g & h \end{vmatrix}$$

$$=aei-ahf-bdi+bgf+cdh-cge$$

$$=aei+cdh+bfg-ceg-afh-bdi$$

这个公式的很好的直观记忆法(也称为萨吕(Sarrus)法则)由图 1.13.1 给出.

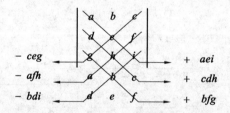

图 1.13.1 计算 $3\times 3$ 行列式的萨吕法则

在下例中,我们将指出许多情形之一,其中我们必须解含 3 个线性方程的方程组,也像利用高斯消元法一样,用克莱姆法则来解含 3 个线性方程的方程组.

**例 1.13.1** 求二次函数

$$y=ax^2+bx+c$$

的系数,它的图像过点 $P(1,56)$,$Q(4,35)$,$R(5,20)$.

**解** "曲线拟合"问题如同以下情形产生的问题:计算机图解,最优化或以观察到的 3 个投影位置为基础来模拟与预测投影运动.注意,在这种情形下,未知数为 3 个参数 $a$,$b$,$c$.我们可以写出以下方程,它说明点 $P$,$Q$,$R$ 在抛物线上,换言之,它们的坐标满足方程

$ax^2+bx+c=y$. 把点 $P,Q,R$ 的坐标代入这个方程,我们得出以下含有 3 个未知数 $a,b,c$ 的方程

$$\begin{cases} a+b+c=56 \\ 16a+4b+c=35 \\ 25a+5b+c=20 \end{cases}$$

(1) 克莱姆法则告诉我们

$$a=\frac{D_a}{D}, b=\frac{D_b}{D}, c=\frac{D_c}{D}$$

其中按照萨吕法则

$$D=\begin{vmatrix} 1 & 1 & 1 \\ 16 & 4 & 1 \\ 25 & 5 & 1 \end{vmatrix} = 1\cdot 4\cdot 1+1\cdot 1\cdot 25+1\cdot 16\cdot 5-25\cdot 4\cdot 1-1\cdot 5\cdot 1-16\cdot 1\cdot 1=-12$$

$$D_a=\begin{vmatrix} 56 & 1 & 1 \\ 35 & 4 & 1 \\ 20 & 5 & 1 \end{vmatrix} = 56\cdot 4\cdot 1+1\cdot 1\cdot 20+1\cdot 35\cdot 5-20\cdot 4\cdot 1-56\cdot 5\cdot 1-35\cdot 1\cdot 1=24$$

$$D_b=\begin{vmatrix} 1 & 56 & 1 \\ 16 & 35 & 1 \\ 25 & 20 & 1 \end{vmatrix}$$

$$=1\cdot 35\cdot 1+56\cdot 1\cdot 25+1\cdot 16\cdot 20-25\cdot 35\cdot 1-1\cdot 20\cdot 1-16\cdot 56\cdot 1=-36$$

$$D_c=\begin{vmatrix} 1 & 1 & 56 \\ 16 & 4 & 35 \\ 25 & 5 & 20 \end{vmatrix}$$

$$=1\cdot 4\cdot 20+1\cdot 35\cdot 25+56\cdot 16\cdot 5-25\cdot 4\cdot 56-1\cdot 5\cdot 35-16\cdot 1\cdot 20=-660$$

因此

$$a=-2, b=3, c=55 \Rightarrow y=-2x^2+3x+55$$

(2) 高斯消元法在这里很容易应用,因为在所有 3 个方程中,$c$ 的系数都是 1,所以只要从第 2 个方程与第 3 个方程分别减去第 1 个方程,就容易消去 $c$. 因此从

$$\begin{cases} a+b+c=56 \\ 16a+4b+c=35 \\ 25a+5b+c=20 \end{cases}$$

得

$$\begin{cases} a+b+c=56 \\ 15a+3b=-21 \\ 24a+4b=-36 \end{cases}$$

其次把第 2 个方程与第 3 个方程分别乘以 4 与 −3，再把它们相加. 我们用这样做出的结果代替第 3 个方程

$$\begin{cases} a + b + c = 56 \\ 15a + 3b = -21 \\ -12a = 24 \end{cases}$$

我们用这个方法得出三角形方程组. 从第 3 个方程得 $a = -2$. 把这个值代入第 2 个方程得 $b = 3$. 最后把这 2 个值代入第 1 个方程求出 $c = 55$.

(**一些历史**) 我们知道的最古老的高斯消元法的利用，是在约公元前 200 年中国图书《九章算术》中找到的. 高斯称这种方法为"众所周知"的方法，但他提出一些特殊方法，增加特殊类型方程组的解题速度(出现在最小二乘法计算中，一批方法被利用来计算如小行星那样的天体轨道).

行列式与克莱姆法则是 17 世纪日本人 Seki Kowa 与德国人莱布尼茨 (Leibniz) 首先独立引进的. 他们关于行列式与解线性方程组的著作暂时被遗忘了. 瑞士数学家克莱姆约在 1750 年重新发现了这个方法，并提供了他的名字.

问　　题

1. 计算以下 $2 \times 2$ 行列式的值：

(1) $\begin{vmatrix} 1 & 2 \\ 3 & 4 \end{vmatrix}$；

(2) $\begin{vmatrix} 252 & 1 \\ 1 & 8 \end{vmatrix}$；

(3) $\begin{vmatrix} 1+x^2 & 2x \\ 2x & 1+x^2 \end{vmatrix}$.

2. 计算以下 $3 \times 3$ 行列式的值：

(1) $\begin{vmatrix} 1 & 1 & 1 \\ 2 & 1 & 2 \\ 3 & 2 & 3 \end{vmatrix}$；

(2) $\begin{vmatrix} 1 & 1 & 1 \\ 2 & 1 & 2 \\ 3 & 3 & 3 \end{vmatrix}$；

(3) $\begin{vmatrix} a+x & x & x \\ x & b+x & x \\ x & x & c+x \end{vmatrix}$.

3. 证明：$3 \times 3$ 范德蒙德 (Vandermonde) 行列式可以写成

$$\begin{vmatrix} 1 & a & a^2 \\ 1 & b & b^2 \\ 1 & c & c^2 \end{vmatrix} = (b-a)(c-a)(c-b)$$

它什么时候等于 0？

4. 证明以下恒等式：

(1) $\begin{vmatrix} 1 & a & bc \\ 1 & b & ca \\ 1 & c & ab \end{vmatrix} = \begin{vmatrix} 1 & a & a^2 \\ 1 & b & b^2 \\ 1 & c & c^2 \end{vmatrix}$;

(2) $\begin{vmatrix} a-b-c & 2b & 2c \\ 2a & b-c-a & 2c \\ 2a & 2b & c-a-b \end{vmatrix} = (a+b+c)^3$;

(3) $\begin{vmatrix} 1 & a & a^3 \\ 1 & b & b^3 \\ 1 & c & c^3 \end{vmatrix} = (a+b+c) \begin{vmatrix} 1 & a & a^2 \\ 1 & b & b^2 \\ 1 & c & c^2 \end{vmatrix}$;

(4) $\begin{vmatrix} 1 & a^2 & a^3 \\ 1 & b^2 & b^3 \\ 1 & c^2 & c^3 \end{vmatrix} = (ab+bc+ca) \begin{vmatrix} 1 & a & a^2 \\ 1 & b & b^2 \\ 1 & c & c^2 \end{vmatrix}$.

5. 利用高斯消元法解以下方程组

$$\begin{cases} 2x+3y=8 \\ 4x-6y=-3 \end{cases}$$

利用行列式法重复解这个问题.

6. 利用高斯消元法解以下方程组

$$\begin{cases} x+2y+3z=16 \\ 2x+3y+z=7 \\ 3x+y+2z=13 \end{cases}$$

利用行列式法重复解这个问题.

7. 利用高斯消元法确定：除了平凡解 $x=y=z=0$ 外,以下这些齐次方程组（右边都是 0）,是否有任何别的解？

(1) $\begin{cases} x+2y+3z=0 \\ 2x+3y+z=0 \\ 3x+y+2z=0 \end{cases}$;

(2) $\begin{cases} x+y+z=0 \\ x+2y+3z=0 \\ 4x+5y+6z=0 \end{cases}$.

利用行列式法重复解这个问题.

8. 利用高斯消元法解以下方程组. 讨论参数 $a$ 取什么值时, 方程组有唯一解

$$\begin{cases} x+2y=1 \\ 2x+a^2y=a \end{cases}$$

利用行列式法重复解这个问题.

9. 利用高斯消元法解以下方程组. 讨论解的个数:

(1) $\begin{cases} x+\ y=1 \\ 3x+3y=3; \\ ax+3y=b \end{cases}$

(2) $\begin{cases} x+\ y=1 \\ ax+by=3 \end{cases}$.

利用行列式法重复解这个问题.

10. 设 $a$ 与 $b$ 是已知数, 解以下关于 $x$ 与 $y$ 的方程组

$$\begin{cases} ax-by=x^4-y^4 \\ ay-bx=2xy(y^2-x^2) \end{cases}$$

## 1.14 不 等 式

在本节中,我们将首先考查不等式的一些基本法则,其次学习最重要的不等式,例如 AM−GM(算术−几何平均不等式),它们将允许我们解答很多有趣的问题.

首先,读者应当很明白,对任何正实数 $a$ 与 $b$,我们可以写出:

(1) 如果 $a<b$,那么 $-a>-b$;反之亦然,如果 $a>b$,那么 $-a<-b$.

(2) 如果 $a<b$,那么 $1/a>1/b$;反之亦然,如果 $a>b$,那么 $1/a<1/b$.

我们称为平凡不等式的不等式显然成立,并且非常有用,因为许多其他不等式等价于它:对所有实数 $a$

$$a^2 \geqslant 0$$

用一句话概括起来,它说明实数的平方总是非负的.

以下一组不等式包含 3 个毕达哥拉斯(Pythagoras)平均值(算术平均,几何平均,调和平均) 不等式,为古希腊数学家们所知,我们首先定义它们:

**毕达哥拉斯平均值**:2 个正实数 $x$ 与 $y$ 的 3 个毕达哥拉斯平均值 —— AM(算术平均),GM(几何平均),HM(调和平均) 定义为

$$A(x,y)=\frac{x+y}{2}$$

$$G(x,y)=\sqrt{xy}$$

$$H(x,y) = \frac{2}{\frac{1}{x}+\frac{1}{y}}$$

**平均值不等式**:对任何正实数 $x$ 与 $y$,我们有
$$A(x,y) \geqslant G(x,y) \geqslant H(x,y)$$
或
$$\frac{x+y}{2} \geqslant \sqrt{xy} \geqslant \frac{2}{\frac{1}{x}+\frac{1}{y}}$$

**证** 我们首先证明 AM−GM 不等式 $A(x,y) \geqslant G(x,y)$. 如果 2 边乘以 2,把它们平方,那么我们发现 AM−GM 不等式等价于
$$(x+y)^2 \geqslant 4xy \Leftrightarrow x^2+2xy+y^2 \geqslant 4xy \Leftrightarrow x^2-2xy+y^2 \geqslant 0$$
这等价于 $(x-y)^2 \geqslant 0$,这是平凡不等式的情形. 等式当且仅当 $x=y$ 时成立.

GM−HM 不等式 $G(x,y) \geqslant H(x,y)$ 可以看作 AM−GM 不等式应用于数 $1/x$ 与 $1/y$ 的推论. 此外,等式当且仅当 $x=y$ 时成立.

一般的, $n$ 个正实数 $a_1, a_2, \cdots, a_n$ 的二次平均值, 算术平均值, 几何平均值, 调和平均值分别是
$$Q(a_1, \cdots, a_n) = \sqrt{\frac{a_1^2+a_2^2+\cdots+a_n^2}{n}}$$
$$A(a_1, \cdots, a_n) = \frac{a_1+a_2+\cdots+a_n}{n}$$
$$G(a_1, \cdots, a_n) = \sqrt[n]{a_1 a_2 \cdots a_n}$$
$$H(a_1, \cdots, a_n) = \frac{n}{\frac{1}{a_1}+\frac{1}{a_2}+\cdots+\frac{1}{a_n}}$$

以下一组不等式总是成立
$$Q(a_1, \cdots, a_n) \geqslant A(a_1, \cdots, a_n) \geqslant G(a_1, \cdots, a_n) \geqslant H(a_1, \cdots, a_n)$$
等式当且仅当 $a_1 = a_2 = \cdots = a_n$ 时成立.

我们这里只指出怎样证明一般结果中的 AM−GM 不等式部分.

我们将利用 1.5 节证明过的不等式
$$x_1 x_2 \cdots x_n = 1 \Rightarrow x_1 + x_2 + \cdots + x_n \geqslant n$$
如果 $a_1, a_2, \cdots, a_n$ 是正实数,那么使
$$x_1 = \frac{a_1}{\sqrt[n]{a_1 \cdots a_n}}, \cdots, x_n = \frac{a_n}{\sqrt[n]{a_1 \cdots a_n}}$$
的数 $x_1, x_2, \cdots, x_n$ 也是正实数. 此外我们有

$$x_1 \cdots x_n = \frac{a_1}{\sqrt[n]{a_1 \cdots a_n}} \cdots \frac{a_n}{\sqrt[n]{a_1 \cdots a_n}} = \frac{a_1 \cdots a_n}{\sqrt[n]{(a_1 \cdots a_n)^n}} = 1$$

于是可以记

$$x_1 + \cdots + x_n \geqslant n$$

即

$$\frac{a_1}{\sqrt[n]{a_1 \cdots a_n}} + \cdots + \frac{a_n}{\sqrt[n]{a_1 \cdots a_n}} \geqslant n$$

最后

$$\frac{a_1 + \cdots + a_n}{n} \geqslant \sqrt[n]{a_1 \cdots a_n}$$

注意,对 $n=2$,我们得出毕达哥拉斯平均值不等式(与 QM－AM 不等式).对 $n=3$ 得

$$\sqrt{\frac{x^2+y^2+z^2}{3}} \geqslant \frac{x+y+z}{3} \geqslant \sqrt[3]{xyz} \geqslant \frac{3}{\frac{1}{x}+\frac{1}{y}+\frac{1}{z}}$$

## 问 题

1. 证明:对 2 个任何正实数 $x$ 与 $y$,有二次平均值与算术平均值的 QM－AM 不等式

$$\sqrt{\frac{x^2+y^2}{2}} \geqslant \frac{x+y}{2}$$

2. 证明:对任何实数 $a,b,c$,有

$$a^2+b^2+c^2 \geqslant ab+bc+ca$$

3. 证明:对任何正实数 $x,y,z$,有

$$x^3+y^3+z^3 \geqslant 3xyz$$

4. 证明:对任何实数 $a,b,c$,有

$$a^2b^2+b^2c^2+c^2a^2 \geqslant abc(a+b+c)$$

5. 证明:对任何实数 $a,b,c$,有

$$\frac{a^2+b^2+c^2}{3} \geqslant \left(\frac{a+b+c}{3}\right)^2$$

6. 证明:对任何正实数 $a$,有

$$a + \frac{1}{a} \geqslant 2$$

7. 证明:对任何正实数 $x,y,z$,有

$$(x+y+z)\left(\frac{1}{x}+\frac{1}{y}+\frac{1}{z}\right) \geqslant 9$$

8. 证明:对任何正实数 $a,b,c$,有

$$(a+b+c)(a^2+b^2+c^2) \geqslant 9abc$$

9. 证明:对任何正实数 $a,b,c$,有
$$\frac{a}{b}+\frac{b}{c}+\frac{c}{a} \geqslant 3$$

10. 证明:对任何正实数 $a,b,c$,有
$$\frac{a^2}{b}+\frac{b^2}{c}+\frac{c^2}{a} \geqslant a+b+c$$

11. 证明:对任何实数 $a,b,c$,有
$$a^2(1+b^2)+b^2(1+c^2)+c^2(1+a^2) \geqslant 6abc$$

12. 证明:对任何正实数 $x,y,z$,使 $x+y+z=1$,有
$$\left(\frac{1}{x}-1\right)\left(\frac{1}{y}-1\right)\left(\frac{1}{z}-1\right) \geqslant 8$$

13. 证明:对任何正实数 $a,b,c$,有
$$\frac{a}{b+c}+\frac{b}{c+a}+\frac{c}{a+b} \geqslant \frac{3}{2}$$

14. 令 $x,y,z$ 是正实数,使 $x+y+z=1$. 证明
$$x^2+y^2+z^2 \geqslant \frac{1}{3}$$

15. 证明:对任何 $n$ 与任何实数 $a_1,\cdots,a_n$,有 QM − AM 不等式
$$\sqrt{\frac{a_1^2+a_2^2+\cdots+a_n^2}{n}} \geqslant \frac{a_1+a_2+\cdots+a_n}{n}$$

16. 证明:对任何 $n$ 与任何正实数 $a_1,\cdots,a_n$,有 GM − HM 不等式
$$\sqrt[n]{a_1 a_2 \cdots a_n} \geqslant \frac{n}{\frac{1}{a_1}+\frac{1}{a_2}+\cdots+\frac{1}{a_n}}$$

17. 对 2 对实数证明重排不等式:如果 $a_1 < a_2$ 与 $b_1 < b_2$,那么
$$a_1 b_1 + a_2 b_2 \geqslant a_1 b_2 + a_2 b_1$$

我们陈述重排不等式的一般形式:当实数列 $(a_1,a_2,\cdots,a_n)$ 与 $(b_1,b_2,\cdots,b_n)$ 有类似顺序时,例如 $a_1 < a_2 < \cdots < a_n$ 与 $b_1 < b_2 < \cdots < b_n$ 时,量 $a_1 b_1 + a_2 b_2 + \cdots + a_n b_n$ 是最大的.

18. 证明:对任何 $n$ 与任何正实数 $x_1,\cdots,x_n$,有
$$(x_1+x_2+\cdots+x_n)\left(\frac{1}{x_1}+\frac{1}{x_2}+\cdots+\frac{1}{x_n}\right) \geqslant n^2$$

## 1.15 第 3 套问题

1. 计算一群孩子的平均体重. David 体重 39 kg,加入这群孩子后,这群孩子的平均体

重变为 51 kg. 然后, Ben 体重 61 kg, 加入这群孩子后, 这群孩子的平均体重变为 52 kg. 在 David 与 Ben 到来前, 这群孩子们的平均体重是多少?

2. 一个运动员绕着城市小区周围 4 条相同长度的道路散步、步行、慢跑、快跑. 他在每条道路上的速度是 4 km/h, 5 km/h, 10 km/h, 20 km/h. 他在整个行程中的平均速度是多少?

3. 我有 8 个信封, 每个信封放 1 美元, 另外 8 个信封, 每个信封放 3 美元, 还有 8 个信封, 每个信封放 5 美元. 我在 3 人中可以怎样分配这些信封, 使每人得到相同个数的信封与相同的钱?

4. Bob 的父亲开车从学校回到他的家. 他们有准时的习惯, 这样他的父亲到达学校后立即就能离开, Bob 可以坐进汽车, 他们可以动身准时回到家. 昨天学校早放学 1 h, Bob 没让他父亲知道, 他先步行, 在路上遇见他父亲. 汽车停下 1 min 后带走了 Bob, 并掉头行驶, 他们比平时早 9 min 到家. Bob 的父亲始终以固定速度 55 km/h 开车. Bob 的平均步行速度是多少千米每小时?

5. 美国瑟夫赛德的短跑运动员们周末以固定步幅在海滨跑步. 在 9 时, 他们跑过距离的 $\frac{1}{6}$; 在 11 时, 他们跑过距离的 $\frac{1}{3}$. 他们在 10:30 时跑过距离的几分之几?

6. 在 Phil 13 岁时, Jill 的年龄是 Bill 年龄的 5 倍. 在 Phil 的年龄是 Bill 年龄的 2 倍时, Jill 是 19 岁. 他们现在的年龄之和是 100. 每人现年多少岁?

7. Andrew 与 Declan 骑他们的摩托车. Andrew 从澳大利亚墨尔本市出发, Declan 从吉朗市出发, 离 Andrew 75 km. 他们以固定速度 15 km/h 相向行驶. 他们的一只鹦鹉名叫 Spot, 站在 Andrew 的车把手上. 当 Andrew 出发时, Spot 以固定速度 30 km/h 飞向 Declan. 与 Declan 相遇时, Spot 以相同的固定速度飞向 Andrew. Spot 继续在这 2 个孩子之间来回飞行, 直到他们相遇. Spot 飞行的距离是多少?

8. 我有 2 个计时的沙漏时钟——1 个没有漏沙 4 min, 另一个没有漏沙 7 min. 我可以怎样利用它们准确地测量 10 min?

9. 求值

$$\frac{1}{\sqrt{1}+\sqrt{2}}+\frac{1}{\sqrt{2}+\sqrt{3}}+\frac{1}{\sqrt{3}+\sqrt{4}}$$

10. 因式分解 $6x^2-11x-10$.

11. 展开下式

$$(x^2+2x+2)(x^2+2)(x^2-2x+2)(x^2-2)$$

12. 比较 $2^{333}$ 与 $3^{222}$.

13. 令

$$A=(1^2-2^2)(2^2-3^2)\cdots(49^2-50^2)$$

与
$$B = (1^2 - 3^2)(2^2 - 4^2)\cdots(49^2 - 51^2)$$
证明
$$AB = 2^{48} \cdot 100!$$

14. 令 $N = 3 + 33 + \cdots + \underbrace{33\cdots3}_{32\text{个}}$. 证明
$$9N + 100 = \underbrace{33\cdots34}_{32\text{个}}$$

15. 直角三角形的边长是 $x, x-y, x+y$. 求 $\dfrac{x}{y}$.

16. 对实数 $x$ 解以下方程
$$x^4 - 4x = 1$$

17. 对实数 $x$ 解以下方程
$$x^2(x-1)^2 + x(x^2-1) = 2(x+1)^2$$

18. 对实数 $x$ 解以下方程
$$(x^2 - 3x + 1)(x^2 + 3x + 2)(x^2 - 9x + 20) = -30$$

19. 对实数 $x$ 解以下方程
$$\left(\frac{x+6}{x-6}\right)\left(\frac{x+4}{x-4}\right)^2 + \left(\frac{x-6}{x+6}\right)\left(\frac{x+9}{x-9}\right)^2 = 2\left(\frac{x^2+36}{x^2-36}\right)$$

20. 对参数 $a \in \mathbf{R}$ 的所有值解方程
$$(1 + a^2)x^2 + 2(x - a)(1 + ax) + 1 = 0$$

### 方程的根式解法

数学在科学与工程中的很多(即使不是最多的)应用被看作是解方程.这些应用的大多数是集中在解代数方程,即只包含代数运算(加法、减法、乘法、除法、有理数乘方).最简单的方程是线性方程与二次方程.巴比伦人约在公元前2000年解答了二次方程的特殊情形,但是婆罗摩笈多在7世纪首先提出了一般二次方程的解法.他的解法过程以冗长文字叙述给出,但是阿尔·花拉子米在9世纪给出了他的二次方程的现代解法.他在极有影响的书《代数学》中提出了他的算法.用现代记号,二次方程
$$ax^2 + bx + c = 0$$
有解
$$x_{1,2} = \frac{-b \pm \sqrt{b^2 - 4ac}}{2a}$$

三次方程与四次方程的解法公式由塔尔塔利亚与费拉尔①(Ferrari)在16世纪找到,且由卡尔达诺首先发表.卡尔达诺发表这些公式产生了巨大争议,因为它涉及大数学家公开竞争的声誉与财务利益问题.

所有这些公式只须代数运算,包含二次根与三次根(也称根式),于是希望五次与更高次方程也有类似解法——根式解法.虽然针对寻找五次方程解法作了巨大努力,但是直到阿贝尔(Abel)1824年证明了五次方程没有根式解,都没有进展.伽罗华②(Galois)在1829年找到了有根式解的一般准则.

如果我们不只用根式,也允许我们用其他运算,借助数字计算机可以求出任何次方程的解,可以达到任何精确度.根据这点,我们可以把求代数方程的根式解看作只利用极有限工具箱中的运算,因此类似于欧几里得作图技术.

## 1.16 角的寻求 I

在本节中,我们引入关于角的一些基本术语,并马上研究包含角的问题.

如图1.16.1左边部分的角称为对顶角,它们相等.如图1.16.1右边部分的角称为邻角与补角,即它们的和是平角(180°).

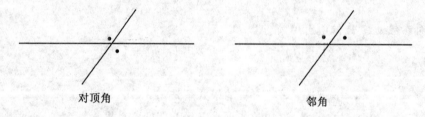

对顶角　　　　　　　邻角

图 1.16.1

如图1.16.2所示,如果2条平行线被第3条直线(称为横截线)所截,那么我们得出8个角.如果你从中选出任何2个角,那么它们将相等或互补.

2条平行线之间的4个角称为内角,而其余4个角称为外角.

图1.16.3说明1对内错角(a),外错角(b),同位角(c),同旁内角(d).

---

① 这些公式也非常适合写在本页上,但是有兴趣的读者可能在维基百科(Wikipedia)网络上找到:www.wikipedia.org/wiki/Cubic-function 或 www.wikipedia.org/wiki/Quartic-function.

② E.伽罗华在1832年被杀死,那时他只有21岁.在他去世的2年前,他试图发表他的成果没有成功.他知道迎面而来的决斗的危险,在决斗的前天晚上他写信给他的朋友谢瓦莱尔(Chevalier),信中提到他的理论原理,请求他设法发表它.他的著作在14年后,也就是1846年发表了.伽罗华的著作常常被看作最卓越的智力成就之一.

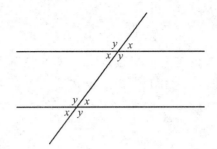

图 1.16.2

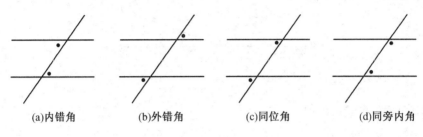

图 1.16.3

**例 1.16.1** 证明三角形的内角和是 $180°$.

**证** 考虑图 1.16.4.

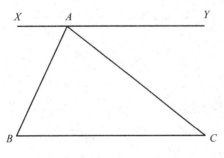

图 1.16.4

从任何 $\triangle ABC$ 开始,我们从 $A$ 作 $BC$ 的平行线,在这条平行线上,在 $A$ 的两边选出 2 点 $X$ 与 $Y$ 是有用的. $\angle XAB$ 与 $\angle ABC$ 是内错角,于是它们也相等. $\angle CAY$ 与 $\angle ACB$ 也是内错角,于是它们也相等. 因此 $\triangle ABC$ 的内角和是

$$\angle B + \angle A + \angle C = \angle ABC + \angle BAC + \angle ACB$$
$$= \angle XAB + \angle BAC + \angle CAY$$
$$= \angle XAY = 180°$$

## 问　题

1. 如图 1.16.5 所示，5 条射线 $OA, OB, OC, OD, OE$ 从点 $O$ 发出，组成各角，使 $\angle EOD = 2\angle COB$，$\angle COB = 2\angle BOA$，而 $\angle DOC = 3\angle BOA$. 如果 $E, O, A$ 共线，求 $\angle DOB$.

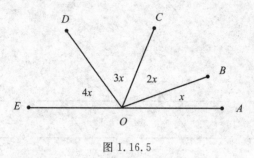

图 1.16.5

2. 求图 1.16.6 中 $x$ 的值.

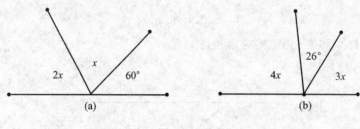

图 1.16.6

3. (1) 求图 1.16.7 中 $x$ 的值.

(2) 这个图画得不准确. 哪些点应该画在同一条直线上？

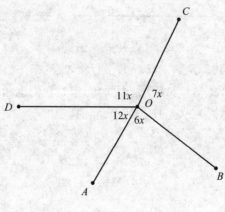

图 1.16.7

4. $OX$ 平分 $\angle AOB$，$C$ 在直线 $BO$ 上，$O$ 在 $B$ 与 $C$ 之间. $OY \perp OX$，$Y$ 与 $A, X$ 都在

∠BOC 的同侧. 求 ∠COY 与 ∠YOA 之间的关系.

5. 在图 1.16.8 中, AB ∥ CD, ∠BXY = 40°, ∠DZY = 20°. 求 ∠XYZ 的度数.

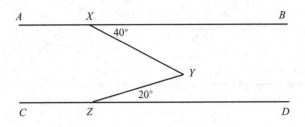

图 1.16.8

6. 在图 1.16.9 中, ∠UWZ = 70°, ∠VUW = 60°, WX ∥ YZ ∥ UV, 求 ∠WZY 的度数.

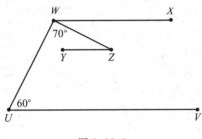

图 1.16.9

## 1.17 角的寻求 Ⅱ

### 问 题

1. (外角) 如图 1.17.1 所示, 证明: 三角形的外角等于 2 个不相邻内角和.

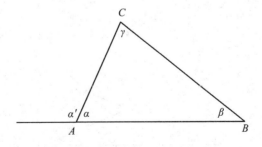

图 1.17.1

2. 求图 1.17.2 中的 $a$ 与 $b$.

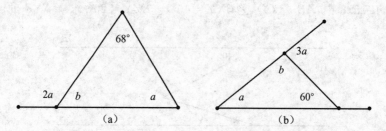

图 1.17.2

3. 求图 1.17.3 中的 $x$(在这些图中看似平行的直线实际上平行).

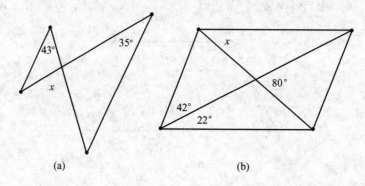

图 1.17.3

4. 三角形中两角之和是第 3 角的 3 倍. 求第 3 角的度数.

5. 我们说, 三角形的 2 个最大角相差 30°, 而 2 个最小角相差 15°. 请查明这样的三角形是否可能存在; 如存在, 它是否是唯一的.

6. 如图 1.17.4 所示, $BD$ 与 $CE$ 分别是 $\angle B$ 与 $\angle C$ 的平分线. 如果 $\angle A = 80°$, $\angle ABC = 30°$, 求 $\angle BIC$.

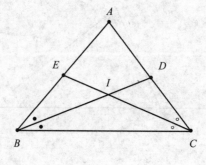

图 1.17.4

7. 在 □ABCD 中,令 E 是边 CD 上的点,使 AE 是 ∠DAB 的平分线,BE 是 ∠ABC 的平分线. 求 ∠AEB 的度数.

8.(1) 在图 1.17.5 中,证明 $x+y+z$ 是周角,即 360°.

(2) 如果 $x+y=3z$,求三角形中最大内角的度数.

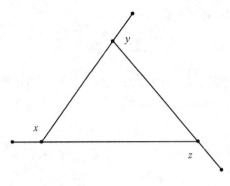

图 1.17.5

## 1.18　三角形的几何学 Ⅰ

我们从本节开始再考查几何学中极基本的事实与定理. 非常重要的是,读者已经熟悉这些定理,因为我们将依靠它们解题与推导新定理. 如果读者不熟悉它们,或者要知道怎样由更基本的几何事实来证明它们,我们建议你们询问父母、老师或其他辅导员,帮助你们开始行动.

(1) 三角形的内角和是 180°.

(2) 三角形的外角等于与它不相邻的 2 个内角的和.

(3) 三角形每个顶点上的各个外角和是 360°.

(4) 任何凸多边形每个顶点上的各个外角和是 360°.

(5) $n$ 边形的内角和是 $(n-2) \cdot 180°$.

(6) 正 $n$ 边形每个内角的度数是 $\dfrac{(n-2)180°}{n}$.

(7) 如果三角形的两边相等,那么这两边的对角相等. 这样的三角形称为等腰三角形.

(8) 如果三角形的一边大于另一边,那么第 1 边的对角大于第 2 边的对角. 反之亦然.

(9)(三角形不等式) 三角形的任何两边长之和大于第 3 边长.

(10) 三角形的中线相交于一点. 这点称为形心(重心),通常以 $G$ 表示. 形心分每条中线成 2 条线段之比为 2:1,是三角形的质量重心.

(11) 三角形的高相交于一点. 这点称为垂心,通常以 $H$ 表示.

(12) 三角形的角平分线相交于一点. 这点称为内心, 通常以 $I$ 表示. $I$ 到三角形三边等距离. $I$ 是三角形内切圆的圆心.

(13) 三角形各边的中垂线相交于一点. 这点称为外心, 通常以 $O$ 表示. $O$ 到三角形 3 个顶点等距离. $O$ 是三角形外接圆的圆心.

(14) 在直角三角形中, 外心在斜边中点.

## 问 题

1. $\triangle ABC$ 内角的度数是 $10x, 15x, 20x$. 求 $\triangle ABC$ 所有的内角与外角的度数.

2. 在锐角 $\triangle ABC$ 中, $\angle A = x° + 15°$, $\angle B = 2x° - 6°$, 在 $C$ 上的外角度数是 $3x° + 9°$. 求正整数值 $x$ 的个数.

3. 在 $\triangle ABC$ 中, 边长 $AB = x + 4$, $BC = x + 9$, $CA = 3x$, 其中 $x$ 是整数. $x$ 的最大与最小的可能值是多少?

4. 三角形的两边长是 5 与 13. 第 3 边的中线长是 $m$. $m$ 的所有可能整数值是多少?

5. 证明: 对等边三角形内任何一点 $P$, 从 $P$ 到三边的距离和等于三角形的一条高线长.

6. 点 $A, B, C, D$ 依次在一条直线上, 使 $AB = CD, BC = 12$. 点 $E$ 不在这条直线上, $BE = CE = 10$. $\triangle AED$ 的周长是 $\triangle BEC$ 的周长的 2 倍. 求 $\triangle AEB$ 的周长.

7. 凸多边形的 1 个内角是 160°. 多边形其余的每个内角都是 112°. 多边形有多少条边?

8. $\triangle ABD$ 与 $\triangle CBD$ 不重叠. 三角形的 $\angle ABD = 40°$, $\angle ADB = 55°$, $\angle CBD = 75°$, $\angle CDB = 55°$. 线段 $AB, BC, CD, DA$ 中哪一条最长?

9. 已知正六边形 $BAGELS$. 证明: $\triangle SEA$ 是等边三角形.

10. 令 $ABCDE$ 是正五边形. 证明: $AC \parallel ED$.

## 1.19 三角形的几何学 II

在本节中, 我们继续再考查三角形几何学的基本事实, 并依据全等与相似来解题.

**三角形的全等**: 2 个三角形是全等三角形, 如果它们的对应边与对应角分别相等.

**三角形全等准则**:

(1)(SSS) 如果 1 个三角形的三边与另一个三角形的三边相等, 那么这 2 个三角形全等. 这称为 SSS 三角形全等.

(2)(SAS) 如果 1 个三角形的两边与夹角分别与另一个三角形的两边与夹角相等, 那么这 2 个三角形全等. 这称为 SAS 三角形全等.

(3)(ASA) 如果 1 个三角形的两角与夹边分别与另一个三角形的两角与夹边相等,

那么这2个三角形全等.这称为 ASA 三角形全等.

**泰勒斯(Thales)定理**[①]:如果2条平行线横截1个角的两边(图1.19.1),那么

$$\frac{[AB]}{[AB']} = \frac{[AC]}{[AC']} = \frac{[BC]}{[BC']}$$

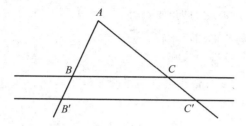

图 1.19.1

**三角形的中位线**:三角形两边中点连成的直线称为三角形的中位线.

**三角形的中位线定理**:联结三角形两边中点的中位线平行于三角形的第3边,它的长是第3边的一半.

**三角形的相似**:2个三角形是相似三角形,如果它们的对应角相等,对应边成比例.

**三角形的相似准则**:

(1) 如果2个三角形有2对相等角,那么这2个三角形相似.

(2) 如果1个三角形的三边长与另一个三角形对应的三边长成比例,那么这2个三角形相似.

(3) 如果1个三角形的两边长与另一个三角形对应的两边长成比例,并且对应的两边夹角相等,那么这2个三角形相似.

## 问 题

1.证明:如果凸四边形的2条对边平行且相等,那么这个四边形事实上是平行四边形.

2.证明:如果凸四边形 $ABCD$ 的2条对角线相交于各自的中点,那么这个四边形是平行四边形.

3.证明:如果平行四边形的对角线相等,那么这个平行四边形是矩形.

4.证明:如果四边形的对角线是各自角的平分线,那么这个四边形是菱形.

5.证明以下命题:(1) 等腰梯形一条腰在底边上的投影等于上、下底之差的一半.
(2) 等腰梯形一条对角线在底边上的投影是上、下底之和的一半.

6.证明:在直角三角形中,斜边上的中线是斜边的一半.

---

[①] 这是为纪念泰勒斯而命名的一些定理之一,他是最早的古希腊哲学家之一.

7. 证明:菱形面积等于它的 2 条对角线长的乘积的一半.

8. 在 △ABC 中,令 X,Y 在边 AB 与 AC 上,使 XY ∥ BC. 如果 AX = 10, XY = 20, BC = 10,求 XB.

9. (四边形各边的中点)证明:任何四边形各边的中点依次连线构成平行四边形.

10. (梯形的中位线定理)证明以下命题:
(1) 梯形的中位线与梯形两底平行.
(2) 它的长是两底长的算术平均值.

11. 证明:联结梯形 2 条对角线中点的线段平行于两底,它的长是两底长差的一半.

## 1.20  第 4 套问题

1. 在 □PQRS 中,如果 ∠PQR = 58°,求 ∠RSP 的度数.

2. 在图 1.20.1 中,AB ∥ CD,AC ∥ BD,∠BAD = 32°,∠BDE = 71°. 求以 $a,c,e$ 表示的每个角.

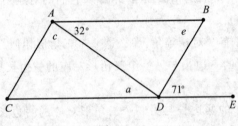

图 1.20.1

3. 求图 1.20.2 中每个 $x$. 在图 1.20.2(b) 中 AB ∥ DE.

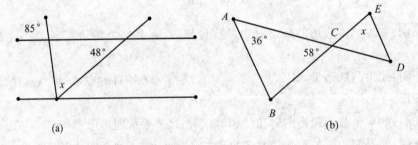

图 1.20.2

4. 如图 1.20.3 所示，AK 平分 ∠BAC. 如果 ∠ACD=142°，∠ABC=68°，求 ∠AKC.

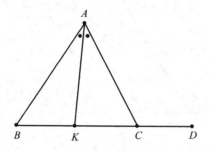

图 1.20.3

5. 在 △ABC 中，∠BAC 的平分线 AD 交 BC 于 D，使 AD=AB. 如果 ∠ACB=51°，求 ∠ABC 的度数.

6. △ABC 是等腰三角形，AB=AC，把 BC 延长到 D. 求 ∠ABC 与 ∠ACD 之和.

7. 如图 1.20.4 所示，PQ=PR，RS=RQ. 如果 ∠SPR=40°. 求：(1) ∠SQR，(2) ∠PRS.

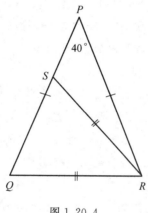

图 1.20.4

8. ABCD 是直线，BE=BC，各角如图 1.20.5 所示. 确定是否有 EC=CD. 注意，这个图可能画得不准确.

9. 我们说 4 点是循环的，如果它们在同一圆上. 证明：在任何三角形中，垂心、顶点，从其他 2 个顶点做出的高线足是循环的.

10. 矩形 ABCD 的所有边长是整数，它的内部被分为 7 个不重叠的矩形区域：2 个 8×10 区域，1 个 10×12 区域，1 个 5×13 区域，1 个 13×13 区域，1 个 10×22 区域，1 个 3×16 区域. 这些区域必须转动，以便完全覆盖矩形 ABCD. 矩形 ABCD 的长与宽之和是多少？

11. (角平分线定理) 令 △ABC 的 ∠A 的平分线交边 BC 于点 L. 证明

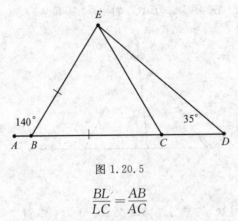

图 1.20.5

$$\frac{BL}{LC} = \frac{AB}{AC}$$

12.（梯形的著名性质）如果梯形的两底不相等（于是它不是平行四边形）．证明：对角线的交点，两底的中点，两腰延长线的交点在同一条直线上．

### 欧几里得的愚人之桥

欧几里得的《几何原本》是最值得研究的图书之一，无疑一直是最有影响的几何学教科书．13本图书中第1本容易从点、直线等的定义陈述开始，然后是5个几何公理（公设），说明点、直线等之间的基本关系与共同的概念，即例如以下的逻辑命题："如果等量加等量，那么整体相等"或"整体大于部分"．

前4个命题（定理）也容易推出：在已知线段上作等边三角形，怎样作一条线段等于1条已知线段，怎样在几何上作2条线段相减，三角形全等的SAS（边-角-边）准则的证明．

但是第5个命题就困难很多，称为愚人之桥——它是许多自称为几何学家的第1个主要阻碍．这个命题也称为等腰三角形定理，叙述如下：

在等腰三角形中，两底角相等．

《几何原本》中给出的证明事实上是很困难的．如普罗克洛斯（Proclus）与帕普斯（Pappus）的注释者提供了比较简单的证明．这里是帕普斯的证明：

**证**  令 $\triangle ABC$ 是等腰三角形，$AB=AC$ 是等边．考虑 $\triangle ABC$ 与 $\triangle ACB$，其中 $\triangle ACB$ 是第2个三角形，其顶点 $A,C,B$ 对应于 $\triangle ABC$ 的顶点 $A,B,C$．$\angle A = \angle A$，$AB = AC$，$AC = AB$，于是由边-角-边命题（命题5-4），$\triangle ABC \cong \triangle ACB$，因此 $\angle B = \angle C$，正是所要证明的．

作为最后说明，我们讲到，把早期几何学知识汇编，并用公设把这些知识系统化，应归功于欧几里得．例如欧几里得的 Ⅰ—5命题曾经被亚里士多德（Aristotle）（在欧几里得前）提到，并根据欧几里得在命题 Ⅰ—5后提出的命题做出不同的证明．

## 1.21 剖 分 图 形

在几何学中,剖分问题是把几何图形分为较小部分,后者可以重排成新图形.我们允许各部分平移、旋转,有时甚至反射.通常要求剖分只利用有限个部分.

### 问 题

1. 能不能把 1 个等边三角形分为 2 个具有相等面积的不全等三角形?
2. 剖分一个正方形,使你可以把分成的部分重排为 2 个相等大小的正方形.
3. 把一个等边三角形分为 3 个三角形,使它们有相等面积,且其中没有 2 个三角形全等.
4. 剖分与重排图 1.21.1 所示图形(5 个全等正方形)为一个正方形.

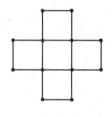

图 1.21.1

5. 剖分一个正六边形为 3 个菱形.
6. 剖分与重排一个正六边形为平行四边形.
7. 证明:对所有正整数 $n$,一个等边三角形可以分为 $n^2$ 个全等的等边三角形.
8. 把由 3 个全等矩形组成的图 1.21.2 剖分为:(1)3 个全等图形;(2)4 个全等图形.

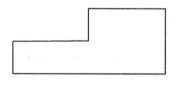

图 1.21.2

9. 剖分且重排图 1.21.3 为等腰三角形.

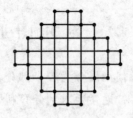

图 1.21.3

10. 已知平面上 6 点，我们用这些点作顶点组成三角形. 这 6 点组成的什么图形可以给我们最多个数的三角形：6 点在六边形中，1 点在五边形内部，2 点在四边形内部，或 3 点在三角形内部？

## 1.22 再 剖 分

勾股定理的图形（图 1.22.1）证明说明了，我们可以分任何 2 个正方形为有限多个部分，并重排这些部分得出 1 个正方形.

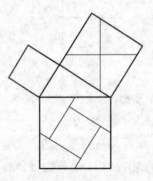

图 1.22.1

事实上，更多命题成立：

假设我们有 2 个相同面积的多边形，则可以从其中任何 1 个多边形分为有限多个部分，并重排这些部分得出另一个多边形.

这个性质由 F. 波尔约（Bolyai,1833）与格尔文（Gerwin,1835）独立证明. 我们来证明波尔约－格尔文定理. 我们将建立多边形与正方形之间的 2 种形式的联系

1 个多边形 ↔ 多个三角形 ↔ 多个矩形 ↔ 多个正方形 ↔ 1 个正方形

第 1 步，注意利用对角线，我们可以利用对角线分任何 1 个多边形为有限多个三角形（对凸多边形，这是显然的，但对非凸多边形，它也成立，但是要小心讨论）. 三角形可以变换成矩形.（图 1.22.2）

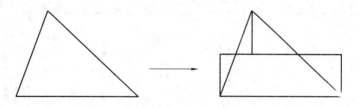

图 1.22.2

我们来证明 2 个正方形可以剖分且重排为 1 个正方形,于是只要证明从 1 个矩形可以产生 1 个正方形就可以了.(图 1.22.3)

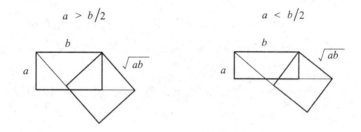

图 1.22.3

我们证明了,任何 1 个多边形可以变换为 1 个正方形. 但是我们也可以反过来从 1 个正方形变换为 1 个多边形,因此我们可以把任何 1 个多边形变为相同面积的另一个多边形,其中变成正方形作为中间步骤.

**例 1.22.1** 以上论证说明了,任何 1 个三角形可以剖分且重排成 1 个正方形. 虽然这个作图是系统的,但是它产生大量小块图. 这里是怎样剖分成 4 小块且重排 1 个等边三角形成为 1 个正方形的例子.(图 1.22.4)

图 1.22.4

**例 1.22.2** 证明:对所有 $n \geqslant 6$,1 个正方形可以剖分为 $n$ 个正方形.

**证** 我们将用归纳法来证明这个命题. 我们从证明它对 $n=6,7,8$ 成立开始.(图 1.22.5)

一般命题由归纳法推出,因为如果这个性质对某个 $k$ 成立,那么把被剖分正方形之一分成 4 个小正方形,我们再加上 3 个小正方形,于是这个性质对 $k+3$ 也成立. 换言之,我们知道怎样把 1 个正方形分成 6 个正方形,因此也可以分成 9,12,15,… 个正方形. 我们也知道怎样把 1 个正方形分成 7 个正方形,于是可以把它分成 10,13,16,… 个正方形. 最后我

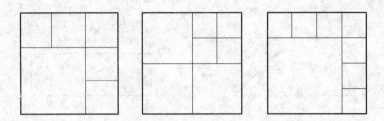

图 1.22.5

们知道怎样把 1 个正方形分成 8 个正方形,因此也可以把它们分成 $11,14,17,\cdots$ 个正方形. 由这个论证,我们包含了所有 $n \geqslant 6$.

我们常常要把 1 个几何对象剖分成三角形. 这个过程称为三角剖分. 更正式地说,三角剖分是把 1 个曲面或平面的多边形分成 1 组三角形. 我们来解答几个要求三角剖分的问题.

**例 1.22.3** 三角剖分 1 个 $n$ 边形,使所有三角形有已知 $n$ 边形的顶点. 证明:这样的三角剖分留下 $n-2$ 个三角形.

**证** 我们再用归纳论证. 如果我们有 1 个三角形,那么三角剖分只留给我们 1 个三角形 —— 它本身. 设已知答案对 1 个 $n$ 边形成立. 考虑 $n+1$ 边形,把它分成 1 个三角形与 1 个 $n$ 边形. 在这 1 步后,我们三角剖分这个 $n$ 边形,它将有 $n-2$ 个三角形. 因此 $n+1$ 边形三角剖分后将留给我们 $n-2+1=n-1$ 个三角形.

**例 1.22.4** 证明:对任何 $n \geqslant 6$,1 个等边三角形可以三角剖分成 $n$ 个等边三角形.

**证** 1 个等边三角形可以剖分成 $6,7,8$ 个等边三角形,如图 1.22.6 所示.

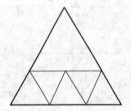 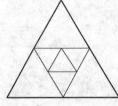 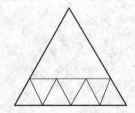

图 1.22.6

结论可由归纳论证推出,只要注意到,如果 1 个三角形可以剖分成 $k$ 个等边三角形,那么它利用被剖分三角形之一分成 4 个三角形,它可以剖分成 $k+3$ 个三角形.

**例 1.22.5** 把 1 个正八边形剖分成小块图,再把它们拼成 1 个正方形.

**解** 如图 1.22.7 所示.

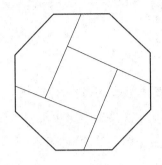
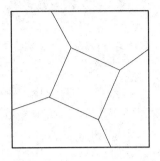

图 1.22.7

## 问　题

1. 把 1 个正六边形剖分成 6 个全等三角形.

2. 把 1 个 $4 \times 9$ 矩形剖分成 2 小块图,再把它们拼成 1 个正方形.

3. 我们有 3 个大小为 $2 \times 2, 3 \times 3, 6 \times 6$ 的正方形. 我们只用 2 次剖分,能不能把它们重拼成 1 个 $7 \times 7$ 正方形？

## 1.23　等边多边形与等角多边形的比较

多边形称为等边多边形,如果它的各边相等. 等边多边形的例子是菱形与正多边形,例如等边三角形与正方形. 多边形称为等角多边形,如果它的所有内角相等. 下面我们叙述等边多边形与等角多边形的一些性质.

(1) 只有等角三角形才是等边三角形.

(2) 如果 $T$ 是多于三边的等边多边形,那么它不是等角多边形. 不含直角的菱形是等边多边形而不是等角多边形的例子.

(3) 矩形(包含正方形)是唯一的等角四边形(四边图形).

(4) **等角多边形定理**：等角 $n$ 边形每个内角是

$$\left(\frac{n-2}{n}\right) 180° = 180° - \frac{360°}{n}$$

(5) **等边多边形的维维安尼(Viviani) 定理**：从包含凸等边多边形各边的各直线到它任一内点的距离和不依赖于这一点.

(6) **等角多边形的维维安尼定理**：从包含多角形各边的各直线到它任一内点的距离和不依赖于这一点.

## 问 题

1. 证明等角多边形定理：$\alpha = \dfrac{(n-2)}{n}180°$.

2. 多边形的所有角都等于 $160°$. 这个多边形有多少条边？

3. 多边形的所有角都等于 $k°$，其中 $k$ 是整数. $k$ 可能有多少个不同的值？

4. 作 1 个等角六边形，使它的边长依次为 1,2,3,4,5,6.（提示：从等边三角形中切掉它的 3 个内角开始！）

5. 等角六边形的边长依次标记为 $a_1, a_2, a_3, a_4, a_5, a_6$. 证明
$$a_1 - a_4 = a_5 - a_2 = a_3 - a_6$$

6. 有没有周长为 20 的等角八边形，使它的所有边长在数 1,2,3,4 中？

7. 对凸等边多边形证明维维安尼定理.

8. 对等角多边形证明维维安尼定理.

## 1.24 组合几何学

格点是平面上具有整数坐标的点. 格点多边形是它的所有顶点都在格点上的多边形. 以下定理可应用于格点多边形.

**皮克(Pick) 定理**：已知格点多边形的面积为 $A$，它有 $i$ 个内部格点，$b$ 个它边上的格点，则

$$A = i + \dfrac{b}{2} - 1$$

## 问 题

1. 在 $\triangle ABC$ 中令 $\angle A = 90°$. 能否把它分成 2 016 个较小三角形且都与 $\triangle ABC$ 相似？

2. 把 1 块比萨饼切 3 次，每次不一定通过中心. 这样切后，我们可以有多少小块饼？

3. 圆集合称为佳集合，如果它满足以下条件：

(1) 没有两圆有多于 1 个公共点.

(2) 至多有两圆包含平面上 1 点.

(3) 集合中每个圆恰好与集合中 5 个其他圆相切.

能否找到具有 12 个佳圆的集合？

4. 能否把 1 个正方形分成 2 个凹多边形？

5. 证明：任何正方形可以分成偶数 $\geqslant 4$ 个较小正方形.

6. 利用皮克定理计算图 1.24.1 的面积.

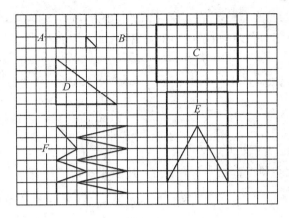

图 1.24.1

7. 能否把 1 个三角形分成一些凸五边形?

8. 在白色平面上随机地涂上蓝色. 证明:无论怎样看这个图形,我们总能找到 2 个同色的点(2 个蓝色或白色的点),使它们相距 10 cm.

9. 在白色平面上随机地涂上蓝色. 证明:无论怎样看这个图形,我们总能找到 1 个直角三角形,使它的斜边长 10 cm,所有顶点有相同颜色.

10. 在平面上有 88 条直线,其中没有 3 条相交于一点. 有多少个交点?

11. 具有 2 018 条边的多边形有多少条对角线?

## 1.25　第 5 套问题

1. 图 1.25.1 中 3 条直线 $p,q,r$ 每条把此图分成 2 个具有相同面积的区域,能否确定 $X$ 与 $Y$ 哪个较大?

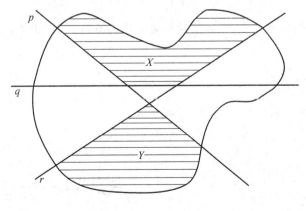

图 1.25.1

2. 考虑矩形,它的长是它的宽的 2 倍. 沿着对角线切它,得出 2 个全等三角形. 证明:利用 5 个这样的三角形,可以做出 1 个矩形,即使这 5 个三角形中只有 1 个可以切成 2 部分.

3. 把 1 个正方形切成 3 个不同部分,使这些部分可以重新拼成以下任何几何图形:
(1) 梯形;
(2) 三角形;
(3) 不是矩形的平行四边形.

4. 设多边形的所有顶点都在矩形格点上,其中相邻格点距离为 1,则由皮克定理,多边形面积为 $A = I + \dfrac{B}{2} - 1$,其中 $I$ 是多边形内的格点数,$B$ 是多边形边上的格点数. Max 把皮克定理用来求多边形面积,但是错误地交换了 $I$ 与 $B$ 的值. 作为他计算面积的结果也小了 35. 利用 $I$ 与 $B$ 的正确值,比 $n = \dfrac{I}{B}$ 是整数. 求 $n$ 的最大可能值.

5. 随机地给白色平面涂上蓝色. 证明:我们总可以找到 2 个同色点,使它们的中点也同色(所有 3 点是蓝色的或所有 3 点是白色的).

6. 在平面上有 99 条直线,其中没有 3 条直线共点. 在平面上有多少个区域,使它们的面积是确定的、有限的或无限的?

## 贝特朗(Bertrand) 悖论

在 1889 年,法国数学家 J. 贝特朗引入以下问题:

在圆内接等边三角形中,随机地选出圆的 1 条弦. 这条弦比内接三角形的边更长的概率是多少?

贝特朗给出以下 3 个解答①,每个解答具有自相矛盾的不同的最后结果.

随机端点. 如果我们决定随机地选择弦的端点,那么不失一般性,可以把弦的 1 个端点放在我们三角形的 1 个顶点上,在圆周上随机地选择第 2 点. 我们看出,只有 $\dfrac{1}{3}$ 的圆周

---

① 贝特朗的 3 个解如下:

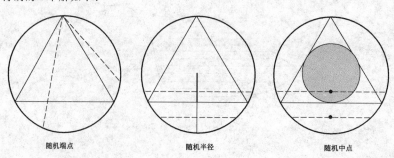

随机端点　　　随机半径　　　随机中点

将得出弦比三角形的边更长,因此这个解应当是 $\frac{1}{3}$.

随机半径. 每条弦由垂直于弦的半径与它们的交点唯一确定. 不失一般性,我们可以集中研究垂直于我们三角形一边的半径. 为了选择 1 条随机弦,我们在半径上随机地选择 1 点. 我们看出,只有这条半径上一半的点将得出弦比三角形的边更长,因此这个解是 $\frac{1}{2}$.

随机中点. 每条弦由它的中点唯一确定,于是我们在圆中取 1 个随机点作为弦的中点,由此选择 1 条随机弦. 易见只有以原圆半径一半为半径做出的圆内的点,将得出弦比我们三角形的边更长. 这个圆的面积是原圆面积的 $\frac{1}{4}$,因此解应当是 $\frac{1}{4}$.

于是正确答案是什么呢？原来所有 3 个解可以认为是正确的 —— 悖论不在于这些解,而在于问题本身,因为它没有规定怎样正确地选择随机弦. 1 个好的类比是在投硬币时求出现"正面"的概率,没有规定它必须是完好的硬币. 我们投硬币依赖于什么类型的硬币,特别依赖于它的质量分布,答案可以是 0 与 1 之间的任何数. 在 1 个极端情形下,我们可能有 2 个"正面"的硬币. 类似的,已经证明了,它依赖于选择弦的什么正确"随机"方法,结果可能是 0 与 1 之间的任何数.

## 1.26 关于除数算法

在本节中,我们引入关于整数除法与可除性的术语,学习整数的一些基本性质.

对正整数 $a$ 与 $b$,我们说 $b$ 整除 $a$,如果对某个正整数 $u,a=bu$. 我们表示这为 $b\mid a$,我们也说 $a$ 可被 $b$ 整除,或 $a$ 是 $b$ 的倍数.

我们从这个定义开始,可以推导出以下性质：

(1) 如果 $b\mid a$,那么 $a\geqslant b$.

(2) 如果 $b\mid a$ 与 $b\mid c$,那么 $b$ 整除形如 $ma+nc$ 的任何正整数,其中 $m$ 与 $n$ 是整数.

(3) 如果 $b\mid a$ 与 $b\mid (a+c)$,那么 $b\mid c$.

(4) 对任何正整数 $b$,关系式 $b\mid b$ 成立.

(5) 如果 $b\mid a$ 与 $a\mid c$,那么 $b\mid c$.

(6) 如果 $b\mid a$ 与 $a\mid b$,那么 $a=b$.

以下重要结果称为除数算法：

对所有正整数 $a$ 与 $b$,有唯一的非负整数对 $(q,r)$ 使
$$a=bq+r, \text{其中 } 0\leqslant r\leqslant b-1$$
在除数算法中,数 $q$ 称为商,而 $r$ 称为余数.

**例 1.26.1** 有多少个四位正整数除以 79 时得余数 19.

**解** 最小四位正整数是 1 000. 因为 1 000=79·12+52,所以除以 79 时它的余数是

52. 我们考虑给出余数 19 的数,于是再把这改写为
$$1\,000 = 79 \cdot 12 + 52 = 79 \cdot 13 + 19 - 46$$
因此 $1\,000 + 46 = 79 \cdot 13 + 19$. 由此得出,1 046 是除以 79 时得出余数 19 的最小四位正整数.

另一方面,最大四位正整数是 9 999. 注意 $9\,999 = 79 \cdot 126 + 45$,我们可以记
$$9\,999 = 79 \cdot 126 + 19 + 26$$
因此 $9\,999 - 26 = 79 \cdot 126 + 19$. 由此推出 9 973 是除以 79 时得出余数 19 的最大四位正整数.

由此可见要求的整数是 $79k + 19$,其中,$k = 13, 14, \cdots, 126$. 这个数列中的项数是 $126 - 13 + 1 = 114$.

**例 1.26.2** 求出除以 6 时得出商 8 的所有正整数.

**解** 按照除数算法,这些整数具有形式 $a = 8 \cdot 6 + r$,其中 $0 \leqslant r \leqslant 5$. 于是我们得出 6 个整数
$$8 \cdot 6 + 0 = 48$$
$$8 \cdot 6 + 1 = 49$$
$$8 \cdot 6 + 2 = 50$$
$$8 \cdot 6 + 3 = 51$$
$$8 \cdot 6 + 4 = 52$$
$$8 \cdot 6 + 5 = 53$$

**例 1.26.3** 求出除以 5 时得出相等的商与余数的所有正整数.

**解** 由除数算法推出这些整数具有形式 $a = r \cdot 5 + r$,其中 $0 \leqslant r \leqslant 4$. 于是我们得出
$$0 \cdot 5 + 0 = 0$$
$$1 \cdot 5 + 1 = 6$$
$$2 \cdot 5 + 2 = 12$$
$$3 \cdot 5 + 3 = 18$$
$$4 \cdot 5 + 4 = 24$$
在这 5 个数中只有 6, 12, 18, 24 是正整数,这些数是它的解.

**例 1.26.4** 求出 $A = 7^5 \cdot 17^6 \cdot 27^7 \cdot 37^8$ 除以 5 时得出的余数.

**解** 为解答本题,我们首先确定 $A$ 的末位数字. 如果 $A$ 的末位数字是 0 或 5,那么除以 5 时的余数是 0;如果末位数字是 1 或 6,那么余数将是 1,等等.

为了求出 $A$ 的末位数字,我们首先来求每个分量 $7^5, 17^6, 27^7, 37^8$ 的末位数字. 注意,我们由以下事实去计算比较容易:这些底数的末位数字都是 7,指数是相继数,因为 $9 \cdot 9 = 81$,所以 $7^5 = 49 \cdot 49 \cdot 7$ 的末位数字是 7,于是容易推出各个分量的末位数字如下:

$7^5$ 的末位数字是 7;

$17^6$ 的末位数字是 9;

$27^7$ 的末位数字是 3;

$37^8$ 的末位数字是 1.

由此可见 $A$ 的末位数字与 $7 \cdot 9 \cdot 3 \cdot 1 = 189$ 的末位数字相同,最后 $A$ 除以 5 时的余数是 4.

## 问 题

1. 求出
$$A = 3^3 \cdot 33^{33} \cdot 333^{333} \cdot 3\,333^{3\,333}$$
除以 5 时的余数.

2. 令 $n$ 是大于 5 的整数. 求
$$B = 1 + 1 \cdot 2 + 1 \cdot 2 \cdot 3 + 1 \cdot 2 \cdot 3 \cdot 4 + \cdots + 1 \cdot 2 \cdot 3 \cdots n$$
除以:(1) 5, (2) 6 时的余数.

3. 求出:

(1) 大于 400 的最小整数,使它除以 17 时得出余数 7.

(2) 小于 806 的最大正整数,使它除以 17 时得出余数 7.

(3) 在 400 与 806 之间的整数个数,使它除以 17 时得出余数 7.

4. 求出 $1 \cdot 2 \cdot 3 \cdots 25 + 250$ 除以 $1 \cdot 2 \cdot 3 \cdot 4 \cdot 5 + 111$ 时的余数.

5. 求出大于 100 的最小整数,使它分别除以 5,6,7 时有余数 2.

6. 求出大于 100 的最小整数,使它分别除以 6,7,8 时得出余数 3.

## 1.27 最小公倍数

2 个整数 $a$ 与 $b$ 的最小公倍数是可被 $a$ 与 $b$ 都整除的最小正整数. 例如 2 与 5 的最小公倍数是 10,而 12 与 15 的最小公倍数是 60. 我们将以 $\text{lcm}(a,b)$ 表示 2 个数 $a$ 与 $b$ 的最小公倍数.

$a$ 与 $b$ 的素因式分解可以用来求 $\text{lcm}(a,b)$. 例如 1 080 的素因式分解是 $2^3 \cdot 3^3 \cdot 5$, 25 200 的素因式分解是 $2^4 \cdot 3^2 \cdot 5^2 \cdot 7$. 为了求最小公倍数,我们选择每个数中出现的素数最高次幂,取这些幂之积. 在以上例子中

$$\text{lcm}(1\,080, 25\,200) = 2^4 \cdot 3^3 \cdot 5^2 \cdot 7 = 75\,600$$

**例 1.27.1** 求前 10 个正整数的最小公倍数.

**解** 前 10 个正整数有以下素因式分解
$$1 = 1, 2 = 2, 3 = 3, 4 = 2^2, 5 = 5$$
$$6 = 2 \cdot 3, 7 = 7, 8 = 2^3, 9 = 3^2, 10 = 2 \cdot 5$$

因此最小公倍数是 lcm$(1,2,3,\cdots,10)=2^3 \cdot 3^2 \cdot 5 \cdot 7 = 2\,520$.

**例 1.27.2** 求 1 个最小数,使它除以 3 时得余数 1,它除以 4 时得余数 2,它除以 5 时得余数 3,它除以 6 时得余数 4.

**解** 这个最小数可以用首先求 lcm$(3,4,5,6)=3 \cdot 2^2 \cdot 5 = 60$ 求出. 注意除数与余数之差总是 $2(3-1=4-2=5-3=6-4)$. 因此解是比最小公倍数小 2 的数,即 58 是所求的数. 在更一般情形下,我们必须利用中国剩余定理.

问　题

1. 6,8,24,30 的最小公倍数是多少?

2. 585 与 10 985 的最小公倍数是多少?

3. 求大于 1 的最小整数,使它除以 3,4,5 中每个数时得余数 1.

4. 4 艘货船在 2010 年 1 月 2 日中午离开港口. 第 1 艘船每 4 周回到这港口,第 2 艘船每 8 周回到这港口,第 3 艘船每 12 周回到这港口,第 4 艘船每 16 周回到这港口. 所有这 4 艘船什么时候再在这港口相遇?

5. 三位数有性质:如果你以它除以 7 的结果减去 7 可被 7 整除,如果你以它除以 8 的结果减去 8 可被 8 整除,如果你以它除以 9 的结果减去 9 可被 9 整除,那么这个数是多少?

6. 已知 1 条狗身上的斑点数小于 20. 又知道这个斑点数可被 3 整除. 此外,当斑点数除以腿数时,余数是 3. 最后,斑点数除以 9 时留下余数 6. 求这条狗身上的斑点数.

7. 3 艘船同一天离开纽约去法国. 整个行程第 1 艘用 12 天,第 2 艘用 16 天,第 3 艘用 20 天. 经过多少天后,3 艘船又在同一天离开纽约?

8. 在学校自助食堂午餐期间,乳蛋饼的计时器嗡嗡叫每次间隔 14 分钟,馅饼的计时器嗡嗡叫每次间隔 6 分钟. 2 个计时器恰好同时嗡嗡叫. 在多少分钟后,它们又同时嗡嗡叫?

9. 我考虑 1 个数. 我的数与 9 的最小公倍数是 45. 我的数是多少?

10. M 小学自助食堂午餐菜单每 16 天重复一次,而 S 中学自助食堂午餐菜单每 9 天重复一次. 今天两校正在供应比萨饼. 在多少天后,它们又都再供应比萨饼?

## 1.28　佳　　数

从古代以来,正整数的倒数和用来表示其他有理数. 特别的,因为古埃及人用这种方法表示它们,所以正整数的倒数称为埃及分数. 1202 年,意大利比萨市的列奥纳尔多(后来称为斐波那契)证明了,所有正整数可以表示为不同埃及分数之和

$$r = \frac{1}{a_1} + \frac{1}{a_2} + \cdots + \frac{1}{a_k}, 其中 1 \leqslant a_1 < a_2 < \cdots < a_k$$

特别的,所有正整数可以表示为这种形式.下面我们考虑 1 的表示式

$$\frac{1}{a_1}+\frac{1}{a_2}+\cdots+\frac{1}{a_k}=1, 1\leqslant a_1<a_2<\cdots\leqslant a_k$$

其中表示式的各项不一定不同.例如

$$1=1$$

$$\frac{1}{2}+\frac{1}{2}=1$$

$$\frac{1}{2}+\frac{1}{3}+\frac{1}{6}=1$$

不难看出,在这样的表示式中,分母 $a_1,a_2,\cdots,a_k$ 之和不能等于比如 2,3 或 5 这样的数.由上例也显然看出,$a_1+a_2+\cdots+a_k$ 可以等于比如 1,4 或 11 这样的某些数.

整数 $n$ 称为佳数,如果它可以写成

$$n=a_1+a_2+\cdots+a_k$$

其中,$a_1,a_2,\cdots,a_k$ 是正的(不一定不同的)整数,使

$$\frac{1}{a_1}+\frac{1}{a_2}+\cdots+\frac{1}{a_k}=1$$

下面我们将尝试求出什么数是佳数.

**习题 1.28.1** 证明:所有的完全平方数是佳数.特别的,证明:25,36,49 是佳数.

**证** 我们知道

$$n^2=\underbrace{n+n+\cdots+n}_{n个}$$

如果令 $a_1=n,a_2=n,\cdots,a_n=n$,那么

$$\frac{1}{a_1}+\frac{1}{a_2}+\cdots+\frac{1}{a_n}=\frac{1}{n}+\frac{1}{n}+\cdots+\frac{1}{n}=n\cdot\frac{1}{n}=1$$

因此 $n^2$ 是佳数.令 $n=5,6,7$,分别证明了 25,36,49 是佳数.

如果 $a_1,a_2,\cdots,a_k$ 是佳数表示式中的被加数,那么

$$\frac{1}{2a_1}+\frac{1}{2a_2}+\cdots+\frac{1}{2a_k}=\frac{1}{2}$$

根据这个观察,解以下习题.

**习题 1.28.2** 证明:如果 $n$ 是佳数,那么 $2n+2$ 也是佳数.

**证** 因为 $n$ 是佳数,所以我们知道它是满足 $n=a_1+a_2+\cdots+a_k$ 与

$$\frac{1}{a_1}+\frac{1}{a_2}+\cdots+\frac{1}{a_k}=1$$

的整数.我们已知

$$2a_1+2a_2+\cdots+2a_k+2=2n+2$$

令 $b_1=2a_1,b_2=2a_2,\cdots,b_k=2a_k,b_{k+1}=2$,则

$$\frac{1}{b_1}+\frac{1}{b_2}+\cdots+\frac{1}{b_{k+1}}=\frac{1}{2a_1}+\frac{1}{2a_2}+\cdots+\frac{1}{2a_k}+\frac{1}{2}=\frac{1}{2}+\frac{1}{2}=1$$

这证明了 $2n+2$ 也是佳数.

**习题 1.28.3** 证明:10,20,22,24,34 是佳数.

**证** 我们知道 $10=2\cdot 4+2$,于是为了证明 10 是佳数,我们需要证明 4 是佳数.它是佳数,因为 4 是平方数.换言之,我们也看出 $4=2\cdot 1+2$.于是为了证明 4 是佳数,我们需要证明 1 是佳数,这是显然的.这断定了 10 也是佳数.类似的:

$20=2\cdot 9+2$,9 是佳数,因为它是平方数,于是由习题 1.28.2,20 是佳数.

$22=2\cdot 10+2$,但是我们证明了 10 是佳数,于是 22 是佳数.

$24=2\cdot 11+2$,$11=2+3+6$,$\frac{1}{2}+\frac{1}{3}+\frac{1}{6}=1$,于是 24 是佳数.

$34=2\cdot 16+2$,16 是佳数,因为它是平方数,于是 34 是佳数.

注意,像这样下降不总是可以进行的,例如,16 是佳数,虽然 $16=2\cdot 7+2$,7 不是佳数.

注意

$$\frac{1}{4}+\frac{1}{4}=\frac{1}{3}+\frac{1}{6}=\frac{1}{2}$$

然后解以下习题.

**习题 1.28.4** 证明:17 与 18 是佳数.

**证** 我们有 $17=4+4+6+3$ 与

$$\frac{1}{4}+\frac{1}{4}+\frac{1}{6}+\frac{1}{3}=\frac{1}{2}+\frac{1}{2}=1$$

我们知道 $18=6+3+6+3$ 与

$$\frac{1}{6}+\frac{1}{3}+\frac{1}{6}+\frac{1}{3}=\frac{1}{2}+\frac{1}{2}=1$$

这证明了 17 与 18 都是佳数.

**习题 1.28.5** 证明:如果 $n$ 是佳数,那么 $2n+8$ 与 $2n+9$ 也是佳数.

**证** 因为 $n=a_1+a_2+\cdots+a_k$ 是佳数,所以我们知道 $2n+2$ 也是佳数(习题1.28.2),于是如果利用与习题 1.28.2 相同的方法,我们就令 $b_1=2a_1, b_2=2a_2,\cdots,b_k=2a_k$,$b_{k+1}=2$,那么

$$\begin{aligned}\frac{1}{b_1}+\frac{1}{b_2}+\cdots+\frac{1}{b_{k+1}}&=\frac{1}{2a_1}+\frac{1}{2a_2}+\cdots+\frac{1}{2a_k}+\frac{1}{2}\\&=\frac{1}{2a_1}+\frac{1}{2a_2}+\cdots+\frac{1}{2a_k}+\frac{1}{4}+\frac{1}{4}\\&=\frac{1}{2a_1}+\frac{1}{2a_2}+\cdots+\frac{1}{2a_k}+\frac{1}{3}+\frac{1}{6}\\&=1\end{aligned}$$

这证明了 $2n+8$ 与 $2n+9$ 都是佳数.

**习题 1.28.6**  利用以前的结果来证明 $26,27,28,29,30,31$ 是佳数.

**证**  我们以前证明了 $9,10,11$ 是佳数,于是 $26=2 \cdot 9+8, 27=2 \cdot 9+9, 28=2 \cdot 10+8, 29=2 \cdot 10+9, 30=2 \cdot 11+8, 31=2 \cdot 11+9$ 也是佳数.

**习题 1.28.7**  证明: $40,41,42,43,44,45,46,48,50,52,53$ 是佳数.

**证**  我们以前证明了 $16,17,18,20,22,24,25$ 是佳数,因此 $40=2 \cdot 16+8, 41=2 \cdot 16+9, 42=2 \cdot 17+8, 43=2 \cdot 17+9, 44=2 \cdot 18+8, 45=2 \cdot 18+9, 46=2 \cdot 22+2, 48=2 \cdot 20+8, 50=2 \cdot 24+2, 52=2 \cdot 25+2, 53=2 \cdot 22+9$ 也是佳数.

根据类似于习题 1.28.2 的观察与事实

$$\frac{2}{3}=\frac{1}{3}+\frac{1}{3}=\frac{1}{2}+\frac{1}{6}$$

解以下习题.

**习题 1.28.8**  证明:如果 $n$ 是佳数,那么 $3n+6$ 与 $3n+8$ 也是佳数.

**证**  令 $n=a_1+a_2+\cdots+a_k$. 由条件我们知道

$$\frac{1}{a_1}+\frac{1}{a_2}+\cdots+\frac{1}{a_k}=1$$

我们知道

$$3a_1+3a_2+\cdots+3a_k+3+3=3n+6$$

令 $b_1=3a_1, b_2=3a_2, \cdots, b_k=3a_k, b_{k+1}=3, b_{k+2}=3$,则

$$\frac{1}{b_1}+\frac{1}{b_2}+\cdots+\frac{1}{b_{k+2}}=\frac{1}{3a_1}+\frac{1}{3a_2}+\cdots+\frac{1}{3a_k}+\frac{1}{3}+\frac{1}{3}=\frac{1}{3}+\frac{1}{3}+\frac{1}{3}=1$$

这证明了 $3n+6$ 也是佳数.

令 $n=a_1+a_2+\cdots+a_k$. 由条件我们知道

$$\frac{1}{a_1}+\frac{1}{a_2}+\cdots+\frac{1}{a_k}=1$$

我们知道

$$3a_1+3a_2+\cdots+3a_k+2+6=3n+8$$

令 $b_1=3a_1, b_2=3a_2, \cdots, b_k=3a_k, b_{k+1}=2, b_{k+2}=6$,则

$$\frac{1}{b_1}+\frac{1}{b_2}+\cdots+\frac{1}{b_{k+2}}=\frac{1}{3a_1}+\frac{1}{3a_2}+\cdots+\frac{1}{3a_k}+\frac{1}{2}+\frac{1}{6}=\frac{1}{3}+\frac{1}{2}+\frac{1}{6}=1$$

这证明了 $3n+8$ 也是佳数.

**习题 1.28.9**  证明: $33,35,38,39,54$ 是佳数.

**证**  $33=3 \cdot 9+6$,我们证明了 $9$ 是佳数,于是 $33$ 是佳数.

$35=3 \cdot 9+8$,我们证明了 $9$ 是佳数,于是 $35$ 是佳数.

$38=3 \cdot 10+8$,我们证明了 $10$ 是佳数,于是 $38$ 是佳数.

$39 = 3 \cdot 11 + 6$,我们证明了 11 是佳数,于是 39 是佳数.

$54 = 3 \cdot 16 + 6$,我们证明了 16 是佳数,于是 54 是佳数.

其次,我们来证明大于或等于 24 的所有数是佳数.

你现在当然要注意,对一些正整数 $x$ 与 $y$,特别是在小 $k$ 情形下,把 $\frac{1}{k}$ 表示为 $\frac{1}{x} + \frac{1}{y}$ 非常有用.

**习题 1.28.10** 对 $k = 2, 3, 4$,用所有可能方法把 $\frac{1}{k}$ 表示为 2 个埃及分数之和,即

$$\frac{1}{k} = \frac{1}{x} + \frac{1}{y}, \text{其中 } x \leq y$$

**解** 以上关系式导致 $xy = k(x+y)$.等价的

$$(x-k)(y-k) = k^2$$

(1) 对 $k = 2$,我们有 $(x-2)(y-2) = 4$,于是 $x = 3, y = 6$ 或 $x = 4, y = 4$.

(2) 对 $k = 3$,我们有 $(x-3)(y-3) = 9$,于是 $x = 4, y = 12$ 或 $x = 6, y = 6$.

(3) 对 $k = 4$,我们有 $(x-4)(y-4) = 16$,于是 $x = 5, y = 20$ 或 $x = 6, y = 12$ 或 $x = 8, y = 8$.

因此我们得出以下表达式

$$\frac{1}{2} = \frac{1}{3} + \frac{1}{6} = \frac{1}{4} + \frac{1}{4}$$

$$\frac{1}{3} = \frac{1}{4} + \frac{1}{12} = \frac{1}{6} + \frac{1}{6}$$

$$\frac{1}{4} = \frac{1}{5} + \frac{1}{20} = \frac{1}{6} + \frac{1}{12} = \frac{1}{8} + \frac{1}{8}$$

**习题 1.28.11** 证明:$\frac{1}{6}$ 表示为 2 个埃及分数之和的所有可能表达式是

$$\frac{1}{6} = \frac{1}{7} + \frac{1}{42} = \frac{1}{8} + \frac{1}{24} = \frac{1}{9} + \frac{1}{18} = \frac{1}{10} + \frac{1}{15} = \frac{1}{12} + \frac{1}{12}$$

**证** 我们从以上习题知道

$$\frac{1}{6} = \frac{1}{x} + \frac{1}{y} \quad (\text{其中 } x \leq y)$$

等价于

$$(x-6)(y-6) = 6^2 = 36$$

因为

$$36 = 1 \cdot 36 = 2 \cdot 18 = 3 \cdot 12 = 4 \cdot 9 = 6 \cdot 6$$

所以我们推导出 $x$ 与 $y$ 的所有可能值.

**习题 1.28.12** 利用习题 1.28.10 的表达式与以上得出的表达式,证明:32, 37, 47,

51,55 是佳数.

**证** 因为

$$\frac{1}{2}+\frac{1}{3}+\frac{1}{9}+\frac{1}{18}=\frac{1}{2}+\frac{1}{3}+\frac{1}{6}=1$$

$$\frac{1}{2}+\frac{1}{3}+\frac{1}{8}+\frac{1}{24}=\frac{1}{2}+\frac{1}{3}+\frac{1}{6}=1$$

$$\frac{1}{5}+\frac{1}{20}+\frac{1}{4}+\frac{1}{6}+\frac{1}{6}+\frac{1}{6}=\frac{1}{4}+\frac{1}{4}+\frac{3}{6}=\frac{1}{2}+\frac{1}{2}=1$$

$$\frac{1}{4}+\frac{1}{4}+\frac{1}{4}+\frac{1}{12}+\frac{1}{9}+\frac{1}{18}=\frac{2}{4}+\frac{1}{3}+\frac{1}{6}=\frac{1}{2}+\frac{1}{3}+\frac{1}{6}=1$$

$$\frac{1}{10}+\frac{1}{15}+\frac{1}{6}+\frac{1}{6}+\frac{1}{6}+\frac{1}{6}+\frac{1}{6}=\frac{1}{6}+\frac{5}{6}=1$$

我们知道数 32,37,47,51,55 是佳数.

**习题 1.28.13** 检验:在以上习题中,我们证明了 24,25,…,55 都是佳数.

考虑命题:

$S(n)$:整数 $n,n+1,n+2,\cdots,2n+7$ 都是佳数.

习题 1.28.13 证明了命题 $S(24)$ 成立.

**习题 1.28.14** 在习题 1.28.5 中,我们证明了,如果 $n$ 是佳数,那么 $2n+8$ 与 $2n+9$ 也是佳数.这结合命题 $S(24)$ 成立,提供归纳法证明 $S(n)$ 对所有 $n \geqslant 24$ 成立.

## 问 题

1.1 条软管单独注水可以在 3 天中注满水池,而另一条软管单独注水可以在 6 天中注满这个水池.2 条软管同时注水在多少天中可以注满这个水池?

2.4×100 m 接力跑队伍由豹、鸡、狗与兔各 1 只组成.它们接力平均速度分别为 $v_1=20$ m/s,$v_2=12$ m/s,$v_3=6$ m/s,$v_4=5$ m/s.整个队伍的平均速度是多少?

3.分数称为单位分数,如果它的分子是 1.例如

$$\frac{1}{2},\frac{1}{3},\frac{1}{7}$$

是单位分数.

(1) 把 $\frac{1}{4},\frac{1}{5},\frac{1}{6}$ 写成 2 个单位分数之和.

(2) 证明:任何单位分数可以写成 2 个不同单位分数之和.

4.证明:对任何已知数 $M$,我们可以求出 $n$,使

$$1+\frac{1}{2}+\frac{1}{3}+\frac{1}{4}+\frac{1}{5}+\cdots+\frac{1}{n}>M$$

5.定义西尔维斯特(Sylvester)数列为

$$s_n = s_1 s_2 \cdots s_{n-1} + 1, s_1 = 2$$

求值

$$\frac{1}{s_1} + \frac{1}{s_2} + \cdots + \frac{1}{s_n}$$

## 1.29 包含 2 016 的问题

在本节中,我们提出以数 2 016 为特点的许多问题. 所谓的年度问题在数学比赛中是很平常的,于是我们在比赛中应该经常知道现在年度(也可能是相邻年度)的因式分解. 在这种情形下 $2\,016 = 2^5 \cdot 3^2 \cdot 7$. 知道 $2\,016 = \binom{64}{2}$ 也是有用的.

### 问 题

1. 求以下方程的正整数解

$$x^2 y^2 z^2 - \min\{x^2, y^2, z^2\} = 2\,016$$

2. 如果 $a, b, c$ 是正整数,使 $ab - (a+b) = 2\,016$ 与 $bc - (b+c) = 2\,016$,求 $ca - (c+a)$ 的值.

3. 求出具有整数边长与面积为 2 016 的所有直角三角形.

4. 解以下方程

$$\frac{2\,016}{x} - \sqrt{x} = 2$$

5. 求以下方程的正整数解

$$2(x^3 + y^3) - \frac{xy}{2} = 2\,016$$

6. 在所有实数 $x$ 中,求下式的最大值

$$\frac{42^x}{48} + \frac{48^x}{42} - 2\,016^x$$

7. 求最大的 $n$,使 2 016 可以写成不大于 77 的 $n^2$ 个不同正整数之和.

8. $n \times n$ 棋盘上除 1 个方格外,全部方格标上集合 $\{8, 16, \cdots, 8n^2\}$ 中的数,其中没有 1 个方格用了 1 个以上的数,使每行与每列上的各数之和是 2 016. 求出未被利用的数.

9. 求出最小正整数,使它的数字之积是 $2\,016^2$.

10. 求以下方程的素数解

$$xyz + \min\{xy, yz, zx\} = 2\,016$$

11. 令 $a$ 与 $b$ 是实数,使

$$\frac{2^{a+6}-2^{a-6}}{2^{b+3}+2^{b-3}}=2\,016$$

求 $a-b$.

12.求以下方程的正整数解
$$(x+y)(y+z)(z+x)=2\,016$$

13.令 $m$ 与 $n$ 是正整数.把 $(5m)^4+2\,016(mn)^2+(12n)^4$ 写成 2 个完全平方数之和.

14.求以下方程组的正实数解
$$(x+y)\sqrt{xy}=504$$
$$x^2+6xy+y^2=2\,016$$

15.求出所有三元素数组 $(p,q,r)$,使 $p^3+q^3+r^3-3pqr$ 整除 2 016.

16.令 $a_k$ 是实数,使 $a_k \geqslant k, k=0,1,\cdots,62$
$$a_0+a_1+\cdots+a_{62}=2\,016$$
与
$$\sqrt{a_0}+\sqrt{(a_1-1)(a_2-2)}+\sqrt{(a_3-3)(a_4-4)}+\cdots+\sqrt{(a_{61}-61)(a_{62}-62)}=32$$
求 $a_0-a_1+a_2-a_3+\cdots-a_{61}+a_{62}$ 的值.

17.三角形数有形式 $T_k=\dfrac{k(k+1)}{2}, k=1,2,3,\cdots$.证明:2 016 是三角形数,它可以唯一地写成 2 个三角形数的平方差.

## 1.30  第 6 套问题

1.(1)令 $N$ 是任何三位数.$M$ 是把 $N$ 的数字反向得出的数.证明:数 $M-N$ 总可被 9 整除.

(2)证明:如果 $N$ 是四位数,那么相同的结果成立.

2.凸多边形的内角用度量度,组成等差数列.最小角是 $120°$,公差是 $5°$.求多边形的边数.

3.数 $a,b,15\,519\,678\,084,15\,519\,927\,241,x,y$ 是 6 个相继平方数.不求任何平方根的值,求 $a,b,x,y$ 的值.

4.怎样的两位数等于它的数字和的 7 倍?

5.证明:对所有整数 $n$,$n^3+11n$ 可被 6 整除.

6.多少个形如 $1!+2!+\cdots+n!$ 的数是完全平方数?

7.如果 $a$ 与 $b$ 是正整数,使 $a+ab=2\,011$,求 $b+ba$.

8.证明:为使 $2x+3y$ 可被 17 整除,当且仅当 $9x+5y$ 可被 17 整除.

9.如果 $x,y,z$ 是正整数,使 $x^2+y^2=z^2$.证明:

(1) 其中至少有一数可被 2 整除.

(2) 其中至少有一数可被 3 整除.

**注** 这样的整数称为勾股弦三元数组,因为它们可以是直角三角形的边长.有无穷多个勾股弦三元数组.例如:(3,4,5),(5,12,13).

10. 回文数是向前读与向后读都相同的数.求出可被 11 整除的最大五位回文数.

11. 证明:对某整数 $k$,大于 3 的素数具有形式 $6k \pm 1$.

12. 设 $m, n$ 是正整数,使 $75m = n^3$. $m+n$ 的最小可能值是多少?

13. 求出立方数被 7 除时留下的所有可能余数.

14. 计算 $2^{100} \pmod{10}$,即 $2^{100}$ 被 10 除时的余数.

15. 图 1.30.1 中的 $5 \times 3$ 矩形的对角线通过 7 个正方形.图 1.30.2 中的 $6 \times 4$ 矩形的对角线通过 8 个正方形.求 $m \times n$ 矩形的对角线通过正方形个数的公式.

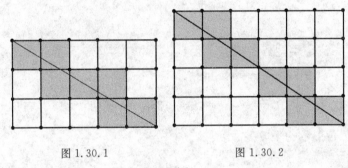

图 1.30.1　　　　　　图 1.30.2

## 完满数

在你首次浏览欧几里得的《几何原本》时,你将意外发现该书第Ⅶ,Ⅷ和Ⅸ卷利用几何方法证明了数论定理.例如,第Ⅸ卷书最后一个命题讨论了完满数,即等于它的各因数之和的数,除了这个数本身以外,最小的两个完满数是 $6 = 1 + 2 + 3$ 与 $28 = 1 + 2 + 4 + 7 + 14$.用现代语言说,第Ⅸ卷书的命题 36 证明了完满数的以下性质:

如果数列

$$1, 2, 2^2, \cdots, 2^{n-1}$$

之和是素数,那么这个素数乘以数列最后一项 $2^{n-1}$ 后得出完满数.

换言之,如果 $1 + 2 + 2^2 + \cdots + 2^{n-1} = 2^n - 1$ 是素数①,那么 $2^{n-1}(2^n - 1)$ 是完满数.

**证** 如果 $2^n - 1$ 是素数,那么 $2^{n-1}(2^n - 1)$ 的所有因数(除它本身以外)是

$$1, 2, 2^2, \cdots, 2^{n-1}, (2^n - 1), 2(2^n - 1), 2^2(2^n - 1), \cdots, 2^{n-2}(2^n - 1)$$

于是它们的和是

---

① 这样的素数现在称为梅森(Mersenne)素数,具有特别的重要性,因为新的较大梅森素数比其他素数类型更容易求出.众所周知,如果梅森数 $2^n - 1$ 是梅森素数,那么 $n$ 也是素数.

$$1 + 2 + 2^2 + \cdots + 2^{n-1} + (2^n - 1) + 2(2^n - 1) + 2^2(2^n - 1) + \cdots + 2^{n-2}(2^n - 1)$$
$$= 2^n - 1 + (2^n - 1)(2^{n-1} - 1) = 2^{n-1}(2^n - 1)$$

证毕.

几个世纪后,欧拉证明了逆定理:

任何偶完满数可以写成形式 $2^{n-1}(2^n - 1)$.

欧拉完满数定理的证明稍微超出本书范围.我们还提到所有数学中可能是最古老的未解决的问题:

有没有任何奇完满数?

如果你回答出这个问题,你将成为数学名人!记住,虽然很多大数学家尝试过,但都失败了.因此,如果你不能成功,也不要失望!

# 第2篇

# 问题解答

## 2.1 计 数 Ⅰ

1. 图 2.1.1 中有多少个三角形?

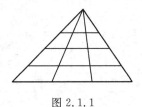

图 2.1.1

**解** 每条水平线与最高顶点确定了 6 个不同三角形. 有 4 条水平线, 共得出 24 个三角形.

我们用以下方法可以得出相同结果: 我们用 1·16·3 种方法选择顶点(最高顶点是所有三角形的共同顶点, 于是只有 1 种方法选择它, 第 2 点从剩下的 16 点中选择出来, 第 3 点从相同水平线上剩下的 3 点中选出作为第 2 个顶点), 这样每个三角形计算了 2 次. 因此三角形的总数是 (1·16·3)/2 = 24.

2. 在图 2.1.2 中有多少个具有水平边与竖直边的矩形?

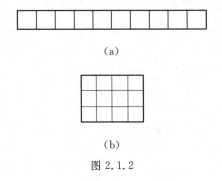

图 2.1.2

**解** 图 2.1.2(a) 让我们计算所有的 $1×1, 1×2, \cdots, 1×10$ 矩形: $10+9+\cdots+1 = 11·5 = 55$.

解本题的另一个更一般方法是: 对任何 $n=1,2,\cdots,10$, 每个 $1×n$ 矩形由它的左边与右边确定. 如果我们从 11 条边中选出一边, 从剩下的 10 条边中选出另一边, 那么每个 $1×n$ 矩形被计算了 2 次. 因此解是 $\dfrac{11·10}{2} = 55$.

图 2.1.2(b) 中每个 $m×n$ 矩形由对角线上 2 个顶点唯一确定. 我们可以从网格上 5·4 个点中选出第 1 点, 从 4·3 个点中选出第 2 点(不允许在相同水平线或竖直线上选出它作为第 1 点). 用这种方法确定矩形, 每个矩形被计算了 4 次(2 条可能的对角线与对每条对角线上 2 个顶点的顺序选择 2 次), 因此它们的总数是

$$\frac{5 \cdot 4 \cdot 4 \cdot 3}{4} = 60$$

按照矩形的大小从 $1 \times 1$ 到 $3 \times 4$ 计算,我们得出相同结果(表 2.1.1).

表 2.1.1

| 矩形大小 | 计算 |
| --- | --- |
| $1 \times 1$ | $3 \cdot 4 = 12$ |
| $2 \times 1$ | $2 \cdot 4 = 8$ |
| $3 \times 1$ | $1 \cdot 4 = 4$ |
| $1 \times 2$ | $3 \cdot 3 = 9$ |
| $2 \times 2$ | $2 \cdot 3 = 6$ |
| $3 \times 2$ | $1 \cdot 3 = 3$ |
| $1 \times 3$ | $3 \cdot 2 = 6$ |
| $2 \times 3$ | $2 \cdot 2 = 4$ |
| $3 \times 3$ | $1 \cdot 2 = 2$ |
| $1 \times 4$ | $3 \cdot 1 = 3$ |
| $2 \times 4$ | $2 \cdot 1 = 2$ |
| $3 \times 4$ | $1 \cdot 1 = 1$ |
| 合计 | 60 |

3.(1) 在图 2.1.3 中有多少个具有水平边与竖直边的正方形?

(2) 在图 2.1.3 中有多少个具有水平边与竖直边的非正方形的矩形?

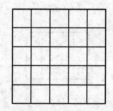

图 2.1.3

**解** (1) 易见有 25 个($1 \times 1$)正方形,16 个($2 \times 2$)正方形,9 个($3 \times 3$)正方形,4 个($2 \times 2$)正方形,只有 1 个($5 \times 5$)正方形,共有 $25 + 16 + 9 + 4 + 1 = 55$(个)正方形.

(2) 矩形总数(包含 55 个正方形)是 $\frac{6 \cdot 6 \cdot 5 \cdot 5}{4} = 225$. 于是答案是 $225 - 55 = 170$.

4. 正八边形有多少条对角线?

**解** 如果我们做出正八边形(具有 8 条边的多边形),可见每个顶点与其他顶点联结成 7 条线段. 在这 7 条线段中,2 条是八边形的边,5 条是对角线. 如果我们计算对角线数是 $8 \cdot 5 = 40$,那么每条对角线计算了 2 次.因此对角线数是 $(8 \cdot 5)/2 = 20$.

5. 有多少个三位数,使中间数字是其他 2 个数字的平均值?

**解** 我们可以用 9 种不同方法选出左边数字. 这依赖于我们是选出偶数还是奇数,

为使左边数字与右边数字之和可被 2 整除,我们可以用 5 种不同方法选出右边数字(当左边数字是奇数时选 1,3,5,7,9,当左边数字是偶数时选 0,2,4,6,8),我们一旦选出左边与右边的数字,中间数字是它们的平均值,于是我们这里不作任何选择.因此解是 $9 \cdot 5 = 45$.

6. 有多少由 $1,2,\cdots,9$ 中的不同数字组成的九位数,使任何 2 个相邻数字之和是奇数?

**解** 在由不同数字 $1,\cdots,9$ 组成的任何九位数中,为了使任何 2 个相邻数字之和是奇数,奇数字与偶数字必须交替.因为在我们的集合中奇数字较多,所以可见它们的交替为奇,偶,奇,……,奇.因此按照上述有 $5 \cdot 4 \cdot 4 \cdot 3 \cdot 3 \cdot 2 \cdot 2 \cdot 1 \cdot 1 = 2\,880$(个) 不同的九位数.

7. 剧场有 8 个电灯,每个电灯可以单独地开或关.我们可以有多少种方法照明剧场?

**解** 我们考虑 8 个开关控制电灯.每个开关可以有 2 种状态之一:开或关.可能的开关位置的总数是 $2 \cdot 2 \cdot 2 \cdot 2 \cdot 2 \cdot 2 \cdot 2 \cdot 2 = 2^8 = 256$.但是记住,如果所有开关都关闭时,剧场没有照明,因此答案是 255.

8. 7 个大学生进行 800 m 赛跑.他们有多少种不同名次?不允许有平局.

**解** 7 名大学生之一可以取得第 1 名,剩下的 6 名大学生之一可以取得第 2 名,等等.于是解是
$$7 \cdot 6 \cdot 5 \cdot 4 \cdot 3 \cdot 2 \cdot 1 = 7! = 5\,040$$

9. 令 $n = \overline{abc}$ 是三位数.

(1) 有多少个数 $n$,使它们有 $a > b > c$?

(2) 有多少个数 $n$,使它们有 $a < b < c$?

**解** (1) 我们考虑由某些 3 个不同数字组成的三位数,例如 8,5,1. 于是有 $3 \cdot 2 \cdot 1 = 6$(个) 数:158,185,518,581,815,851.其中只有 1 个满足条件 $a > b > c$.这一般成立:任何 3 个不同数字可以产生 6 个三元数组(其中某数对应于最左边数字为 0 的三位数,但这不成问题,因为我们要求 $a > b > c$),其中只有一数满足条件 $a > b > c$.因此,满足条件 $a > b > c$ 的三位数的个数等于从 10 个数字中选出 3 个数字的方法数.我们用"选择"符号来表示

$$\begin{bmatrix} 10 \\ 3 \end{bmatrix} \quad \text{我们读作"10 选 3"}$$

怎样计算这个数?共有 $10 \cdot 9 \cdot 8$ 个具有不同数字的三位数.这些三元数组的个数也等于从 10 个不同数字中选出 3 个数字的方法数乘以 $3 \cdot 2 \cdot 1 = 6$.换言之

$$\begin{bmatrix} 10 \\ 3 \end{bmatrix} \cdot 3 \cdot 2 \cdot 1 = 10 \cdot 9 \cdot 8$$

于是

$$\begin{bmatrix} 10 \\ 3 \end{bmatrix} = \frac{10 \cdot 9 \cdot 8}{3 \cdot 2 \cdot 1} = 120$$

一般的,我们可以用 $\begin{bmatrix} n \\ k \end{bmatrix}$ 种不同方法从 $n$ 个元素的集合中选出 $k$ 个元素的子集,其中

$$\begin{bmatrix} n \\ k \end{bmatrix} = \frac{n(n-1)\cdots(n-k+1)}{k!} = \frac{n!}{(n-k)!\,k!}$$

我们将在很多有趣问题中利用这个"选择符号",将在牛顿二项式公式与帕斯卡三角形中遇到这些特殊的数.

(2) 在约束 $a<b<c$ 情形下,没有 1 个数字可以是 0. 这个方法与(1)部分相同,不同的是,我们求出具有 $a<b<c$ 的三位数的个数等于从 9 个允许数字 $1,2,3,\cdots,9$ 中选出 3 个不同数字的方法数,即

$$\begin{bmatrix} 9 \\ 3 \end{bmatrix} = \frac{9 \cdot 8 \cdot 7}{3 \cdot 2 \cdot 1} = 84$$

10. 我的银行账户以六位数 PIN(个人识别数)为密码. 如果我决定只用 2 个不同数字,每个数字至少出现 1 次,那么我可以组成多少个不同的 PIN?

**解** 我可以用 $\begin{bmatrix} 10 \\ 2 \end{bmatrix} = \frac{10 \cdot 9}{2 \cdot 1} = 45$(种)不同方法选择 2 个数字(注意它们的顺序无关紧要). 如果我们暂时假设我不用 2 个数字,对 2 个数字的每次选择,我可以把 2 个数字之一放在 PIN 的第 1 个位置,2 个数字之一放在第 2 个位置,等等,共有 $2^6$ 种可能性. 其中恰好 2 个 PIN 只由 1 个数字组成,因此最后答案是

$$\begin{bmatrix} 10 \\ 2 \end{bmatrix}(2^6 - 2) = 45 \cdot 62 = 2\,790$$

## 2.2 帕斯卡三角形与二项式系数

1. 如果 $n$ 个元素的集合中 $k$ 个元素的子集数是 $\begin{bmatrix} n \\ k \end{bmatrix}$(读作"$n$ 取 $k$"),证明

$$\begin{bmatrix} n \\ k \end{bmatrix} = \frac{n!}{k!\,(n-k)!}$$

**证** 为了证明这个问题,我们将用 2 种不同方法解答另外一个问题:

我们可以用多少种方法,利用英文字字表中 $k$ 个不同字母组成单词?

我们注意字母集合与单词之间的差别:在集合中元素顺序是无关紧要的(例如集合 $\{a,b,c\} = \{b,a,c\}$),而在单词中字母顺序产生差别(例如单词 $abc$ 与 $bac$ 不同).

解答这个辅助问题的 1 种方法是说,单词中第 1 个字母可以从 $n$ 个字母中选出,第 2

个字母可以从 $n-1$ 个字母中选出,……,第 $k$ 个字母可以从 $n-k+1$ 个字母中选出. 选择的总数是

$$n(n-1)\cdots(n-k+1)=\frac{n!}{(n-k)!}$$

解答这个辅助问题的另一种方法是,首先决定我们利用 $n$ 个字母中哪些 $k$ 个字母. 由定义,为此选择方法数是 $\begin{bmatrix}n\\k\end{bmatrix}$. 由于对 $k$ 个字母的每次选择,我们可以有 $k!$ 个不同单词(具有不同顺序的字母),所以长度为 $k$ 的单词总数可以记作

$$\begin{bmatrix}n\\k\end{bmatrix}k!$$

因为这 2 种方法一定得出相同结果,所以我们可以写出

$$\begin{bmatrix}n\\k\end{bmatrix}k!=\frac{n!}{(n-k)!}$$

因此

$$\begin{bmatrix}n\\k\end{bmatrix}=\frac{n}{k!(n-k)!}$$

**注** 这种形式的数称为二项式系数,因为它们包含在牛顿二项式公式中.

2. 计算以下二项式系数的值:$\begin{bmatrix}5\\0\end{bmatrix},\begin{bmatrix}5\\1\end{bmatrix},\begin{bmatrix}5\\2\end{bmatrix},\begin{bmatrix}5\\3\end{bmatrix},\begin{bmatrix}5\\4\end{bmatrix},\begin{bmatrix}5\\5\end{bmatrix}$.

**解** 易见

$$\begin{bmatrix}5\\0\end{bmatrix}=1,\begin{bmatrix}5\\1\end{bmatrix}=5,\begin{bmatrix}5\\2\end{bmatrix}=10$$

$$\begin{bmatrix}5\\3\end{bmatrix}=10,\begin{bmatrix}5\\4\end{bmatrix}=5,\begin{bmatrix}5\\5\end{bmatrix}=1$$

注意帕斯卡三角形第 6 行的这些相同值. 这是不相同的,正如我们以下问题所证明.

3. 证明:帕斯卡三角形由二项式系数组成.

**证** 容易检验,帕斯卡三角形前一些行由二项式系数组成.

$$\begin{matrix}
 & & & & 1 & & & & \\
 & & & 1 & & 1 & & & \\
 & & 1 & & 2 & & 1 & & \\
 & 1 & & 3 & & 3 & & 1 & \\
1 & & 4 & & 6 & & 4 & & 1 \\
\end{matrix}$$

1　5　10　10　5　1

$$\binom{0}{0}$$

$$\binom{1}{0} \quad \binom{1}{1}$$

$$\binom{2}{0} \quad \binom{2}{1} \quad \binom{2}{2}$$

$$\binom{3}{0} \quad \binom{3}{1} \quad \binom{3}{2} \quad \binom{3}{3}$$

$$\binom{4}{0} \quad \binom{4}{1} \quad \binom{4}{2} \quad \binom{4}{3} \quad \binom{4}{4}$$

$$\binom{5}{0} \quad \binom{5}{1} \quad \binom{5}{2} \quad \binom{5}{3} \quad \binom{5}{4} \quad \binom{5}{5}$$

因为帕斯卡三角形可以扩充到我们想要的那么多行,所以不能检验所有单个表值,以便证明它由全部二项式系数组成.我们用证明构造下一行的过程产生二项式系数的方法来进行.因此我们只须证明,把 1 行的 2 个相继二项式系数相加,就得出下 1 行的二项式系数.根据我们的符号,我们可以做出受过训练的推测,以下恒等式成立

$$\binom{n}{k-1} + \binom{n}{k} = \binom{n+1}{k}$$

实际上

$$\binom{n}{k-1} + \binom{n}{k} = \frac{n!}{(k-1)!(n-k+1)!} + \frac{n!}{k!(n-k)!}$$

$$= \frac{n!}{(k-1)!(n-k+1)!} \cdot \frac{k}{k} + \frac{n!}{k!(n-k)!} \cdot \frac{n-k+1}{n-k+1}$$

$$= \frac{n! \, k + n! \, (n-k+1)}{k!(n-k+1)!}$$

$$= \frac{n!(n+1)}{k!(n-k+1)!}$$

$$= \frac{(n+1)!}{k!(n+1-k)!}$$

$$= \binom{n+1}{k}$$

二项式系数与帕斯卡三角形的这个性质称为帕斯卡法则.

4. 证明:帕斯卡三角形关于通过它最高顶点的竖直线对称,即 $\binom{n}{n-k} = \binom{n}{k}$.

**证** 正如问题 3 的证法一样,只要证明在我们扩充到另一行时,我们也对称地去做.

这是显然的,因为我们在 1 行两端各写 1 个相同标值(从而是对称的),而剩下的表值是前 1 行对称值之和,从而也是对称的.

利用问题 3 的结果,这也可以用计算来证明. 因为帕斯卡三角形的表值是二项式系数,所以帕斯卡三角形的对称性可从以下计算证明二项式系数得出

$$\begin{bmatrix} n \\ n-k \end{bmatrix} = \frac{n!}{(n-k)!\,k!} = \frac{n!}{k!\,(n-k)!} = \begin{bmatrix} n \\ k \end{bmatrix}$$

例如 $\begin{bmatrix} 5 \\ 5 \end{bmatrix} = \begin{bmatrix} 5 \\ 0 \end{bmatrix}, \begin{bmatrix} 5 \\ 4 \end{bmatrix} = \begin{bmatrix} 5 \\ 1 \end{bmatrix}, \begin{bmatrix} 5 \\ 3 \end{bmatrix} = \begin{bmatrix} 5 \\ 2 \end{bmatrix}$.

5. 证明以下恒等式

$$\begin{bmatrix} n \\ 0 \end{bmatrix} = \begin{bmatrix} n \\ n \end{bmatrix} = 1 \;\text{与}\; \begin{bmatrix} n \\ 1 \end{bmatrix} = \begin{bmatrix} n \\ n-1 \end{bmatrix} = n$$

**证** 这些恒等式的证明是简单的

$$\begin{bmatrix} n \\ 0 \end{bmatrix} = \frac{n!}{0!\,(n-0)!} = 1$$

$$\begin{bmatrix} n \\ n \end{bmatrix} = \frac{n!}{n!\,(n-n)!} = 1$$

$$\begin{bmatrix} n \\ 1 \end{bmatrix} = \frac{n!}{1!\,(n-1)!} = n$$

$$\begin{bmatrix} n \\ n-1 \end{bmatrix} = \frac{n!}{(n-1)!\,(n-(n-1))!} = n$$

6. 观察 $(a+b)^0, (a+b)^1, (a+b)^2, (a+b)^3, (a+b)^4, (a+b)^5$ 的系数与帕斯卡三角形表值之间的对应关系. 根据帕斯卡三角形尝试推测 $(a+b)^6$ 的展开式系数. 最后,实际展开 $(a+b)^6$ 来检验我们从帕斯卡三角形得出的结果是否正确.

**解** 实际上,帕斯卡三角形与牛顿二项式公式中出现的数之间的对应是显然的,至少帕斯卡三角形前 6 行对应于幂 $(a+b)^0, \cdots, (a+b)^5$ 是显然的.

我们继续检验帕斯卡三角形第 7 行与 $(a+b)^6$ 的展开式. 根据帕斯卡三角形的标值,我们希望有

$$(a+b)^6 \stackrel{?}{=} a^6 + 6a^5b + 15a^4b^2 + 20a^3b^3 + 15a^2b^4 + 6ab^5 + b^6$$

我们利用 $\stackrel{?}{=}$ 强调,这只是受过训练的推测,还不知道它确实如此.

利用已知的 $(a+b)^5 = a^5 + 5a^4b + 10a^3b^2 + 10a^2b^3 + 5ab^4 + b^5$ 的展开式与事实 $(a+b)^6 = (a+b)(a+b)^5$,最容易得出实际展开式. 于是我们得出

$$(a+b)^6 = a^6 + 6a^5b + 15a^4b^2 + 20a^3b^3 + 15a^2b^4 + 6ab^5 + b^6$$

这证实了帕斯卡三角形与牛顿二项式公式之间的对应推广到 $n=6$. 其次我们将证明这种

对应对任何 $n$ 成立.

7.证明牛顿二项式定理

$$(a+b)^n = \binom{n}{0}a^n b^0 + \binom{n}{1}a^{n-1}b^1 + \binom{n}{2}a^{n-2}b^2 + \cdots + \binom{n}{n}a^0 b^n$$

**证** 我们知道 $(a+b)^n$ 的完全展开式将包含各项 $a^n, a^{n-1}b, \cdots, b^n$,每项乘以某系数.与帕斯卡三角形的对应给出了这些"二项式系数"可能与求组合数(即 $n$ 个元素的集合中 $k$ 个元素的子集合数)问题有关.我们来看为什么实际上情形是如此.

从

$$(a+b)^n = \underbrace{(a+b)(a+b)(a+b)\cdots(a+b)}_{n}$$

我们看出,来自这个展开式的形如 $a^{n-k}b^k$ 的项数将等于我们可以选 $b$ 作为 $k$ 次乘数的方法数.为了从中选择,我们有 $n$ 个小括号展开式,于是这只是 $\binom{n}{k}$.换言之,在二项式 $(a+b)^n$ 的第 $n$ 次幂展开式中,项 $a^{n-k}b^k$ 以系数 $\binom{n}{k}$ 出现,因此称为二项式系数.

8.集合 $\{a,b,c,d,e,f\}$ 有多少个不同的子集?

**解** 我们将用 2 种不同方法解答本题,将引导我们得出有趣的恒等式.

首先显然,空集(表示为 $\{\}$ 或 $\varnothing$)是任何集合的子集,又 1 个集合是它本身的子集.因此,对任何集合 $S$,我们记 $S \subseteq S$.具有 0,1,2,3,4,5,6 个元素的集合数分别是 $\binom{6}{0}, \binom{6}{1}, \binom{6}{2}, \binom{6}{3}, \binom{6}{4}, \binom{6}{5}$,于是结果是

$$\binom{6}{0} + \binom{6}{1} + \binom{6}{2} + \binom{6}{3} + \binom{6}{4} + \binom{6}{5}$$
$$= 1 + 6 + 15 + 20 + 15 + 6 + 1 = 64$$

用另一种方法看本题,原来集合中的每个元素在或不在子集中.因此有 $2^6$ 个不同子集.这引导我们推出恒等式

$$\binom{6}{0} + \binom{6}{1} + \cdots + \binom{6}{6} = 2^6 = 64$$

上式容易推广到

$$\binom{n}{0} + \binom{n}{1} + \cdots + \binom{n}{n} = 2^n$$

9.利用牛顿二项式公式

$$(a+b)^n = \binom{n}{0}a^n b^0 + \binom{n}{1}a^{n-1}b^1 + \binom{n}{2}a^{n-2}b^2 + \cdots + \binom{n}{n}a^0 b^n$$

证明以下 2 个恒等式

$$\binom{n}{0} + \binom{n}{1} + \binom{n}{2} + \cdots + \binom{n}{n} = 2^n$$

$$\binom{n}{0} - \binom{n}{1} + \binom{n}{2} - \cdots + (-1)^n \binom{n}{n} = 0$$

**证** 这两个恒等式由牛顿二项式公式在特殊情形(1)$a=b=1$ 与 (2)$a=1, b=-1$ 下推出.

10. 证明:对 $1 \leqslant k < p$ ($p$ 是素数),有 $p$ 整除 $\binom{p}{k}$.

**证** $\binom{p}{k}$ 是整数,由 $\binom{p}{k} = \dfrac{p(p-1)\cdots(k-1)}{(p-k)!}$ 看出它一定可被 $p$ 整除,因为 $p$ 是素数,不是 $(p-k)!$ 中因子.

## 2.3 概 率 Ⅰ

1.我们投 1 个合格的标准六面骰子,投出点数为:(1)3;(2) 素数;(3) 偶数的概率各为多少?

**解** (1) 概率是 $\dfrac{1}{6}$.

(2) 从 1 到 6 的素数只是 2,3,5,因此概率是 $\dfrac{3}{6} = \dfrac{1}{2}$.

(3) 从 1 到 6 有 3 个偶数,因此概率是 $\dfrac{1}{2}$.

2.我们从一副 52 张卡片的纸牌中抽出 1 张卡片.抽出的卡片是:(1) 皇后;(2) 黑卡片;(3)"A" 或 "2" 的概率各是多少?

**解** (1) 有 4 张皇后卡片,因此概率是 $\dfrac{4}{52} = \dfrac{1}{13}$.

(2) 概率是 $\dfrac{26}{52} = \dfrac{1}{2}$,因为有 26 张黑卡片.

(3) 概率是 $\dfrac{8}{52} = \dfrac{2}{13}$,因为有张"A"卡片与 4 张"2"卡片.

3.名叫 Meow 的小猫在计算机键盘上跳跃,键盘有 26 个键,对应于英文字母表的各个字母.Meow 猫足落在 4 个不同键上,它能跳到表示它名字的字母键上的概率是多少?

**解 1** 我们只知道 Meow 压在 4 个不同的键上. 这告诉我们可能的 4 个字母的单词总数, 即这些键可以表示 $26 \cdot 25 \cdot 24 \cdot 23$ 个单词. 在这个数中只有 $4 \cdot 3 \cdot 2 \cdot 1$ 个单词由字母 M, E, O, W 组成. 因此概率是

$$\frac{4 \cdot 3 \cdot 2 \cdot 1}{26 \cdot 25 \cdot 24 \cdot 23} = \frac{1}{26 \cdot 25 \cdot 23} = \frac{1}{14\,950}$$

**解 2** 想起 Meow 压在不同的键上, 于是从 26 个元素的集合中随机选出 4 个元素的子集. 只有 1 个子集 {E, M, O, W} 是有利的, 因此概率是

$$\frac{1}{\binom{26}{4}} = \frac{1}{\frac{26 \cdot 25 \cdot 24 \cdot 23}{4 \cdot 3 \cdot 2 \cdot 1}} = \frac{4 \cdot 3 \cdot 2 \cdot 1}{26 \cdot 25 \cdot 24 \cdot 23} = \frac{1}{26 \cdot 25 \cdot 23} = \frac{1}{14\,950}$$

**解 3** 还有另一个解法是根据 Meow 的每个足怎样以任何特别的顺序压在键上. 例如, 为了有利的结果, 从前左足开始, 它从 26 个字母中选 4 个字母. 然后前右足从 25 个字母中选 3 个字母, 后左足从 24 个字母中选 2 个字母, 后右足从 23 个字母中只选出 1 个字母, 因此最后的概率是

$$\frac{4 \cdot 3 \cdot 2 \cdot 1}{26 \cdot 25 \cdot 24 \cdot 23} = \frac{1}{26 \cdot 25 \cdot 23} = \frac{1}{14\,950}$$

4. 2 个八面骰子的各面上标有 1 到 8 的数. 每面有相同的落地概率. 落地的 2 个面上 2 个数之积大于 36 的概率是多少?

**解** 我们考虑积大于 36 的结果. 它们是 $8 \cdot 8, 8 \cdot 7, 8 \cdot 6, 8 \cdot 5, 7 \cdot 8, 7 \cdot 7, 7 \cdot 6, 6 \cdot 8, 6 \cdot 7, 5 \cdot 8$. 只有总共 10 个结果是有利的. 可能结果的总数当然是 $8 \cdot 8 = 64$, 因此我们寻求的概率是 $\frac{10}{64} = \frac{5}{32}$.

5. 从正六边形中随机地选出 3 个顶点. 这 3 个顶点可以组成等腰三角形的概率是多少?

**解** 如图 2.3.1 所示, 三角形由它的 3 个顶点确定, 不管它们的顺序如何. 因此顶点的顺序无关紧要, 于是从六边形中随机选出的 3 个顶点组成不同三角形个数等于 6 个元素的集合中 3 个元素的子集数, 即 $\binom{6}{3} = \frac{6!}{3! \, 3!} = \frac{6 \cdot 5 \cdot 4}{3 \cdot 2 \cdot 1} = 20$. 在正六边形中有 8 个等腰三角形(包含 2 个等边三角形). 因此概率是 $\frac{8}{20} = \frac{2}{5}$.

6. 如果我们投 2 个合格的标准六面骰子, 结果得出的点数之和大于 10 的概率是多少?

**解** 对本题, 我们首先看 2 个错误解法, 要求读者尝试找出这个错误. 其次我们说明这个错误, 只有这样以后我们才提出正确解法.

**错误解法 1** 在本题中, 所有可能结果是

图 2.3.1

| 1—1 | 2—2 | 3—3 | 4—4 | 5—5 | 6—6 |
| 1—2 | 2—3 | 3—4 | 4—5 | 5—6 | |
| 1—3 | 2—4 | 3—5 | 4—6 | | |
| 1—4 | 2—5 | 3—6 | | | |
| 1—5 | 2—6 | | | | |
| 1—6 | | | | | |

其中只有 2 个和大于 10. 如果这个推理是正确的(它不正确 —— 为什么?),解是 $\frac{2}{21}$.

**错误解法 2**  在投 2 个骰子中有 11 个可能和:2,3,4,⋯,12,其中只有 2 个和大于 10. 如果这个推理是正确的(它不正确 —— 为什么?),解是 $\frac{2}{11}$.

**错误分析**  在解答概率问题时,我们要利用等可能结果作为我们解题的组成部分. 以上给出的 2 个解法都没有利用等可能结果:

(1) 在第 1 个解法中,用 2 个不同数(例如 1,3)表述的结果可以用 2 种方法产生,于是像具有相同数(例如 5,5)一样,它们发生 2 次,实际它只 1 种方法产生.

(2) 在第 2 个解法中,和为 2 只能用 1 种方法产生,和为 3 可以用 2 种不同方法产生,等等. 哪个和发生最多次? 它是和为 7,这可以用 6 种不同方法产生.

**正确解法**  这里有 36 个等可能结果

| 1—1 | 2—1 | 3—1 | 4—1 | 5—1 | 6—1 |
| 1—2 | 2—2 | 3—2 | 4—2 | 5—2 | 6—2 |
| 1—3 | 2—3 | 3—3 | 4—3 | 5—3 | 6—3 |
| 1—4 | 2—4 | 3—4 | 4—4 | 5—4 | 6—4 |
| 1—5 | 2—5 | 3—5 | 4—5 | 5—5 | 6—5 |
| 1—6 | 2—6 | 3—6 | 4—6 | 5—6 | 6—6 |

这 36 对结果中只有 3 对之和大于 10,因此概率是 $\frac{3}{36} = \frac{1}{12}$.

7. 在钱包中有相同数量的铜币(1 分)、镍币(5 分)、银币(5 分与 25 分). 4 个硬币被取出,1 次 1 个,每个硬币在取出下 1 个硬币前被放回. 4 个硬币总值小于 20 分的概率是多少?

**解** 在本题中,我们利用按取出它们的顺序列出的硬币值数列作为基本等可能结果.

第 1 次取出硬币有 4 种可能结果:铜币(1分),镍币(5分),银币(10分),25分银币.因为在取出它们之后,我们把硬币放回,所以对剩下 3 次取硬币有相同的可能结果.因此有 $4^4 = 256$(个) 可能的硬币数列.其中只有以下 31 个取出的数列得出的和小于 20 分

$$1-1-1-1$$
$$1-1-1-5, 1-1-5-1, 1-5-1-1, 5-1-1-1$$
$$1-1-5-5, 1-5-1-5, 1-5-5-1, 5-1-1-5, 5-1-5-1, 5-5-1-1$$
$$1-5-5-5, 5-1-5-5, 5-5-1-5, 5-5-5-1$$
$$1-1-1-10, 1-1-10-1, 1-10-1-1, 10-1-1-1$$
$$1-1-5-10, 1-1-10-5, 1-5-1-10, 1-5-10-1, 1-10-1-5$$
$$1-10-5-1, 5-1-1-10$$
$$5-1-10-1, 5-10-1-1, 10-1-1-5, 10-1-5-1, 10-5-1-1$$

因此概率是 $\dfrac{31}{256}$.

8. 我的教室有 23 个大学生,我的学校共有 1 101 个大学生.

(1) 教室中有 2 个或更多个人具有相同生日的概率是多少?

(2) 这个学校至少有 4 个人具有相同生日的概率是多少?

为了简化问题,不考虑有闰年存在,因此某人有可能以 2 月 29 日为生日.

**解** (1) 我们以首先计算这个班级所有人具有不同生日的概率 $q$ 来处理本题.我们的问题的解是 $p = 1 - q$,因为这 2 种情形是对立事件.

23 个大学生可能的生日排列总数是 $365^{23}$.所有人有不同生日的生日排列数是 $365 \cdot 364 \cdot \cdots \cdot 343$.因此

$$q = \frac{365 \cdot 364 \cdot \cdots \cdot 343}{365^{23}}$$

最后

$$p = 1 - q = 1 - \frac{365 \cdot 364 \cdot \cdots \cdot 343}{365^{23}}$$

**注** 用好的科学计算器,我们可以最容易计算这个值是

$$p = 1 - \frac{23! \binom{365}{23}}{365^{23}} \approx 0.507 = 50.7\%$$

这告诉我们,在具有 23 个大学生的房子中,很可能并不是说某 2 人或更多人将有相同生日.

我们可以用类似方法求出,如果房子中有 50 人,那么相同生日的概率将达到 97%.鸽笼原理(立即讨论)告诉我们,超过 365 人,这件事发生的概率是 100%,即它是必然事件.

(2) 设想 1 年中每天我校有 3 人或更少人有生日,决不再有多于 3 人有生日.这表示学校至多有 $3 \cdot 365 = 1\,095$(个)大学生,但是它有 1 101(个)大学生.这表示必然有 4 人或更多人将有相同生日,即概率是 1.

9. 投 3 个合格的标准六面骰子.它们显示出的点数和至少是 6 的概率是多少?

**解** 投 3 个骰子有 $6^3 = 216$(个)等可能结果.其中只有以下 10 个结果之和至少不是 6

$$1-1-1, 1-1-2, 1-2-1, 2-1-1, 1-1-3$$
$$1-3-1, 3-1-1, 1-2-2, 2-1-2, 2-2-1$$

因此概率是

$$\frac{216-10}{216} = \frac{206}{216} = \frac{103}{108}$$

10. 投 4 个合格的标准六面骰子.它们显示出的点数积是偶数的概率是多少?

**解** 我们这里利用对立方法得出奇数积的方法数是 $3 \cdot 3 \cdot 3 \cdot 3 = 3^4$,因此得出偶数积的方法数是 $6^4 - 3^4$.最后答案是

$$\frac{6^4 - 3^4}{6^4} = \frac{2^4 - 1}{2^4} = \frac{15}{16}$$

## 2.4 数学归纳法

1. 利用数学归纳法证明以下恒等式:

(1) $1 \cdot 2 + 2 \cdot 3 + \cdots + n(n+1) = \dfrac{n(n+1)(n+2)}{3}$;

(2) $1 \cdot 2 \cdot 3 + 2 \cdot 3 \cdot 4 + \cdots + n(n+1)(n+2) = \dfrac{n(n+1)(n+2)(n+3)}{4}$.

**证** (1) 第 1 步:对 $n=1$,我们得 $1 \cdot 2 = \dfrac{1 \cdot 2 \cdot 3}{3}$,成立.

第 2 步:我们设公式对 $n=k$ 成立,即

$$1 \cdot 2 + 2 \cdot 3 + \cdots + k(k+1) = \frac{k(k+1)(k+2)}{3}$$

第 3 步:对 $n=k+1$,我们有

$$1 \cdot 2 + 2 \cdot 3 + \cdots + k(k+1) + (k+1)(k+2)$$
$$= \frac{k(k+1)(k+2)}{3} + (k+1)(k+2)$$

$$= \frac{(k+1)(k+2)(k+3)}{3}$$

$$= \frac{n(n+1)(n+2)}{3}$$

这完成了证明.

(2) 第1步:对 $n=1$,我们得 $1 \cdot 2 \cdot 3 = \frac{1 \cdot 2 \cdot 3 \cdot 4}{4}$,成立.

第2步:我们设公式对 $n=k$ 成立,即

$$1 \cdot 2 \cdot 3 + 2 \cdot 3 \cdot 4 + \cdots + k(k+1)(k+2) = \frac{k(k+1)(k+2)(k+3)}{4}$$

第3步:对 $n=k+1$,我们有

$$1 \cdot 2 \cdot 3 + \cdots + k(k+1)(k+2) + (k+1)(k+2)(k+3)$$

$$= \frac{k(k+1)(k+2)(k+3)}{4} + (k+1)(k+2)(k+3)$$

$$= \frac{(k+1)(k+2)(k+3)(k+4)}{4}$$

$$= \frac{n(n+1)(n+2)(n+3)}{4}$$

这完成了证明.

2.利用数学归纳法证明以下恒等式:

(1) $1^2 + 2^2 + 3^2 + \cdots + n^2 = \frac{n(n+1)(2n+1)}{6}$;

(2) $1^3 + 2^3 + 3^3 + \cdots + n^3 = \left(\frac{n(n+1)}{2}\right)^2$.

**证** (1) 第1步:对 $n=1$,我们得 $1^2 = \frac{1 \cdot 2 \cdot 3}{6}$,成立.

第2步:我们设公式对 $n=k$ 成立,即

$$1^2 + 2^2 + 3^2 + \cdots + k^2 = \frac{k(k+1)(2k+1)}{6}$$

第3步:对 $n=k+1$,我们有

$$1^2 + 2^2 + 3^2 + \cdots + k^2 + (k+1)^2 = \frac{k(k+1)(2k+1)}{6} + (k+1)^2$$

$$= \frac{(k+1)[k(2k+1) + 6(k+1)]}{6}$$

$$= \frac{(k+1)(2k^2 + 7k + 6)}{6}$$

如果 $2k^2 + 7k + 6$ 因式分解为 $(n+1)(2n+1) = (k+2)(2k+3)$,那么证毕. 实际上, $(k+2)(2k+3) = 2k^2 + 7k + 6$,因此证明完成.

(2) 第 1 步：对 $n=1$，我们得 $1^3=\left(\dfrac{1\cdot 2}{2}\right)^2$，成立.

第 2 步：我们设公式对 $n=k$ 成立，即
$$1^3+2^3+3^3+\cdots+k^3=\left[\dfrac{k(k+1)}{2}\right]^2$$

第 3 步：对 $n=k+1$，我们有
$$\begin{aligned}1^3+2^3+3^3+\cdots+k^3+(k+1)^3&=\left[\dfrac{k(k+1)}{2}\right]^2+(k+1)^3\\&=\dfrac{(k+1)^2[k^2+4(k+1)]}{4}\\&=\dfrac{(k+1)^2(k+2)^2}{4}\\&=\left[\dfrac{n(n+1)}{2}\right]^2\end{aligned}$$

这完成了证明.

**注** 这也证明了有趣的恒等式
$$1^3+2^3+3^3+\cdots+n^3=(1+2+3+\cdots+n)^2$$

3.利用数学归纳法证明：对任何整数 $n$，有 $n^7-n$ 可被 7 整除.

**证** 第 1 步：对 $n=0$，我们得 $0^7-0=0$，可被 7 整除.

第 2 步：我们设命题对 $n=k(k\geqslant 0)$ 成立，即 $k^7-k$ 可被 7 整除，或者换言之，对某整数 $m$
$$k^7-k=7m$$

第 3 步：对 $n=k+1$，于是我们有（利用帕斯卡三角形展开 $(k+1)^7$）
$$\begin{aligned}n^7-n&=(k+1)^7-(k+1)\\&=k^7+7k^6+21k^5+35k^4+35k^3+21k^2+7k+1-k-1\\&=7m+7(k^6+3k^5+5k^4+5k^3+3k^3+k^2)\\&=7t\end{aligned}$$

其中 $t$ 是某整数. 这结束了我们对 $n\geqslant 0$ 的证明. 对包含负整数的归纳法证明与这类似. 换言之，我们可以说，当 $n<0$ 时可以写 $n=-s$，其中 $s$ 是正整数. 于是我们原来的表达式变为
$$n^7-n=-s^7+s=-(s^7-s)$$

我们可以应用 $s^7-s$ 可被 7 整除的知识.

4.(**费马小定理**) 证明：如果 $p$ 是素数，那么对任何整数 $n$，有 $n^p-n$ 可被 $p$ 整除.

**证** 证明的归纳步骤如下：设 $n=k$ 时 $n^p-n$ 可被 $p$ 整除，我们来看 $n=k+1$ 时发生什么情形

$$n^p - n = (k+1)^p - (k+1)$$

$$= k^p - k + \binom{p}{p-1}k^{p-1} + \binom{p}{p-2}k^{p-2} + \cdots + \binom{p}{1}k$$

归纳假设告诉我们,$k^p - k$ 可被 $p$ 整除,我们在1,2节问题10中证明了,当 $p$ 是素数时,对任何 $k \in \{1, 2, \cdots, p-1\}$,$\binom{p}{k}$ 可被 $p$ 整除. 这完成了证明.

**注** 当费马定理对任何素数 $p$ 成立时,它对 $p$ 的某合数值也成立. 这样的合数可以"冒充"费马小定理中的素数,称为卡迈克尔(Carmichael)数. 最小的这样的数是 $561 = 3 \cdot 11 \cdot 17$. 有无限多个卡迈克尔数,它的前5个数是 $561, 1\,105, 1\,729, 2\,465, 2\,821$.

卡迈克尔数是费马伪素数(合数)集合的子集,这个合数可以冒充费马小定理中的素数,但只对 $n$ 的某些值才可以. 卡迈克尔数也称为绝对费马伪素数,因为它们是费马伪素数,可以作为费马小定理中任何 $n$.

5. 在平面上有 $n$ 条直线,其中没有2条直线平行,没有3条直线共点. 它们分平面为 $L_n$ 个区域. 求 $L_n$.

**解** 对 $n = 1, 2, 3, 4$ 的情形作图,计算面积,我们求出 $L_1 = 2, L_2 = 4, L_3 = 7, L_4 = 11$. 每个数比同阶三角形数大1. 因为

$$T_n = \frac{n(n+1)}{2}$$

我们可以尝试证明

$$L_n = \frac{n(n+1)}{2} + 1$$

第1步:公式对 $n = 1$ 成立.

第2步:我们设公式对 $n = k$ 成立,则

$$L_k = \frac{k(k+1)}{2} + 1$$

第3步:我们可以从 $k$ 条直线构造 $n = k+1$ 直线的情形,$k$ 条直线分平面为 $\frac{k(k+1)}{2} + 1$ 个区域,把另一条直线加到这些区域中去. 这条新直线将对原图增加 $k$ 个新交点与 $k+1$ 新区域. 因此

$$L_{k+1} = L_k + k + 1 = \frac{k(k+1)}{2} + 1 + k + 1$$

不难证明,这可以改写为

$$L_{k+1} = \frac{(k+1)(k+2)}{2} + 1$$

这完成了证明.

6. 尝试找出前 $n$ 个正奇数和的公式,然后用数学归纳法证明这个公式.

答案:$1+3+5+\cdots+(2n-1)=n^2$.用归纳法证明留给读者.

7. 证明:以 9 为底,只用数字 1 写出的数是三角形数,即对某个 $m$,有 $T_m=\dfrac{m(m+1)}{2}$.

**证** 第 1 步:我们可以验证 $1_{(9)}=1=T_1$,$11_{(9)}=10=T_4$,$111_{(9)}=91=T_{13}$ 都是三角形数.

第 2 步:我们设以 9 为底由 $k$ 个 1 组成的数是三角形数.

第 3 步:可得以 9 为底具有 $k+1$ 个 1 的数是

$$\underbrace{1\cdots 1}_{k+1}{}_{(9)} = 9 \cdot \underbrace{1\cdots 1}_{k}{}_{(9)} + 1 = 9T_m + 1$$

$$= 9 \cdot \frac{m(m+1)}{2} + 1$$

$$= \frac{9m^2+9m+2}{2}$$

$$= \frac{(3m+1)(3m+2)}{2}$$

$$= T_{3m+1}$$

这完成了证明.

8. 利用数学归纳法证明牛顿二项式公式

$$(a+b)^n = \binom{n}{0}a^n b^0 + \binom{n}{1}a^{n-1}b^1 + \binom{n}{2}a^{n-2}b^2 + \cdots + \binom{n}{n}a^0 b^n$$

**证** 我们利用求和号 $\sum$ 是有益的.牛顿二项式公式写成

$$(a+b)^n = \sum_{i=0}^{n}\binom{n}{i}a^{n-i}b^i$$

第 1 步:公式对 $n=1$ 成立,因为

$$(a+b)^1 = \binom{1}{0}a + \binom{1}{1}b$$

第 2 步:我们设公式对 $n=k$ 成立,于是

$$(a+b)^k = \sum_{i=0}^{k}\binom{k}{i}a^{k-i}b^i$$

第 3 步:对 $n=k+1$,我们有

$$(a+b)^{k+1} = (a+b)(a+b)^k = (a+b)\sum_{i=0}^{k}\binom{k}{i}a^{k-i}b^i$$

$$= \sum_{i=0}^{k}\binom{k}{i}a^{k+1-i}b^i + \sum_{i=0}^{k}\binom{k}{i}a^{k-i}b^{i+1}$$

$$= \binom{k}{0}a^{k+1} + \sum_{i=1}^{k}\binom{k}{i}a^{k+1-i}b^i + \sum_{i=0}^{k-1}\binom{k}{i}a^{k-i}b^{i+1} + \binom{k}{k}b^{k+1}$$

$$= \binom{k}{0}a^{k+1} + \sum_{i=1}^{k}\binom{k}{i}a^{k+1-i}b^i + \sum_{i=1}^{k}\binom{k}{i-1}a^{k+1-i}b^i + \binom{k}{k}b^{k+1}$$

$$= \binom{k+1}{0}a^{k+1} + \sum_{i=1}^{k}\left[\binom{k}{i} + \binom{k}{i-1}\right]a^{k+1-i}b^i + \binom{k+1}{k+1}b^{k+1}$$

$$= \sum_{i=0}^{k+1}\binom{k+1}{i}a^{k+1-i}b^i$$

在归纳步骤中,关键是利用帕斯卡法则 $\binom{k}{i} + \binom{k}{i-1} = \binom{k+1}{i}$. 这完成了证明.

9. 利用数学归纳法证明:任何整数 $n > 1$ 可以写成数 1 与 1 个素数或多个素数之积.

**证** 对本题,我们利用稍微不同的数学归纳法形式:在证明命题对 $n = k+1$ 成立中,我们需要利用命题对所有 $n = 2, 3, \cdots, k$ 成立,不仅同前对 $n = k$ 成立.

第 1 步:命题对 $n = 2$ 成立,因为 $2 = 1 \cdot 2, 2$ 是素数.

第 2 步:我们设命题对 $n = 2, \cdots, k, k \geqslant 2$ 成立.

第 3 步:我们考虑 $n = k+1$ 情形,有 2 种不同情形.

(1) $n = k+1$ 是素数. 在这种情形下,命题成立,因为 $k+1 = 1 \cdot (k+1)$.

(2) $n = k+1$ 是合数. 在这种情形下,我们可以把它写成 2 个较小数之积,比如 $k+1 = a \cdot b$,其中 $1 < a, b < k+1$. 由归纳假设,我们知道 $a$ 与 $b$ 都可以写成数 1 与 1 个或多个素数之积,因此

$$k+1 = a \cdot b = (1 \cdot a_1 \cdot \cdots \cdot a_r) \cdot (1 \cdot b_1 \cdot \cdots \cdot b_s)$$
$$= 1 \cdot a_1 \cdot \cdots \cdot a_r \cdot b_1 \cdot \cdots \cdot b_s$$

10. 我们有时尝试证明的命题,即使是正确的,但在被用作归纳假设时,对我们在归纳步骤中需要的转移不能给出足够的支持. 在这种情形下,我们不能用归纳法证明命题,但是可以利用归纳法证明更严格、更强与显然更困难的命题. 这里是 2 个命题. 证明:

(1) $\dfrac{1}{2} \cdot \dfrac{3}{4} \cdot \dfrac{5}{6} \cdot \cdots \cdot \dfrac{2n-1}{2n} \leqslant \dfrac{1}{\sqrt{3n}}$;

(2) $\dfrac{1}{2^2} + \dfrac{1}{3^2} + \dfrac{1}{4^2} + \cdots + \dfrac{1}{n^2} \leqslant 1$.

**证** (1) 在这种情形下,我们不能用归纳法证明

$$\dfrac{1}{2} \cdot \dfrac{3}{4} \cdot \dfrac{5}{6} \cdot \cdots \cdot \dfrac{2n-1}{2n} \leqslant \dfrac{1}{\sqrt{3n}}$$

试图使自己相信这一点. 归纳步骤恰好不能转移充分远.

但是,证明以下更严格不等式却相对容易

$$\frac{1}{2} \cdot \frac{3}{4} \cdot \frac{5}{6} \cdot \ldots \cdot \frac{2n-1}{2n} \leqslant \frac{1}{\sqrt{3n+1}}$$

这个证明的归纳步骤证明了

$$\frac{2k+1}{2k+2} \cdot \frac{1}{\sqrt{3k+1}} \leqslant \frac{1}{\sqrt{3k+4}}$$

它由重排得出. 于是原命题马上推出, 因为

$$\frac{1}{\sqrt{3k+1}} \leqslant \frac{1}{\sqrt{3k}}$$

（2）类似的, 我们不能用归纳法证明

$$\frac{1}{2^2} + \frac{1}{3^2} + \frac{1}{4^2} + \cdots + \frac{1}{n^2} \leqslant 1$$

也试图相信这一点. 归纳步骤恰好又不能转移充分远.

但是, 证明以下更严格不等式却相对容易

$$\frac{1}{2^2} + \frac{1}{3^2} + \frac{1}{4^2} + \cdots + \frac{1}{n^2} \leqslant 1 - \frac{1}{n}$$

归纳步骤是

$$1 - \frac{1}{k} + \frac{1}{(k+1)^2} \leqslant 1 - \frac{1}{k+1}$$

因此原命题马上推出, 因为 $1 - \frac{1}{k} < 1$.

**注** 欧拉首先证明了有关恒等式

$$1 + \frac{1}{2^2} + \frac{1}{3^2} + \frac{1}{4^2} + \cdots = \frac{\pi^2}{6}$$

## 2.5 第1套问题

1. Alice, Bob 与其他 12 个朋友要组成 2 个小组, 每组 7 人, Alice 领导第 1 组, Bob 领导第 2 组. 有多少种方法完成这个任务？

**解** 我们首先注意, 问题蕴涵, Alice 小组中的 6 个位置都相同, 于是 6 人的顺序无关紧要. 这对 Bob 小组同样成立. 于是有多少种方法组成 Alice 小组？对于她的小组, 我们从可用的人组成的 12 个元素的集合中取出 6 个元素的子集(注意, 这些集合与我们的问题一样, 顺序是无关紧要的, 换言之, 集合 $\{P,Q,R,S,T,U\} = \{Q,P,R,T,U,S\}$). 我们可以从 12 个元素的集合中选出 6 个元素的子集的方法数用 $\begin{bmatrix} 12 \\ 6 \end{bmatrix}$ 表示, 计算为

$$\begin{bmatrix} 12 \\ 6 \end{bmatrix} = \frac{12 \cdot 11 \cdot 10 \cdot 9 \cdot 8 \cdot 7}{6 \cdot 5 \cdot 4 \cdot 3 \cdot 2 \cdot 1} = 924$$

我们一旦选出了 Alice 小组中的人,只有 1 种方法组成 Bob 小组,因此 924 也是最后结果.

2. 组织一个国际象棋比赛,使每个选手与其他每个选手各比赛 1 次. 如果总共比赛了 190 次,那么有多少个选手参加?

**解** 如果我们以 $n$ 表示选手人数,那么比赛次数与从 $n$ 人中选出 2 人的方法数相同. 因此 $\binom{n}{2}=190$. 这等价于

$$\frac{n(n-1)}{2}=190$$

所以
$$n(n-1)=380$$

解得 $n=20$.

3. 前夜有 1 个集会,会场的门铃响了 20 次. 门铃第 1 次响时,只有 1 个客人到达. 这以后门铃每次响比前次响多来 2 个客人. 有多少个客人来参加集会?

**解** 这种情形可以用从 1 开始的相继奇数之和表示,我们知道这是项数的平方

$$\underbrace{1+3+5+\cdots+39}_{20}=20^2=400$$

4. 2 人轮流用另一个球尝试撞倒桌上的 1 个球. 1 人在 1 次尝试中成功的概率是 $p=\frac{1}{2}$. 他们准备玩到出现获胜者为止,第 1 个人获胜的概率是多少?

**解 1** 我们用 $P_1$ 表示第 1 人获胜的概率. 在第 1 次中他或她可以概率 $p$ 获胜,在第 3 次中以概率 $(1-p)^2 p$ 获胜(这是因为,为了第 3 次获胜,第 1 次与第 2 次一定失败了),在第 5 次中以概率 $(1-p)^4 p$ 获胜,等等. 因此

$$P_1 = p+(1-p)^2 p+(1-p)^4 p+(1-p)^6 p+\cdots$$
$$= p(1+(1-p)^2+(1-p)^4+(1-p)^6+\cdots)$$

这个结果包含了等比数列之和,为此我们可以利用公式

$$1+a+a^2+a^3+\cdots=\frac{1}{1-a} \quad (|a|<1)$$

因此

$$P_1=\frac{p}{1-(1-p)^2}=\frac{1}{2-p}$$

对 $p=\frac{1}{2}$,我们得 $P_1=\frac{2}{3}$.

**解 2** 第 2 种方法是写出第 1 人与第 2 人获胜的概率

$$P_1 = p+(1-p)^2 p+(1-p)^4 p+(1-p)^6 p+\cdots$$
$$= p(1+(1-p)^2+(1-p)^4+(1-p)^6+\cdots)$$
$$P_2 = (1-p)p+(1-p)^3 p+(1-p)^5 p+(1-p)^6 p\cdots$$

$$= p(1-p)(1+(1-p)^2+(1-p)^4+(1-p)^6+\cdots)$$

注意到
$$P_2 = (1-p)P_1$$

这也可以由注意以下情形推导出来:在第 1 次尝试后,第 1 人以概率 $p$ 获胜.于是第 1 人以概率 $1-p$ 失败了,因为他是第 2 人的替身,所以第 2 人获胜机会一定是 $P_1$(他/她现在实际上是第 1 人).于是 $P_2 = (1-p)P_1$.

因为 2 人之一一定获胜,所以我们也有
$$P_1 + P_2 = 1$$
我们可以把它作为 2 元未知数的 2 个方程的方程组来解,得出
$$P_1 = \frac{1}{2-p}$$
$$P_2 = \frac{1-p}{2-p}$$

5. 证明
$$\binom{n}{0}+\binom{n}{2}+\binom{n}{4}+\cdots = \binom{n}{1}+\binom{n}{3}+\binom{n}{5}+\cdots = 2^{n-1}$$

**证** 如果我们把 1.2 节问题 9 的恒等式相加,得出
$$2\binom{n}{0}+2\binom{n}{2}+2\binom{n}{4}+\cdots = 2^n$$

这除以 2 后给出
$$\binom{n}{0}+\binom{n}{2}+\binom{n}{4}+\cdots = 2^{n-1}$$

类似的,如果我们把如上相同恒等式相减,那么马上得出
$$2\binom{n}{1}+2\binom{n}{3}+2\binom{n}{5}+\cdots = 2^n$$

这除以 2 后给出
$$\binom{n}{1}+\binom{n}{3}+\binom{n}{5}+\cdots = 2^{n-1}$$

6. 用以下帕斯卡三角形检验以上恒等式

$$1$$
$$1 \quad 1$$
$$1 \quad 2 \quad 1$$
$$1 \quad 3 \quad 3 \quad 1$$
$$1 \quad 4 \quad 6 \quad 4 \quad 1$$
$$1 \quad 5 \quad 10 \quad 10 \quad 5 \quad 1$$
$$1 \quad 6 \quad 15 \quad 20 \quad 15 \quad 6 \quad 1$$

**解** 例如,$1+6+15+20+15+6+1=64=2^6$,$1+15+15+1=6+20+6=32=2^5$.

7. 写出帕斯卡三角形(mod 2)的前 33 行,即用 0 表示偶数,用 1 表示奇数.

**解** 我们可以利用偶数与奇数(算术数(mod 2))的加法法则来做出这个图:$0+0\equiv 1+1\equiv 0$,$1+0\equiv 0+1\equiv 1$.这个结果的图形表示是谢尔品斯基(Sierpinski)暗示图,分形图如图 2.5.1 右边图所示.

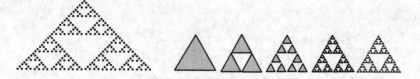

图 2.5.1 帕斯卡三角形(mod 2)与谢尔品斯基三角形前 5 个重复图

8. 证明:对任何正整数 $n$,$4^n-1$ 可被 3 整除.

**证 1** 我们可以记

$$4^n-1=(3+1)^n-1$$
$$=3^n+\binom{n}{1}3^{n-1}+\cdots+\binom{n}{n-1}3+1-1$$
$$=3\left\{3^{n-1}+\binom{n}{1}3^{n-2}+\cdots+\binom{n}{n-1}\right\}$$

**证 2** 另一方法

$$4^n-1=(4-1)(4^{n-1}+4^{n-2}+\cdots+4+1)$$

9. 证明:$1+2+3+\cdots+n+(n+1)+n+\cdots+3+2+1$ 是完全平方数.

**证** 我们可以用归纳法证明本题,但还有更好的证法,认为这是 2 个相继三角形数 $T_n=1+\cdots+n$ 与 $T_{n+1}=1+\cdots+(n+1)$ 之和.对相继三角形数,我们有恒等式

$$T_n+T_{n+1}=(n+1)^2$$

这可以用代数方法证明

$$T_n+T_{n+1}=\frac{n(n+1)}{2}+\frac{(n+1)(n+2)}{2}=\frac{n+1}{2}(n+n+2)=(n+1)^2$$

用图 2.5.2 作图解说明.

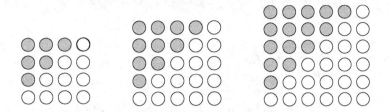

图 2.5.2 恒等式 $T_n + T_{n+1} = (n+1)^2$ 的图解说明

10. 证明：$3^n \geqslant n^3 (n \geqslant 3)$.

**证** 第1步. 我们可以验证, 对 $n=3$, 命题成立: $3^3 = 3^3$.

第2步. 我们设命题对 $n=k$ 成立, 即 $3^k \geqslant k^3$.

第3步. 于是对 $n=k+1$, 我们可以记
$$3^{k+1} = 3 \cdot 3^k \geqslant 3k^3$$

最后1步证明了, 对 $k \geqslant 3$, 我们有 $3k^3 \geqslant (k+1)^3$, 这留给读者做练习题 (1个可能方法是用归纳法).

11. 利用数学归纳法对 $n \geqslant 1$, 证明以下恒等式:

(1) $\dfrac{1}{1 \cdot 2} + \dfrac{1}{2 \cdot 3} + \dfrac{1}{3 \cdot 4} + \cdots + \dfrac{1}{n(n+1)} = \dfrac{n}{n+1}$;

(2) $\dfrac{1}{1 \cdot 3} + \dfrac{1}{3 \cdot 5} + \dfrac{1}{5 \cdot 7} + \cdots + \dfrac{1}{(2n-1)(2n+1)} = \dfrac{n}{2n+1}$.

**解** （1）基础情形是显然的. 归纳步骤进行如下

$$\dfrac{1}{1 \cdot 2} + \cdots + \dfrac{1}{k(k+1)} + \dfrac{1}{(k+1)(k+2)}$$
$$= \dfrac{k}{k+1} + \dfrac{1}{(k+1)(k+2)}$$
$$= \dfrac{k(k+2)+1}{(k+1)(k+2)}$$
$$= \dfrac{(k+1)^2}{(k+1)(k+2)}$$
$$= \dfrac{k+1}{k+2}$$
$$= \dfrac{n}{n+1}.$$

（2）这里基础情形也显然成立. 归纳步骤进行如下

$$\dfrac{1}{1 \cdot 3} + \cdots + \dfrac{1}{(2k-1)(2k+1)} + \dfrac{1}{(2k+1)(2k+3)}$$
$$= \dfrac{k}{2k+1} + \dfrac{1}{(2k+1)(2k+3)}$$

$$= \frac{k(2k+3)+1}{(2k+1)(2k+3)}$$

$$= \frac{(2k+1)(k+1)}{(2k+1)(2k+3)}$$

12. 利用数学归纳法证明等比数列前 $n$ 项 $a, ab, ab^2, \cdots, ab^{n-1}$ 之和的公式

$$a + ab + ab^2 + \cdots + ab^{n-1} = a\frac{1-b^n}{1-b} \quad (b \neq 1)$$

**证** 基础情形成立: $a = a\frac{1-b}{1-b}$. 归纳步骤进行如下

$$a + \cdots + ab^{k-1} + ab^k = a\frac{1-b^k}{1-b} + ab^k = a\frac{1-b^k + b^k - b^{k+1}}{1-b} = a\frac{1-b^{k+1}}{1-b}$$

13. 利用数学归纳法证明以下不等式:

(1) $n! > 2^n (n \geq 4)$;

(2) $2^n \geq n^2 (n \geq 4)$;

(3) $(n+1)^n < n^{n+1} (n > 2)$;

(4) $\frac{1}{\sqrt{1}} + \frac{1}{\sqrt{2}} + \frac{1}{\sqrt{3}} + \cdots + \frac{1}{\sqrt{n}} > \sqrt{n} (n > 1)$.

**证** (1) 基础情形是 $4! > 2^4$, 成立. 设不等式对 $n = k$ 成立, 于是 $k! > 2^k$, 则对 $n = k+1$, 我们有

$$(k+1)! = (k+1) \cdot k! > (k+1)2^k > 2 \cdot 2^k = 2^{k+1}$$

这完成了证明.

(2) 基础情形是 $2^4 \geq 4^2$, 成立. 我们设命题对 $n = k$ 成立, 于是 $2^k \geq k^2$, 则对 $n = k+1$, 我们有

$$2^{k+1} = 2 \cdot 2^k \geq 2k^2$$

我们来检验, 如果这至少是否为 $(k+1)^2$

$$2k^2 - (k+1)^2 = k^2 - 2k - 1 = (k-1)^2 - 2$$

上式对 $k \geq 3$ 是正的, 因此我们可以结束我们的证明

$$2^{k+1} = 2 \cdot 2^k \geq 2k^2 \geq (k+1)^2$$

(3) 基础情形是 $4^3 < 3^4$, 成立. 如果我们设命题对 $n = k$ 成立, 即 $(k+1)^k < k^{k+1}$, 则对 $n = k+1$, 我们可以记

$$(k+2)^{k+1} < \frac{(k+2)^{k+1} k^{k+1}}{(k+1)^k} < \frac{((k+1)^2)^{k+1}}{(k+1)^k} = (k+1)^{k+2}$$

(4) 基础情形是 $n = 2$ 时 $\frac{1}{\sqrt{1}} + \frac{1}{\sqrt{2}} > \sqrt{2}$, 成立. 设 $\frac{1}{\sqrt{1}} + \frac{1}{\sqrt{2}} + \frac{1}{\sqrt{3}} + \cdots + \frac{1}{\sqrt{k}} > \sqrt{k}$, 则对 $n = k+1$, 我们有

$$\frac{1}{\sqrt{1}}+\cdots+\frac{1}{\sqrt{k}}+\frac{1}{\sqrt{k+1}}$$
$$>\sqrt{k}+\frac{1}{\sqrt{k+1}}$$
$$=\frac{\sqrt{k(k+1)}+1}{\sqrt{k+1}}$$
$$>\frac{\sqrt{k\cdot k}+1}{\sqrt{k+1}}$$
$$=\frac{k+1}{\sqrt{k+1}}$$
$$=\sqrt{k+1}$$

14. 证明:如果 $x_1,x_2,\cdots,x_n$ 是正实数,使 $x_1x_2\cdots x_n=1$,那么
$$x_1+x_2+\cdots+x_n\geqslant n$$

**证** 第1步. 对 $n=1$,我们只有 $x_1=1$,于是可记 $x_1\geqslant 1$.

第2步. 我们设这个命题对 $n=k$ 成立,则
$$x_1x_2\cdots x_k=1\Rightarrow x_1+x_2+\cdots+x_k\geqslant k$$

第3步. 现在考虑 $n=k+1$ 个正实数 $x_1,x_2,\cdots,x_k,x_{k+1}$,使
$$x_1x_2\cdots x_kx_{k+1}=1$$

如果它们都等于1,那么我们马上可以记
$$x_1+x_2+\cdots+x_k+x_{k+1}=k+1\geqslant k+1$$

否则至少有1个数大于1,至少有1个数小于1.不失一般性,设这2个数分别是 $x_k$ 与 $x_{k+1}$,则我们可以写出下式
$$x_1x_2\cdots x_kx_{k+1}=1$$
$$\Rightarrow x_1x_2\cdots(x_kx_{k+1})=1$$
$$\Rightarrow x_1+x_2+\cdots+(x_kx_{k+1})\geqslant k \tag{1}$$

我们由此要怎样证明这个结果呢?如果我们知道了 $x_k+x_{k+1}\geqslant x_kx_{k+1}+1$,那么它会帮助我们,因为我们只要把这个不等式加到不等式(1)上,就证毕.于是我们看出,如果确实有 $x_k+x_{k+1}\geqslant x_kx_{k+1}+1$,那么
$$x_k+x_{k+1}\geqslant x_kx_{k+1}+1\Leftrightarrow(x_k-1)(1-x_{k+1})\geqslant 0$$

成立,因为我们设 $x_k>1,x_{k+1}<1$.

现在我们知道 $x_k+x_{k+1}\geqslant x_kx_{k+1}+1$,所以我们可以把它加到不等式(1)上,得出
$$x_1+x_2+\cdots+(x_kx_{k+1})+x_k+x_{k+1}\geqslant k+x_kx_{k+1}+1$$

消去同类项后,得出要求的结果
$$x_1+x_2+\cdots+x_k+x_{k+1}\geqslant k+1$$

**注** 我们在 1.14 节中利用这个结果来证明 AM − GM 不等式.

## 2.6 计 数 II

1. 今有 10 本不同的书,其中 5 本数学书,5 本历史书,要求排列在书架上.如果要求把所有数学书放在所有历史书的左边,那么可以有多少种不同的放法?

**解** 对最左边的位置,我们可以选出 5 本数学书中 1 本,对下 1 个位置,我们可以选出剩下 4 本数学书中 1 本,等等.于是数学书可以有 5! 种方法排列.类似的,5 本历史书可以有 5! 种方法排列.因此最后答案是
$$5! \cdot 5! = 120^2 = 14\,400$$

2. 重复前一问题,但稍作改变:如果所有数学书不是都不同的,其中有 2 本相同的书,那么可以有多少种不同的放法?

**解** 如果我们假设所有的书是不同的,与以前一样地计算,我们将犯错误,因为每本书的排列有另一种排列,后者与前者不可区别,其中 2 本相同的书被交换了.因此我们看出,以前计算得出的每个真正不同排列数增加 1 倍了.于是答案是
$$\frac{5! \cdot 5!}{2} = 7\,200$$

3. 10 只蚂蚁在一条直线上爬行.其中 2 只带红花叶,3 只带绿花叶,剩下的 5 只带黄花叶.它们可以有多少种不同的颜色排列?

**解 1** 如果每只蚂蚁带不同颜色花叶,那么它们有 10! 种不同排列.但是,每个这样假定的颜色排列都在总数为 2! 个颜色排列集合中,它们彼此完全不可区别,因为 2 只蚂蚁带相同红色花叶.于是我们必须把 10! 除以 2!.类似的,我们要除以 3! 与除以 5!,最后答案是
$$\frac{10!}{2!\,3!\,5!} = \frac{3\,628\,800}{2 \cdot 6 \cdot 120} = 2\,520$$

**解 2** 另一解法是首先固定 2 只蚂蚁,把带红色的留下,其次固定 3 只蚂蚁,把带绿色的留下:$\binom{10}{2}\binom{10}{3} = 2\,520$.注意也有 $\binom{10}{3}\binom{10}{5} = \binom{10}{5}\binom{10}{2} = 2\,520$.你要怎样解释这些解呢?

4. 如果要求方程
$$x_1 + x_2 + \cdots + x_k = n$$
一定有非负整数解,那么方程有多少个不同的解?

**解** 我们首先考虑特例
$$x_1 + x_2 + x_3 = 4$$

这个方程的非负整数解是:$(0,0,4),(0,1,3),(0,2,2),(0,3,1),(0,4,0),(1,0,3),(1,1,2),(1,2,1),(1,3,0),(2,0,2),(2,1,1),(2,2,0),(3,0,1),(3,1,0),(4,0,0)$. 有15个这样的解. 如果我们尝试解答更多这样的例子, 那么可以看出, 解总是二项式系数, 我们还可以提及充分的规律性, 写出它的公式: $\binom{n+k-1}{n}$.

为了解答最一般的情形, 我们利用费勒(Feller)的"星号与条线"方法. 我们从排列在直线上的 $n$ 个星号开始(在图 2.6.1 中 $n=10$). 我们看出可以用多少种方法把它们分为 $k$ 组(在图 2.6.2 中 $k=6$), 表示我们的 $k$ 个变量的每个变量. 为了表示这种情形, 我们用 $k-1$ 条竖直条线来分开各组(变量). 例如这个图表示可能的解

$$x_1=3, x_2=2, x_3=1, x_4=0, x_5=2, x_6=2$$

一般的, 我们利用 $n$ 个星号与 $k-1$ 条条线可以组成多少个不同的图形呢?

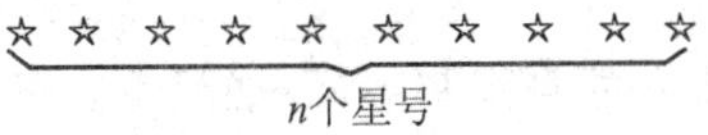

☆ ☆ ☆ ☆ ☆ ☆ ☆ ☆ ☆ ☆
$n$ 个星号

图 2.6.1

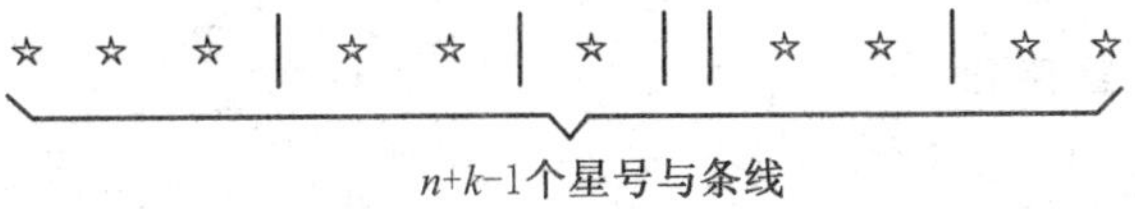

☆ ☆ ☆ | ☆ ☆ | ☆ | | ☆ ☆ | ☆ ☆
$n+k-1$ 个星号与条线

图 2.6.2

如果它们都是不同的对象, 那么总数是 $(n+k-1)!$, 但是其中有 $n$ 个不可区别的星号与 $k-1$ 条不可区别的条线, 因此总数是

$$\frac{(n+k-1)!}{n!(k-1)!}=\binom{n+k-1}{n}$$

**注** 这个问题作为许多其他外表上无关问题的原型.

5. 如果方程

$$a+b+c=25$$

对变量有约束: $a\geqslant 5, b\geqslant 6, c\geqslant 0$, 那么方程有多少个整数解?

**解** 为了把本题与前一问题联系起来, 我们引入代换

$$a=x+5$$
$$b=y+6$$
$$c=z+0$$

其中, $x,y,z$ 是非负整数.

原方程变为

$$x+y+z=14$$

这有 $\binom{14+3-1}{14} = \binom{16}{14} = \binom{16}{2} = \frac{16 \cdot 15}{2} = 120$ 个非负整数解. 其中每个解对应于原方程的解, 因此原方程也有 120 个解.

6. 有多少个十位数使它各位的数字和等于 7?

**解** 本题等价于解有约束 $0 < a_1 < 10, 0 \leqslant a_2, a_3, \cdots, a_{10} < 10$ 的方程
$$a_1 + a_2 + \cdots + a_{10} = 7$$
因为要求的数字和是 $7 < 10$, 所以我们可以把本题作为前一问题一样的解, 引入代换 $a_1 = x_1 + 1, a_2 = x_2, \cdots, a_{10} = x_{10}$, 于是方程变为
$$x_1 + x_2 + \cdots + x_{10} = 6$$
解必须是非负整数. 这个方程的解有
$$\binom{6+10-1}{6} = \binom{15}{6} = 5\,005 (个)$$

7. 教室中有 25 个孩子, 他们的身高都不同. 如果身高最高的孩子与身高最矮的孩子:
(1) 站在一条直线的两端;
(2) 一定互相紧挨着;
(3) 一定不互相紧挨着;
那么他们分别有多少种方法站成一条直线?

**解** (1) 最高者与最矮者的位置有 2 种可能性: 最高者在前面 (在最矮者一定在末端时); 最矮者在前面 (在最高者一定在末端时). 对这 2 种可能性的每 1 种可能性, 其他孩子们有 23! 种不同排列, 因此答案是 $2 \cdot 23!$.

(2) 最高者与最矮者可以同时在 24 个不同位置上, 每人有 2 种不同方法. 对每个这样的情形, 其他孩子们有 23! 种不同位置, 因此总数是 $2 \cdot 24 \cdot 23! = 2 \cdot 24!$.

(3) 所有 25! 种不同的直线排列可以分为 2 类: 第 1 类是最高者与最矮者在一起, 第 2 类是它们不在一起. 我们已经知道第 1 类有 $2 \cdot 24!$ 种排列, 因此第 2 类将有 $25! - 2 \cdot 24! = (25-2) \cdot 24! = 23 \cdot 24!$ 种排列.

8. 教室中有 16 个男孩与 16 个女孩. 如果:
(1) 没有约束;
(2) 男孩与女孩一定交错地站着 (即男孩, 女孩, 男孩, 女孩, ……, 或女孩, 男孩, ……, 女孩, 男孩, ……);
(3) 序列一定是女孩, 女孩, 男孩, 女孩, 女孩, 男孩 ……
那么他们分别有多少种方法站成一条直线?

**解** (1) 对直线上第 1 个位置, 我们有 32 种选择; 对第 2 个位置, 有 31 种选择; 等等. 按照乘法原理, 不受限制的可能排列总数是 32!.

(2) 我们考虑 2 种情形: 第 1 种情形是女孩站在直线上第 1 个位置, 另一种情形是男

孩站在第 1 个位置. 在第 1 种情形下, 我们对第 1 个位置有 16 种选择, 对第 2 个位置有 16 种选择, 对第 3 个位置有 15 种选择, 对第 4 个位置有 15 种选择, 等等. 因此第 1 个位置是女孩的排列总数是 $(16!)^2$. 男孩在第 1 个位置有相同排列数, 因此答案是 $2(16!)^2$.

(3) 在这种情形下, 答案是 $(16!)^2$.

9. 20 个理事被分配到 5 个委员会中, 每个委员会有不同的任务, 分别有 3, 3, 3, 5, 6 个成员. 有多少种方法可以完成这种分配? 注意, 委员会的所有成员有相同的职能, 因此委员会成员们的顺序是无关紧要的.

**解 1** 我们可以从在直线上依次安排理事们开始, 首先 3 个理事安排在委员会 1 中, 其次 3 个理事安排在委员会 2 中, 等等. 首先 3 个理事所有 $3!=6$ (个) 不同次序视作相同委员会, 其次 3 个理事所有 6 个不同次序, 再次 3 个理事所有 6 个不同次序, 第 4 次 5 个理事所有 $5!$ 个不同次序, 最后 6 个理事所有 $6!$ 个不同次序分别视作相同委员会, 结果是

$$\frac{20!}{3!\,3!\,3!\,5!\,6!}$$

**解 2** 解答本题的另一种方法是说, 我们可以用 $\binom{20}{3}$ 种不同方法选出第 1 个委员会, 其次用 $\binom{17}{3}$ 种不同方法选出第 2 个委员会, 再次用 $\binom{14}{3}$ 种不同方法选出第 3 个委员会, 第 4 次用 $\binom{11}{5}$ 种不同方法选出第 4 个委员会, 第 5 次用 $\binom{6}{6}$ 种不同方法选出第 5 个委员会 (这只是 1 种方法, 因为我们一旦选出委员会 1~4 后, 最后的委员会成员是剩下的 6 个理事). 选择总数是

$$\binom{20}{3}\binom{17}{3}\binom{14}{3}\binom{11}{5}\binom{6}{6}$$

当然, 2 个结果应当相等. 实际上

$$\binom{20}{3}\binom{17}{3}\binom{14}{3}\binom{11}{5}\binom{6}{6} = \frac{20!}{3!\,17!} \cdot \frac{17!}{3!\,14!} \cdot \frac{14!}{3!\,11!} \cdot \frac{11!}{5!\,6!} \cdot \frac{6!}{6!\,0!}$$

$$= \frac{20!}{3!\,3!\,3!\,5!\,6!}$$

**注** 这些委员会的命名不影响这些排列的总数, 因此我们希望 $\binom{20}{6}\binom{14}{5}\binom{9}{3}\binom{6}{3}\binom{3}{3}$, $\binom{20}{5}\binom{15}{6}\binom{9}{3}\binom{6}{3}\binom{3}{3}$ 与其他类似表达式都相等. 实际上, 它们都等于 $\dfrac{20!}{3!\,3!\,3!\,5!\,6!}$.

## 2.7 概 率 Ⅱ

1. 投 2 个合格的标准六面骰子得出总点数 10 的概率是多少?

**解** 当 $4+6,5+5,6+4$ 时我们得出 10,总方法数为 3.投 2 个骰子共有 $6 \cdot 6$ 种方法.因此投出总点数 10 的概率是 $\frac{3}{36}=\frac{1}{12}$.

2. 从数 1,2,3,4,5,6 中随机取出 2 个不同的数.它们的积是偶数的概率是多少?

**解** 考虑集合 $\{1,2,3,4,5,6\}$ 的所有 2 个元素的子集(有 15 个子集),计算所有这些子集,12 个子集至少各有 1 个偶元素(以致积是偶数),因此概率是 $\frac{12}{15}=\frac{4}{5}$.

解答本题的更一般方法是首先注意到,解互补性问题比解原问题更容易:得到奇数积的概率是多少? 当 2 个数来自子集 $\{1,3,5\}$ 时,积将是奇数,这可以有 $\binom{3}{2}=3$ 种方法发生.我们从 6 个数中可以选出 2 个数的方法是 $\binom{6}{2}=15$,因此这个替换的问题(奇数积)的结果是 $\frac{3}{15}=\frac{1}{5}$,原问题的答案是 $1-\frac{1}{5}=\frac{4}{5}$.

3. 我们投 2 个合格的标准六面骰子,所得出 2 个点数之差是偶数的概率是多少?

**解** 这个实验可以得出 $6 \cdot 6$ 个基本结果中,只有当两数都是偶数或奇数时,得数之差才是偶数.两数都是偶数有 $3 \cdot 3$ 种情形,而两数都是奇数也有另外 $3 \cdot 3$ 种情形.因此偶数差的概率是 $\frac{2 \cdot 3 \cdot 3}{6 \cdot 6}=\frac{1}{2}$.

4. 1 个袋子内有 4 张纸片,编号为 1,2,3,4.从中取出 3 张纸片,1 次 1 张,不替换,组成三位数.三位数是 3 的倍数的概率是多少?

**解 1** 首先我们来看这个实验可以得出多少个基本结果,不管得出的三位数是否可被 3 整除.第 1 个数字可以用 4 种不同方法选出,第 2 个数字可以用 3 种方法选出,第 3 个数字可以用 2 种不同方法选出,共有 $4 \cdot 3 \cdot 2=24$ 个可能的 3 个数字的结果.其中有多少个结果可被 3 整除? 当且仅当它的数字和可被 3 整除时,三位数才可被 3 整除.在可能的 24 个结果中,只有以下各数的数字和可被 3 整除:123,132,213,231,234,243,312,321,324,342,423,432.因此概率是 $\frac{12}{24}=\frac{1}{2}$.

**解 2** 另一个更好的解本题方法是再回忆著名事实:当且仅当 1 个数的各数字和被 3 整除时,这个数才可被 3 整除.因为 $1+2+3+4=10=3 \cdot 3+1$ 被 3 除时有余数 1,所以为了使这个和可被 3 整除,我们必须省略去具有余数 1 的数.于是我们应当省略去 1 或 4.

如果随机地取数,那么这 4 个数中每个数是等可能的,使最后 1 个数留在袋子内,从而它被省略了.因此概率是 $\frac{2}{4}=\frac{1}{2}$.

5.随机取出小于 2 017 的正偶数可被 3 整除的概率是多少?

**解** 显然,在偶数 2,4,6,8,10,…,2 016 中,所有三分之一的数(6,12,…,2 016)可被 3 整除,因此概率是 $\frac{1}{3}$.

6.投 2 个合格的标准六面骰子,所得的 2 个点数之积是 5 的倍数的概率是多少?

**解 1** 在 $6 \cdot 6 = 36$ 个可能的基本结果中,我们考虑得数可被 5 整除的那些结果.为使这发生,当且仅当得数中一数或两数是 5.当 5 在第 1 位时这发生 6 次,当 5 在第 2 位时这发生 6 次.我们不要忘记,用这种方法计算出结果(5,5)两次,因此概率是

$$\frac{6+6-1}{36}=\frac{11}{36}$$

**解 2** 用另一种方法,借助于积不可被 5 整除的概率,我们可以利用补概率求出

$$1-\frac{5 \cdot 5}{6 \cdot 6}=\frac{11}{36}$$

7.4 个包裹要交付给 4 个家庭,1 家 1 个.如果随机地交付这些包裹,那么恰有 2 个包裹付给正确的家庭的概率是多少?

**解** 有 $4 \cdot 3 \cdot 2 \cdot 1 = 24$ 种方法交付这些包裹.恰有 2 个包裹正确地交付给家庭的方法数与从 4 个数中选出 2 个数的方法数相同,即 $\binom{4}{2}=6$.于是概率是 $\frac{6}{24}=\frac{1}{4}$.

8.从 6 条长为 2,3,5,6,7,10 的线段中随机取出 3 条线段.这 3 条线段可以组成三角形的概率是多少?

**解** 总共有 $\binom{6}{3}=20$ 种方法从 6 个数中选出 3 个数.其中只有 9 个三元数组满足三角形不等式

$$a+b>c, b+c>a, c+a>b$$

9 个三元数组是:{2,5,6},{2,6,7},{3,5,6},{3,5,7},{3,6,7},{5,6,7},{5,6,10},{5,7,10},{6,7,10},因此概率是 $\frac{9}{20}$.

9.(**几何概率**) 如果 1 块小石子投入具有正方形底面的箱子中,它落在正方形上任何地方有相同的概率,求它落在正方形内接圆中的概率.

**解** 石子最后可以到达正方形中无限多点的任何一点.因此石子落在任何特殊点上,例如正方形中心上的概率等于 0.这使我们在以前问题中所用的概率定义不能应用在像这个问题上.但是在直观上,我们可以把概率定义为内接圆面积与正方形面积之比.如

果正方形的边长为 $a$,那么石子落在内接圆中的概率是 $P = \dfrac{\left(\dfrac{a}{2}\right)^2 \pi}{a^2} = \dfrac{\pi}{4}$.

10. 2 人 Al 与 Bo 分别随机取出一个小于 1 000 的正整数. 如果 $p$ 是 Al 取出的数可被 2 或 5 整除的概率,$q$ 是 Bo 取出的数可被 3 与 7 整除的概率,求 $p - q$.

**解** 在小于 1 000 的正整数中有 499 个数可被 2 整除,有 199 个数可被 5 整除. 其中 99 个数可被 2 与 5 二者整除. 因此

$$p = \frac{499 + 199 - 99}{999} = \frac{599}{999}$$

类似的

$$q = \frac{333 + 142 - 47}{999} = \frac{428}{999}$$

答案是

$$\frac{171}{999} = \frac{19}{111}$$

11. Jimmy 从一副 52 张卡片的标准纸牌中随机取出 3 张卡片. 正好取出 2 张红桃心卡片的概率是多少?

**解 1** 解本题的 1 种方法是说,这个概率是 3 个概率之和:前 2 张卡片是红桃心,而第 3 张不是;第 1 张与第 3 张是红桃心,而第 2 张不是;第 1 张不是红桃心,而第 2 张与第 3 张是

$$\frac{13}{52} \cdot \frac{12}{51} \cdot \frac{39}{50} + \frac{13}{52} \cdot \frac{39}{51} \cdot \frac{12}{50} + \frac{39}{52} \cdot \frac{13}{51} \cdot \frac{12}{50} = 3 \cdot \frac{12 \cdot 39}{4 \cdot 51 \cdot 50} = \frac{117}{850}$$

**解 2** 用另一种方法,我们可以说,有利的结果是从 13 张红桃心中选出 2 张,从 39 张非红桃心中选出 1 张,而可以从 52 张卡片中选出 3 张

$$\frac{\binom{13}{2}\binom{39}{1}}{\binom{52}{3}} = \frac{117}{850}$$

12. L. Bron 在一个明星篮球投篮游戏中,为了得总分 6 分,在最后 2 分钟内,他努力投篮. 他可能投中 3 分,2 分与 1 分(罚球). 设所有可能性是等可能的,他得 3 分的概率是多少?

**解** 得 6 分的可能方法是

$$1-1-1-1-1-1$$
$$1-1-1-1-2, 1-1-1-2-1, 1-1-2-1-1, 1-2-1-1-1, 2-1-1-1-1$$
$$1-1-2-2, 1-2-1-2, 1-2-2-1, 2-2-1-1, 2-1-2-1, 2-1-1-2, 2-2-1-1$$
$$2-2-2$$

$$1-1-1-3, 1-1-3-1, 1-3-1-1, 3-1-1-1$$
$$1-2-3, 1-3-2, 2-1-3, 3-1-2, 2-3-1, 3-2-1$$
$$3-3$$

因此概率是 $\frac{1}{24}$.

13. 如果 $n$ 是随机取出的小于 20 的正整数,求出使下式成立的概率
$$\frac{1}{1}+\frac{1}{2}+\frac{1}{3}+\cdots+\frac{1}{n}>\frac{5}{2}$$

**解** 我们来证明,对 $n=6$,这个和小于 $\frac{5}{2}$,而对 $n=7$,它大于 $\frac{1}{2}$,因为
$$\frac{1}{1}=1, \frac{1}{2}+\frac{1}{3}+\frac{1}{6}=1$$
与
$$\frac{1}{4}+\frac{1}{5}<\frac{1}{4}+\frac{1}{4}=\frac{1}{2}$$
我们求出
$$\frac{1}{1}+\frac{1}{2}+\frac{1}{3}+\frac{1}{4}+\frac{1}{5}+\frac{1}{6}<\frac{5}{2}$$
另一方面
$$\frac{1}{4}+\frac{1}{5}+\frac{1}{7}>\frac{1}{2}$$
从而对 $n \geqslant 7$
$$\frac{1}{1}+\frac{1}{2}+\frac{1}{3}+\cdots+\frac{1}{n}>\frac{5}{2}$$
因此要求的概率是 $\frac{13}{19}$.

14. John 有 2 条狗,名叫 HECTOR 与 OSCAR. 他收到 1 条新狗,命名为 STAR. 他把 11 张卡片放在帽子中,每张卡片写上 2 条较老狗名字的 1 个字母,使所有 11 个字母都出现在卡片上. 如果从帽子中随机地一张一张取出 4 张卡片,这些卡片上写的字母依次是 S,T,A,R 的概率是多少?

**解** 在帽子中有 11 张字母卡片,在 11 个机会中有 1 个机会取出 S 作为第 1 个字母. 然后只剩下 10 张字母卡片,于是在 10 个机会中有 1 个机会取出 T 作为第 2 个字母,再后在 9 个机会中有 1 个机会取出 A 作为第 3 个字母,最后,帽子中有 2 个字母 R,在 8 个机会中有 2 个机会取出字母 R 作为第 4 个字母. 因此,答案是 $\frac{1}{11} \cdot \frac{1}{10} \cdot \frac{1}{9} \cdot \frac{2}{8}=\frac{1}{3\,960}$.

## 2.8 斐波那契数

在以下问题中,首先算出 $n=1,2,3,4,5$ 的表达式的值,其次利用斐波那契数表(表 2.8.1)来算出一般结果,并用归纳法证明它.

表 2.8.1

| $n$ | 1 | 2 | 3 | 4 | 5 | 6 | 7 | 8 | 9 | 10 | 11 | 12 | ... |
|---|---|---|---|---|---|---|---|---|---|---|---|---|---|
| $F_n$ | 1 | 1 | 2 | 3 | 5 | 8 | 13 | 21 | 34 | 55 | 89 | 144 | ... |

1. $F_1 + F_2 + F_3 + \cdots + F_n = \cdots$

**解** 我们从对 $n=1,2,3,4,5,6,\cdots$ 计算这个和开始. 可见,如果我们可以找到任何规律性

$$n=1 \Rightarrow F_1 = 1$$
$$n=2 \Rightarrow F_1 + F_2 = 2$$
$$n=3 \Rightarrow F_1 + F_2 + F_3 = 4$$
$$n=4 \Rightarrow F_1 + F_2 + F_3 + F_4 = 7$$
$$n=5 \Rightarrow F_1 + F_2 + F_3 + F_4 + F_5 = 12$$
$$n=6 \Rightarrow F_1 + F_2 + F_3 + F_4 + F_5 + F_6 = 20$$

这应该足以使我们承认,这个和总比斐波那契数小 1. 哪个斐波那契数?易见它不是这个和中最后 1 个数 ($F_n$) 的下 1 个数 ($F_{n+1}$),而是这个 $F_{n+1}$ 后的数 $F_{n+2}$. 因此我们断定

$$F_1 + F_2 + F_3 + \cdots + F_n = F_{n+2} - 1$$
$$F_1 + F_2 + F_3 + \cdots + F_n + F_{n+1} = F_{n+2} - 1 + F_{n+1} = F_{n+3} - 1$$

2. $F_1 + F_3 + F_5 + \cdots + F_{2n-1} = \cdots$

**答** $F_{2n}$.

3. $F_2 + F_4 + F_6 + \cdots + F_{2n} = \cdots$

**答** $F_{2n+1} - 1$.

4. $F_1^2 + F_2^2 + F_3^2 + \cdots + F_n^2 = \cdots$

**答** $F_n F_{n+1}$.

5. $F_1 \begin{bmatrix} n \\ 1 \end{bmatrix} + F_2 \begin{bmatrix} n \\ 2 \end{bmatrix} + F_3 \begin{bmatrix} n \\ 3 \end{bmatrix} + \cdots + F_n \begin{bmatrix} n \\ n \end{bmatrix} = \cdots$

**答** $F_{2n}$.

6. 求 1680 年的卡西尼恒等式

$$F_{n-1} F_{n+1} - F_n^2 = \cdots$$

**解** 正确的公式是

$$F_{n-1}F_{n+1} - F_n^2 = (-1)^n$$

我们把写出完整的归纳法证明留给读者,而归纳步骤是计算

$$\begin{aligned}F_{n-1}F_{n+1} - F_n^2 &= F_{n-1}(F_n + F_{n-1}) - F_n(F_{n-1} + F_{n-2})\\ &= F_{n-1}^2 - F_{n-2}F_n\\ &= -(F_{n-2}F_n - F_{n-1}^2)\\ &= -(-1)^{n-1}\\ &= (-1)^n\end{aligned}$$

7. 西姆森在 1753 年发现了,当 $n$ 变得越来越大时,相继的斐波那契数之比 $F_{n+1}/F_n$ 越来越接近黄金分割比

$$\phi = \frac{1+\sqrt{5}}{2} \approx 1.618\,024\cdots$$

利用斐波那契数表计算这个比的前 11 个值.

**答** 例如 $\dfrac{144}{89} = 1.617\,977\,5\cdots$ 在极限值 $\phi$ 的 $0.003\,5\%$ 内.

8. 证明:2 个相继斐波那契数的最大公因数是 1.

**证** 用归纳法证明,根据以下定理,它是欧几里得算法的基础

$$\gcd(a, a+b) = \gcd(a, b)$$

这里是归纳步骤

$$\gcd(F_n, F_{n+1}) = \gcd(F_n, F_{n-1}+F_n) = \gcd(F_n, F_{n-1}) = \gcd(F_{n-1}, F_n) = 1$$

9. 证明:没有以不同斐波那契数为边长的三角形.

**证** 我们设这样的三角形存在,它的边是 $a = F_k, b = F_m, c = F_n$,其中 $a < b < c$. 三角形不等式表示 $c < a+b$. 在我们的斐波那契三角形中,我们将有

$$a+b = F_k + F_m \leqslant F_{m-1} + F_m = F_{m+1} \leqslant F_n = c$$

即 $c < a+b$,显然矛盾.

10. 我们以 $\phi$ 与 $\hat{\phi}$ 表示 2 次多项式 $x^2 - x - 1$(这是斐波那契数列的特殊多项式)的 2 个根,其中

$$\phi = \frac{1+\sqrt{5}}{2}, \hat{\phi} = \frac{1-\sqrt{5}}{2}$$

利用数学归纳法证明斐波那契数的比内公式(最初由棣莫弗在 1718 年发现)

$$F_n = \frac{\sqrt{5}}{5}(\phi^n - \hat{\phi}^n)$$

**证** 斐波那契数的定义依赖 2 个以前的值来计算新的值. 因此,我们用归纳法证明将从检验 2 个值作为基础情形与 2 部分的归纳假设开始.

第 1 步. $F_1 = 1 = \dfrac{\sqrt{5}}{5}(\phi^1 - \hat{\phi}^1)$ 与 $F_2 = 1 = \dfrac{\sqrt{5}}{5}(\phi^2 - \hat{\phi}^2)$.

第 2 步. 我们设 $F_k = \frac{\sqrt{5}}{5}(\phi^k - \hat{\phi}^k)$ 与 $F_{k+1} = \frac{\sqrt{5}}{5}(\phi^{k+1} - \hat{\phi}^{k+1})$.

第 3 步. 于是
$$F_{k+2} = F_k + F_{k+1} = \frac{\sqrt{5}}{5}(\phi^k - \hat{\phi}^k) + \frac{\sqrt{5}}{5}(\phi^{k+1} - \hat{\phi}^{k+1})$$
$$= \frac{\sqrt{5}}{5}(\phi^k(1+\phi) - \hat{\phi}^k(1+\hat{\phi}))$$

现在当 $1+\phi = \phi^2$ 与 $1+\hat{\phi} = \hat{\phi}^2$ 时,它确实是好的. 这实际上成立,因为 $\phi$ 与 $\hat{\phi}$ 满足 $x^2 - x - 1 = 0$. 这完成了证明.

11. 证明
$$\frac{1}{F_1 F_3} + \frac{1}{F_2 F_4} + \frac{1}{F_3 F_5} + \cdots + \frac{1}{F_{n-1} F_{n+1}} = 1 - \frac{1}{F_n F_{n+1}}$$

**证** $F_n = F_{n+1} - F_{n-1}$ 除以 $F_{n-1} F_n F_{n+1}$,得出等式,我们可以利用来压缩我们的和
$$\frac{1}{F_{n-1} F_{n+1}} = \frac{1}{F_{n-1} F_n} - \frac{1}{F_n F_{n+1}}$$

## 2.9 鸽笼原理

1. 为了确保我 2 次得出相同的点数之和,我必须投多少次 2 个合格的标准六面骰子?

**解** 投 1 个骰子有 6 个可能结果:1,2,3,4,5,6. 于是投 2 个骰子有 11 个可能的和: 2,3,4,…,12,由鸽笼原理,我们必须投 2 个骰子 12 次,才能保证我们 2 次得出相同的和.

2. 证明:我们可以从任意 5 个整数中选出 3 个整数,使它们的算术平均值也是整数.

**证** 3 个数的算术平均值包含被 3 整除,于是这等价于弄清楚它们的和可被 3 整除. 所有的数被 3 除时有余数 0,1 或 2(mod 3). 如果我们从相同的余数类中有 3 个整数,即 3 个整数给出相同的剩余,那么我们就选出它们,因为它们的和可被 3 整除. 否则(如果我们不能从相同余数类中找出 3 个数),在已知 5 个整数中,我们将从每一余数类中找出 1 个整数(鸽笼原理). 我们将使用它们,因为从不同余数类中取出的三数之和给出了可被 3 整除的和:$0 + 1 + 2 = 3$. 推出了结论.

3. 21 个男孩共有 200 美元. 证明:可以找到 2 个男孩有相同的钱数.

**证** 设相反,所有孩子有不同的钱. 于是总钱数是
$$0 + 1 + \cdots + 20 = \frac{20 \cdot 21}{2} = 210(美元)$$

矛盾. 由此推出,我们可以找出 2 个孩子有相同的钱.

4. 在 1 个房间中最少人数是多少,才能保证 2 人英文名字第 1 个字母相同?

**解** 在英文字母表中有26个字母,于是由鸽笼原理,我们需要27人或更多人才能保证2人或更多人名字第1个字母相同.

5. 抽屉中有10本法文图书,20本西班牙文图书,8本德文图书,15本俄文图书,25本意大利文图书. 为了确保我有12本相同文字的图书,我必须选出多少本图书?

**解** 我有5种文字的图书. 由鸽笼原理,我们必须在抽屉的每个洞中放11本书,然后增加1本书,可确定我有12本相同文字的书. 但是我的各洞中有2洞放的书少于11本,因此我需要$(10+11+8+11+11)+1=52$本书.

6. 在我的节目中我有几个笑话节目. 在每学年开始时,我向我的班级讲了这些笑话节目中的3个节目. 我已经讲了12年,从不重复这完全相同的3个笑话节目. 关于我的节目中的笑话数量,你可以说出什么结果?

**解** 如果我不重复完全相同的3个笑话,由鸽笼原理,我一定至少有3个笑话的12个不同集合. 我节目中的4个笑话只给我$\binom{4}{3}=4$个集合. 5个笑话给出$\binom{5}{3}=10$个集合. 我节目中的6个笑话给我$\binom{6}{3}=20$个不同集合,这就足够了. 答案是至少6个笑话.

7. 在教室中有30个大学生. 在键盘技能考试中,1个学生犯了12个错误,而其他学生犯了较少错误. 证明:至少有3个学生犯了相同数量的错误.

**证** 如果1个学生犯了12个错误,那么剩下的29个学生犯了0,1,2,3,4,5,6,7,8,9,10或11个错误. 有多于$12·2$个学生共同犯了12个错误. 因此有3个或更多学生共同犯了至少1个错误.

**注** 在以上情形中,我们利用了以下鸽笼原理的加强形式:如果把多于$km$个对象放进$m$个鸽笼中,那么某个鸽笼包含多于$k$个对象.

8. 食堂有95张饭桌,共有465个座位. 我们能否确定1张饭桌可以坐6人或更多人?

**解** 有95张饭桌与少于$5·95=475$(个)座位. 于是鸽笼原理不能保证1张桌子可以坐6人. 实际上,易见我们不能在有多于5个椅子的桌子旁安排椅子,因此我们不能确定1张桌子可以坐6人或更多人.

9. 我必须投多少次1个合格的标准六面骰子,才能确保我2次得到相同的点数?

**解** 有6个可能结果. 由鸽笼原理,我必须投骰子7次才能确定我2次得到相同点数.

10. 证明:在边长为1的等边三角形内任何5点中,有2点之间的距离至多为$\frac{1}{2}$.

**证** 作三角形,标出每边的中点. 联结这些点成为4个较小的等边三角形. 由鸽笼原理,4个小三角形之一一定包含我们的5点中2点或更多点. 在同一区域中没有2点的距离大于半个单位.

11. 证明:在 27 个小于 100 的不同正奇数中,至少有 2 个数之和是 102.

**证** 只有 24 对小于 100 的正奇数之和是 102:3+99,…,49+53.注意,2 个小于 100 的正奇数不能表示这些对:1 与 51.如果我们只选出 26 个整数,那么可以选出 1 与 51,从 24 对每对中选出一数.其中没有 1 对之和为 102.但是在本题中,我们必须选出 27 个数,于是必须从 1 对数中选出第 2 个数,所以我们不能不选择和为 102 的 2 个数.

## 2.10 第 2 套问题

1. 包含数字 5 的三位数有多少个?

**解 1** 第 1 个数字为 5 的三位数有 $1 \cdot 10 \cdot 10 = 100$ 个,第 2 个数字为 5 而第 1 个数字不是 5(为了避免重复计算)的三位数有 $8 \cdot 1 \cdot 10 = 80$ 个,第 3 个数字为 5 而前 2 个数字不是 5 的三位数有 $8 \cdot 9 \cdot 1 = 72$ 个.因此有 $100 + 80 + 72 = 252$ 个这样的数.

**解 2** 我们首先可以用互补性问题来解本题:不含数字 5 的三位数有多少个?它们的个数是 $8 \cdot 9 \cdot 9$ 个.从三位数的个数减去 $8 \cdot 9 \cdot 9$ 得出结果
$$900 - 8 \cdot 9 \cdot 9 = 900 - 648 = 252$$

2. 我们必须从有 30 个孩子的班级中选出 10 人代表班级去参加数学比赛.如果:

(1) 没有限制;

(2) 学生 A 说,只有他的好朋友 B 也参加比赛时,他才参加;

那么我们分别有多少种方法做这件事?

**解** (1) 可能的队数是 $\binom{30}{10} = 30\ 045\ 015$.

(2) 解答本题的 1 种方法是分别计算 A 参加(因此 B 也参加)与 A 不参加时的所有可能队数

$$\binom{28}{8} + \binom{29}{10} = 23\ 138\ 115$$

解答本题的另一种方法是计算 A 参加但 B 不参加时的队数,并从总队数减去这个数

$$\binom{30}{10} - \binom{28}{9} = 23\ 138\ 115$$

3. 在平面上有 2 015 个点,没有 3 个点共线(没有 3 个点在同一条直线上).我们通过每个点作 5 条直线,以致最后每条直线只包含原来的各点之一,没有 2 条直线平行,没有 3 条直线共点,除了原来的点以外.不计算原来的点数,我们得出多少个交点?

**解 1** 我们把本题推广,以致原点数为 $m$,通过每个点的直线数为 $n$.共有 $mn$ 条直线.一般的,$k$ 条直线至多相交 $\binom{k}{2}$ 个点.在我们的情形下是 $\binom{mn}{2}$ 个点.但是我们必须从

这个数减去与我们原来的点重合的交点数. 对我们 $m$ 个原来的点, $n$ 条直线相交于单一点, 而不是 $\binom{n}{2}$ 个点. 于是总数是 $\binom{mn}{2} - m\binom{n}{2}$.

**解2** 解答本题的另一种方法是注意到, 对每对原来的点, 它们的直线组成 $n^2$ 个交点. 我们可以用 $\binom{m}{2}$ 种不同方法来选出各对点, 因此解是 $\binom{m}{2}n^2$. 这 2 个解是相等的. 实际上

$$\binom{mn}{2} - m\binom{n}{2} = \frac{mn(mn-1)}{2} - m\frac{n(n-1)}{2} = \frac{m(m-1)n^2}{2} = \binom{m}{2}n^2$$

4. 从 1 副 52 张卡片的纸牌中取出 2 张卡片, 它是 1 对卡片 (例如黑桃 K 与红桃 K) 的概率是多少?

**解1** 可以取出一共 $52 \cdot 51$ 个可能的 2 张卡片组合. 对每张卡片可能有 $4 \cdot 3$ 对, 从而我们共有 $13 \cdot 4 \cdot 3 = 52 \cdot 3$ 个可能的对. 因此我们考虑的概率是

$$\frac{52 \cdot 3}{52 \cdot 51} = \frac{1}{17}$$

**解2** 更好的方法是设想依次取卡片. 不管第 1 次取出什么卡片, 在取出第 2 张卡片时, 剩下的 51 张卡片中的 3 张卡片将给出 1 对. 因此得出 1 对的概率是 $\frac{3}{51} = \frac{1}{17}$.

5. (**蒲丰投针**) 在本题中, 我们考虑 1 个求 $\pi$ 的近似值的实验. 取 1 张大的纸 (至少是通常在计算机打印机上用的字母大小的纸), 在纸上画出平行线, 使相邻平行线之间距离等于 $d$ (例如用 $d = 4$ cm). 取 1 支长 $l < d$ (例如 $l = 2$ cm) 的缝衣针或牙签. 可以证明: 随机投下的针将以概率 $P = \frac{2l}{\pi d}$ 与任何 1 条平行线相交. 考虑这个实验可以怎样用来求 $\pi$ 的近似值, 以你可以做到的那么多次实验 (至少 30 次) 来尝试.

**解** 如果我们做 $n$ 次这个实验, 在 $k$ 次实验中, 我们得到针与纸上 1 条直线相交, 可以记 $P \approx \frac{k}{n}$. 一般的, $n$ 的值越大, 这个近似值越好. 由此求出

$$\frac{2l}{\pi d} \approx \frac{k}{n}$$

因此

$$\pi \approx \frac{2nl}{kd}$$

注意, 如果我们选出 $l$ 与 $d$ 的值, 以致 $2l = d$, 那么 $\pi \approx \frac{n}{k}$. 如果我们选出 $n = 355$, 且有点幸运得出 $k = 113$, 那么对任何 $n < 100\,000$, 得出 $\pi$ 的最好的可能有理数近似值. 事实上, 下 1 个比较简单的 $\pi$ 近似值是 $\frac{103\,993}{33\,102}$. 这个数从哪里来? 请学习连分数.

6. 有 15 人参加 1 个派对,其中某人与另一些人握手.证明:至少有 2 人握手次数相同.

**证** 与任何 1 人可能握手的次数在集合 $\{0,1,2,\cdots,13\}$ 中或在集合 $\{1,2,\cdots,14\}$ 中. 但是 0 与 14 互斥,因为如果 1 人握手 14 次,那么所有其他人至少握手 1 次.于是可能握手 14 次与 15 人.由鸽笼原理,至少有 2 人握手相同次数.

7. 证明:从已知 17 个整数中可以选出 5 个数,使它们的和可被 5 整除.

**证** 对模 5 有 5 类整数(被 5 除后的余数):0,1,2,3,4.对 17 个整数有 2 种可能性:

(1) 如果从每类中至少取 1 个数,那么我们选出它们,因为从不同类中取出的 5 个数之和可被 5 整除:$0+1+2+3+4=10$.

(2) 否则,在 17 个数中至多有 4 类.由鸽笼原理,1 类至少包含 5 个数.我们将选出它们,因为同类中的 5 个数之和可被 5 整除.

注意,本题并不"严格".代替 17 个数,9 个数就足够了.已经没有 8 个整数,例如 5,6,10,11,15,16,20,21.这里要求对 9 个整数证明本题.

8. 证明:在边长为 2 的正方形内选出的任何 5 点中,有 2 点之间的距离至多是 $\sqrt{2}$.

**证** 把已知正方形分为 4 个单位正方形.对 5 点,1 个单位正方形至少包含 2 点.在同一个单位正方形中任何 2 点之间的最大距离是 $\sqrt{2}$,这发生在这 2 点在对角线相对顶点上时.

9. 半径为 1 的圆盘被 7 个相同的较小圆盘覆盖(它们可以重叠).证明:各个较小圆盘的半径不能小于 $\dfrac{1}{2}$.

**证** 回忆,单位圆的弦可以组成等边三角形.因此弦所张的圆心角为 $60°$.设 7 个圆盘的半径 $r<\dfrac{1}{2}$.如果这样的圆盘与单位圆的边界相交,那么它与边界圆的交点至多相距 $2r<1$.因此它包含少于 $60°$ 的边界圆的弧.这对 6 条这样的弧完全覆盖边界圆是不可能的.从而 7 个小圆一定与单位圆盘的边界相交.但是因为它们的半径 $r<\dfrac{1}{2}$,并且与边界相交,所以得出它们不能包含单位圆盘圆心(它到边界的距离 $1>2r$).但是这与以下事实矛盾:假设 7 个圆盘覆盖单位圆盘.可见我们一定有 $r\geqslant\dfrac{1}{2}$.

10. 在图 2.10.1 中,把各圆中的各数相加,将看出帕斯卡三角形中的神秘图样.

**解** 如果我们把如图 2.10.1 所示的帕斯卡三角形的元素相加,于是得 89.沿着这个三角向上,把平行线上的数相加,得 55,34,21,13,8,5,3,2,1,1.这是强归纳法,我们在帕斯卡三角形中求出斐波那契数列,即

$$\binom{n}{0}+\binom{n-1}{1}+\binom{n-2}{2}+\binom{n-3}{3}+\cdots=F_{n+1}$$

这个恒等式可以用归纳法证明.

$$
\begin{array}{c}
1\\
1\quad 1\\
1\quad 2\quad 1\\
1\quad 3\quad 3\quad 1\\
1\quad 4\quad 6\quad 4\quad 1\\
1\quad 5\quad 10\quad 10\quad 5\quad ①\\
1\quad 6\quad 15\quad 20\quad ⑮\quad 6\quad 1\\
1\quad 7\quad 21\quad ㉟\quad 35\quad 21\quad 7\quad 1\\
1\quad 8\quad ㉘\quad 56\quad 70\quad 56\quad 28\quad 8\quad 1\\
1\quad ⑨\quad 36\quad 84\quad 126\quad 126\quad 84\quad 36\quad 9\quad 1\\
①\quad 10\quad 45\quad 120\quad 210\quad 252\quad 210\quad 120\quad 45\quad 10\quad 1
\end{array}
$$

图 2.10.1 帕斯卡三角形的神秘图样

11. 令 $a_0 = 0, a_1 = a_2 = 1$, 对所有 $n \geqslant 2$, 令 $a_{n+1} = 2a_n + 2a_{n-1} - a_{n-2}$. 证明: 对所有 $n$, $a_n$ 是完全平方数.

**证** 考虑 $n$ 的小值, 我们得

$$a_3 = 4 = (F_3)^2$$
$$a_4 = 9 = (F_4)^2$$
$$a_5 = 25 = (F_5)^2$$

与 $a_0 = (F_0)^2, a_1 = (F_1)^2, a_2 = (F_2)^2$ 一起, 这使我们有很大把握推测了, 对所有 $n \geqslant 0$, $a_n = (F_n)^2$. 我们将用强归纳法证明这一点.

设对所有非负 $k \leqslant n$, 设 $a_k = (F_k)^2$. 我们需要证明 $a_{n+1} = (F_{n+1})^2$. 按照我们的归纳假设, 我们有

$$a_n = (F_n)^2, a_{n-1} = (F_{n-1})^2, a_{n-2} = (F_{n-2})^2$$

于是

$$a_{n+1} = 2a_n + 2a_{n-1} - a_{n-2} = 2(F_n)^2 + 2(F_{n-1})^2 - (F_{n-2})^2$$

我们现在利用恒等式

$$2x^2 + 2y^2 = (x+y)^2 + (x-y)^2$$
$$F_n + F_{n-1} = F_{n+1}$$

与

$$F_n - F_{n-1} = F_{n-2}$$

得出

$$a_{n+1} = (F_{n+1})^2 + (F_{n-2})^2 - (F_{n-2})^2 = (F_{n+1})^2$$

正是要求的.

## 2.11 二次方程

1. 解以下方程：

(1) $x^2 - 5x + 6 = 0$；

(2) $x^2 + x - 6 = 0$；

(3) $x^2 - 8x + 16 = 0$；

(4) $x^2 - 2x + 5 = 0$.

**答案** (1) $x_1 = 2, x_2 = 3$.

(2) $x_1 = -3, x_2 = 2$.

(3) $x_1 = x_2 = 4$.

(4) $x_1 = 1 + 2i, x_2 = 1 - 2i$.

2. 解以下方程：

(1) $2x^2 + x - 1 = 0$；

(2) $15x^2 + 2x - 1 = 0$；

(3) $16x^2 + 8x + 1 = 0$；

(4) $x^2 - x + 1 = 0$；

(5) $x^2 - x - 1 = 0$.

**答案** (1) $x_1 = \dfrac{1}{2}, x_2 = -1$.

(2) $x_1 = -\dfrac{1}{3}, x_2 = \dfrac{1}{5}$.

(3) $x_1 = x_2 = -\dfrac{1}{4}$.

(4) $x_1 = \dfrac{1}{2} + i\dfrac{\sqrt{3}}{2}, x_2 = \dfrac{1}{2} - i\dfrac{\sqrt{3}}{2}$.

(5) $x_1 = \dfrac{1+\sqrt{5}}{2}, x_2 = \dfrac{1-\sqrt{5}}{2}$.

3. 证明：如果 $x_1$ 与 $x_2$ 是方程 $ax^2 + bx + c = 0$ 的解，那么
$$ax^2 + bx + c = a(x - x_1)(x - x_2)$$

**证** 我们把 $x_{1,2} = \dfrac{-b \pm \sqrt{b^2 - 4ac}}{2a}$ 代入表达式 $a(x - x_1)(x - x_2)$，看我们是否得出 $ax^2 + bx + c$

$$a(x - x_1)(x - x_2) = a\left(x - \dfrac{-b - \sqrt{b^2 - 4ac}}{2a}\right)\left(x - \dfrac{-b + \sqrt{b^2 - 4ac}}{2a}\right)$$

$$= a\left(x + \frac{b}{2a} + \frac{\sqrt{b^2-4ac}}{2a}\right)\left(x + \frac{b}{2a} - \frac{\sqrt{b^2-4ac}}{2a}\right)$$

$$= a\left(\left(x + \frac{b}{2a}\right)^2 - \left(\frac{\sqrt{b^2-4ac}}{2a}\right)^2\right)$$

$$= a\left(x^2 + \frac{b}{a}x + \frac{b^2}{4a^2} - \frac{b^2-4ac}{4a^2}\right)$$

$$= ax^2 + bx + c$$

**注** 当我们需要因式分解二次表达式时,我们将发现以上结果是极有用的 —— 我们常常可以在"头脑中"做这件事,但是如果我们不能做,那么我们首先要解二次方程,并利用这个结果.

4. 令方程 $ax^2 + bx + c = 0$ 的系数 $a,b,c$ 是整数. 证明:如果这个方程有整数解,那么这个解一定是常数项 $c$ 的因数. 利用这个结果求 $x^2 - 3x - 10 = 0$ 的解. 这是整数根定理.

**证** 如果 $n$ 是 $ax^2 + bx + c = 0$ 的整数解,那么 $an^2 + bn + c = 0$. 由此我们可以记
$$n(an + b) = -c$$
我们看出 $n$ 一定是 $c$ 的因数. 这就完成了证明.

我们知道,任何二次方程至多有 2 个解. 如果 $x^2 - 3x - 10 = 0$ 有任何整数解,那么它们一定是 10 的因数,于是候选数是 $\pm 1, \pm 2, \pm 5, \pm 10$. 尝试这些候选数,我们求出 $-2$ 与 5 是解. 如果我们依次用 $\pm 1, \pm 2, \pm 5$ 尝试它们,那么我们不需要尝试 $\pm 10$,因为我们不能有多于 2 个解.

**注** 这个结果不仅对二次三项式成立,而且对所有整系数多项式也成立.

5. 令方程 $ax^2 + bx + c = 0$ 的系数 $a,b,c$ 是整数. 证明:如果这个方程有有理数解 $\frac{p}{q}$,其中,$p,q$ 是互质的数(即它们没有任何公因数允许我们再约分),那么 $p$ 一定是 $c$ 的因数,而 $q$ 一定是 $a$ 的因数. 利用这个结果求 $2x^2 - 3x + 1 = 0$ 的解. 这是有理根定理.

**证** 如果 $\frac{p}{q}$ 是 $ax^2 + bx + c = 0$ 的有理数解,那么
$$a\frac{p^2}{q^2} + b\frac{p}{q} + c = 0$$
两边乘以 $q^2$,我们得出 $ap^2 + bpq + cq^2 = 0$.

我们看出 $p(ap + bq) = -cq^2$. 因为 $p$ 与 $q$ 没有公因数,所以 $p$ 一定是 $c$ 的因数. 类似的,我们求出 $q(bp + cq) = -ap^2$,因为 $p$ 与 $q$ 没有公因数,所以 $q$ 一定是 $a$ 的因数.

$2x^2 - 3x + 1 = 0$ 的有理数解的候选者应该在分子上有 1,在分母上有 1 或 2
$$\frac{1}{1}, -\frac{1}{1}, \frac{1}{2}, -\frac{1}{2}$$
尝试它们,我们求出解是 $\frac{1}{2}$ 与 1.

**注** 这个结果不仅对二次三项式成立,而且对所有的整系数多项式也成立.

6. 解以下方程:$x^3 - x^2 - 2x + 2 = 0$.

**解** 三次方程有 3 个解.让我们看这个方程是否顺利 —— 它是否有整数解.如果它没有整数解,那么可以看有理数解.在这种情形下,因为 $x^3$ 前的系数是 1,所以我们知道所有有理数解将是整数.于是不用计算机与不用三次求解公式,我们解这个方程的唯一机会是看它是否有整数解.

如果有,那么它一定是常数项 2 的因数,于是候选者是 $\pm 1$ 与 $\pm 2$. 尝试它们每个数,我们看出,只有 1 是整数解.这是好的开始,因为它告诉我们这个多项式一定有因式 $x - 1$. 知道了这些,我们尝试因式分解成 $x - 1$
$$x^3 - x^2 - 2x + 2 = x^2(x-1) - 2(x-1) = (x-1)(x^2-2)$$
剩下的 2 个解将是 $x^2 - 2 = 0$ 的解,于是
$$x_1 = 1, x_2 = \sqrt{2}, x_3 = -\sqrt{2}$$

7. 解以下方程:$(x+2)^3 - (x+1)^3 = 1$.

**解** 这个方程等价于
$$x^3 + 6x^2 + 12x + 8 - (x^3 + 3x^2 + 3x + 1) = 1$$
$$3x^2 + 9x + 6 = 0$$
即
$$x^2 + 3x + 2 = 0$$
$$(x+1)(x+2) = 0$$
$$x_1 = -1, x_2 = -2$$

**注** 这个解法依赖以下事实:$x$ 的 3 次项碰巧消去.将看出这会发生的 1 种方法是把 $(x+2)^3 - (x+1)^3$ 看作立方差,并利用因式分解 $a^3 - b^3 = (a-b)(a^2 + ab + b^2)$. 这种方法导致以下计算
$$[(x+2) - (x+1)][(x+2)^2 + (x+2)(x+1) + (x+1)^2] = 1$$
$$x^2 + 4x + 4 + x^2 + 3x + 2 + x^2 + 2x + 1 = 1$$
$$3x^2 + 9x + 6 = 0$$
即
$$x^2 + 3x + 2 = 0$$
$$\vdots$$

8. 解以下方程:$(x-a)^3 - (x-b)^3 = b^3 - a^3$.

**解** 这里我们可以把两边作为立方差进行因式分解,但是更简单的方法是展开左边并消去同类项
$$x^3 - 3ax^2 + 3a^2x - a^3 - (x^3 - 3bx^2 + 3b^2x - b^3) = b^3 - a^3$$

$$3(b-a)x^2 - 3(b^2-a^2)x = 0$$
$$(b-a)x(x-(a+b)) = 0$$

如果 $a=b$,那么所有实数 $x$ 是解.如果 $a \neq b$,那么只有解 $x_1 = 0$ 与 $x_2 = a+b$.

9. 解以下双二次方程(即不含奇次的四次方程)
$$x^4 - 10x^2 + 1 = 0$$

**解** 我们引入代换 $t = x^2$,则
$$t^2 - 10t + 1 = 0$$
$$t_{1,2} = \frac{10 \pm \sqrt{100-4}}{2} = 5 \pm 2\sqrt{6}$$

最后
$$x_{1,2,3,4} = \pm\sqrt{t_{1,2}} = \pm\sqrt{5 \pm 2\sqrt{6}}$$

即
$$x_{1,2,3,4} = \pm\sqrt{3} \pm \sqrt{2}$$

10. 用适当的代换解以下方程:

(1) $x(x+1)(x+2)(x+3) = 24$;

(2) $\left(x^2 + \dfrac{1}{x^2}\right) + 5\left(x + \dfrac{1}{x}\right) + 8 = 0$;

(3) $\left(x^2 + \dfrac{1}{x^2}\right) + 5\left(x - \dfrac{1}{x}\right) + 2 = 0$;

(4) $\dfrac{1}{x^2} + \dfrac{1}{(x+2)^2} = 2$;

(5) $\dfrac{x^2 + 2x + 7}{x^2 + 2x + 3} = x^2 + 2x + 4$.

**解** (1)我们可以马上看出 $x=1$ 是这个方程的解.让我们看看,为了求出其他3个解,我们可以做什么.如果我们把第1项与第4项结合,第2项与第3项结合,那么我们的方程可以改写为
$$(x^2 + 3x)(x^2 + 3x + 2) = 24$$

如果利用 $t = x^2 + 3x$,那么这个方程变为
$$t(t+2) = 24 \text{ 或 } t^2 + 2t - 24 = 0$$

$t$ 的解是
$$t_1 = -6, t_2 = 4$$

利用 $x$,得出2个独立的方程
$$x^2 + 3x - 4 = 0 \text{ 与 } x^2 + 3x + 6 = 0$$

它们的解是

$$x_1=-4, x_2=1, x_{3,4}=-\frac{3}{2}\pm\frac{\sqrt{15}}{2}\mathrm{i}$$

(2) 因为 $\left(x+\frac{1}{x}\right)^2=x^2+2+\frac{1}{x^2}$，所以我们可以利用代换 $t=x+\frac{1}{x}$，在这种情形下，我们可以记 $x^2+\frac{1}{x^2}=t^2-2$，于是我们的方程变为

$$t^2-2+5t+8=0$$

即

$$t^2+5t+6=0$$

于是

$$t_{1,2}=\frac{-5\pm\sqrt{25-24}}{2}$$

即

$$t_1=-3, t_2=-2$$

这引导我们得出 2 个独立方程

$$x+\frac{1}{x}=-3$$

$$x+\frac{1}{x}=-2$$

即

$$x^2+3x+1=0$$

$$x^2+2x+1=0$$

它们的解是

$$x_{1,2}=\frac{-3\pm\sqrt{5}}{2}$$

$$x_{3,4}=-1$$

(3) 在这种情形下，我们可以利用 $t=x-\frac{1}{x}$，以致 $x^2+\frac{1}{x^2}=t^2+2$。我们的方程变为

$$t^2+2+5t+2=0$$

即

$$t^2+5t+4=0$$

于是

$$t_{1,2}=\frac{-5\pm\sqrt{25-16}}{2}$$

即

$$t_1=-4, t_2=-1$$

这引导我们得出 2 个独立方程
$$x - \frac{1}{x} = -4$$
$$x - \frac{1}{x} = -1$$
即
$$x^2 + 4x - 1 = 0$$
$$x^2 + x - 1 = 0$$
它们的解是
$$x_{1,2} = -2 \pm \sqrt{5}$$
$$x_{3,4} = \frac{-1 \pm \sqrt{5}}{2}$$

(4) 我们的方程可以改写为
$$\frac{2x^2 + 4x + 2}{(x(x+2))^2} = 2 \text{ 或 } \frac{x(x+2) + 2}{(x(x+2))^2} = 1$$
用 $t = x(x+2)$,它变为
$$\frac{t+2}{t^2} = 1 \text{ 或 } t^2 - t - 2 = 0$$
于是
$$t_{1,2} = \frac{1 \pm 3}{2}$$
回到 $x$,我们得 2 个方程
$$x(x+2) = -1$$
$$x(x+2) = 2$$
即
$$x^2 + 2x + 1 = 0$$
$$x^2 + 2x - 2 = 0$$
于是
$$x_{1,2} = -1$$
$$x_3 = -1 - \sqrt{3}$$
$$x_4 = -1 + \sqrt{3}$$

(5) 用 $t = x^2 + 2x + 3$,这个方程变为(也尝试 $t = (x+1)^2$)
$$\frac{t+4}{t} = t + 1 \Rightarrow t + 4 = t^2 + t \Rightarrow t_{1,2} = \pm 2$$
回到 $x$

$$x^2+2x+3=\pm 2 \Rightarrow x^2+2x+(3\pm 2)=0$$

于是

$$x_{1,2}=-1$$
$$x_{3,4}=-1\pm 2i$$

11. 解以下方程：

(1) $(2x^2-3x+1)(2x^2+5x+1)=9x^2$；

(2) $(x+2)(x+3)(x+8)(x+12)=4x^2$；

(3) $\left(\dfrac{x}{x-1}\right)^2+\left(\dfrac{x}{x+1}\right)^2=90$.

**解** (1) 因为 $x=0$ 不是这个方程的解，所以我们可以把它除以 $x^2$，得

$$\left(2x+\frac{1}{x}-3\right)\left(2x+\frac{1}{x}+5\right)=9$$

用代换 $t=2x+\dfrac{1}{x}$，我们得出 $k$ 的二次方程

$$(t-3)(t+5)=9$$

即

$$t^2+2t-24=0$$

于是 $t_1=4, t_2=-6$. 回到变量 $x$，得 2 个方程，它们变为二次方程，给出 $x$ 的 4 个解

$$2x+\frac{1}{x}=4 \text{ 或 } 2x+\frac{1}{x}=-6$$
$$2x^2-4x+1=0 \text{ 或 } 2x^2+6x+1=0$$

因此

$$x_1=\frac{2-\sqrt{2}}{2}, x_2=\frac{2+\sqrt{2}}{2}, x_3=\frac{-3-\sqrt{7}}{2}, x_4=\frac{-3+\sqrt{7}}{2}$$

(2) 我们将利用事实：$2\cdot 12=3\cdot 8$，求因式 $(x+2)(x+12)$ 与因式 $(x+3)(x+8)$

$$(x^2+14x+24)(x^2+11x+24)=4x^2$$

因为 $x=0$ 不是解，所以可以把两边除以 $x^2$，得

$$\left(x+\frac{24}{x}+14\right)\left(x+\frac{24}{x}+11\right)=4$$

用代换 $t=x+\dfrac{24}{x}$，得出 $t$ 的二次方程

$$(t+14)(t+11)=4$$

它的解是 $t_1=-15, t_2=-10$. 这使我们得出 2 个 $x$ 的方程

$$x+\frac{24}{x}=-15 \text{ 或 } x+\frac{24}{x}=-10$$
$$x^2+15x+24=0 \text{ 或 } x^2+10x+24=0$$

因此
$$x_1 = \frac{-15-\sqrt{129}}{2}, x_2 = \frac{-15+\sqrt{129}}{2}, x_3 = -6, x_4 = -4$$

（3）当我们可以求左边两项的平方，并求出它们的公分母时，比较简单的方法是利用恒等式 $a^2+b^2=(a+b^2)-2ab$ 把已知方程改写为

$$\left(\frac{x}{x+1}+\frac{x}{x-1}\right)^2 - 2\left(\frac{x^2}{x^2-1}\right) = 90$$

$$4\left(\frac{x^2}{x^2-1}\right)^2 - 2\left(\frac{x^2}{x^2-1}\right) - 90 = 0$$

$$2\left(\frac{x^2}{x^2-1}\right)^2 - \frac{x^2}{x^2-1} - 45 = 0$$

记 $t = \frac{x^2}{x^2-1}$，我们得出

$$2t^2 - t - 45 = 0 \Rightarrow t_1 = -\frac{9}{2}, t_2 = 5$$

于是 $x$ 一定满足

$$\frac{x^2}{x^2-1} = -\frac{9}{2} \text{ 或 } \frac{x^2}{x^2-1} = 5$$

这 2 个方程是具有以下解的二次方程

$$x_{1,2} = \pm \frac{3\sqrt{11}}{11}$$

$$x_{3,4} = \pm \frac{\sqrt{5}}{2}$$

12. 解以下方程
$$x^4 - 2x^3 - 3x^2 - 2x + 1 = 0$$

**解** 这个方程是对称的，首先可以两边除以 $x^2$ 来解（注意 $x=0$ 不是解，于是我们不需要为这种情形担心；如果 $x=0$ 是解，那么我们仍然可以除以 $x^2$，但是还是可以弄清楚，我们把它列为解，因为它可以不表示剩下方程的解），当我们得出

$$x^2 - 2x - 3 - \frac{2}{x} + \frac{1}{x^2} = 0$$

时，把各项分组如下

$$x^2 + \frac{1}{x^2} - 2\left(x + \frac{1}{x}\right) - 3 = 0$$

我们看出这里可以利用代换 $t = x + \frac{1}{x}$，于是方程变为

$$t^2 - 2 - 2t - 3 = 0 \Rightarrow t^2 - 2t - 5 = 0 \Rightarrow t_{1,2} = \frac{2\pm\sqrt{4+20}}{2} = 1 \pm \sqrt{6}$$

这给出 $x$ 的 2 个独立方程

$$x + \frac{1}{x} = 1 + \sqrt{6}$$

$$x + \frac{1}{x} = 1 - \sqrt{6}$$

即

$$x^2 - (1+\sqrt{6})x + 1 = 0$$

$$x^2 - (1-\sqrt{6})x + 1 = 0$$

它们的解是

$$x_{1,2} = \frac{1 + \sqrt{6} \pm \sqrt{3 + 2\sqrt{6}}}{2}$$

$$x_{3,4} = \frac{1 - \sqrt{6} \pm \mathrm{i}\sqrt{2\sqrt{6} - 3}}{2}$$

13. 求以下方程中的实参数 $p$，使它们有实数解：

(1) $(p+3)x^2 - 2x + 1 = 0$；

(2) $x^2 + 2x + p = 0$.

**解** (1) 为使解是实数，当且仅当判别式 $\Delta = (-2)^2 - 4(p+3)$ 为非负的，即

$$4 - 4(p+3) \geqslant 0 \Leftrightarrow p + 3 \leqslant 1 \Leftrightarrow p \leqslant -2$$

如果 $p = -2$，那么解是实数且相等.

(2) 在这种情形下，条件是

$$4 - 4p \geqslant 0 \Leftrightarrow p \leqslant 1$$

如果 $p = 1$，那么解是实数且相等.

14. 证明：具有奇系数的二次方程不能有有理数解.

**证** 我们设具有奇系数 $a, b, c$ 的二次方程 $ax^2 + bx + c = 0$ 可能有有理根 $\frac{p}{q}$. 我们设这是既约分数，即 $p$ 与 $q$ 没有公因数. 特别，$p$ 与 $q$ 不是偶数. 由 $x = \frac{p}{q}$，我们可以记

$$\frac{ap^2}{q^2} + \frac{bp}{q} + c = 0$$

两边乘以 $q^2$，得

$$ap^2 + bpq + cq^2 = 0$$

它可以改写为

$$p(ap + bq) = -cq^2 \text{ 或 } q(bp + cq) = -ap^2$$

由第 1 个因式分解，我们看出，如果 $p$ 是偶数，那么 $q$ 一定是偶数；而由第 2 个因式分解，我们看出，如果 $q$ 是偶数，那么 $p$ 一定是偶数. 因为它们不能都是偶数，那么剩下的唯一可能

性是它们都是奇数,但是这时我们将有 $ap^2+bpq+cq^2=0$,3 个奇数之和等于 0,这不可能,矛盾. 这证明了具有奇系数的二次方程不能有有理数根.

15. 证明:如果方程 $ax^2+bx+c=0$ 与 $cx^2+bx+a=0$ 有共同的解,且 $a\neq c$,那么 $(a+c)^2=b^2$.

**证** 令 2 个方程共同的解是 $x_0$,则
$$ax_0^2+bx_0+c=0$$
$$cx_0^2+bx_0+a=0$$

2 个方程相减,我们得出
$$(a-c)x_0^2+c-a=0$$

即
$$(a-c)(x_0^2-1)=0$$

因为 $a\neq c$,所以我们一定有 $x_0^2=1$,于是 $x_0=\pm 1$. 回到以上方程,对 $x_0$ 的这 2 个值,得
$$a+b+c=0 \text{ 或 } a=b+c=0$$

在这 2 种情形中,我们都有
$$(a+c)^2=b^2$$

16. 解以下具有 $a,b\in \mathbf{R}^+$($a$ 与 $b$ 是正实数)的方程
$$\frac{x^2}{a}+\frac{ab^2}{x^2}=2\sqrt{2ab}\left(\frac{x}{a}-\frac{b}{x}\right)$$

**解** 这个方程可以改写为
$$a\left(\frac{x^2}{a^2}+\frac{b^2}{x^2}\right)=2\sqrt{2ab}\left(\frac{x}{a}-\frac{b}{x}\right)$$

我们看出可以利用
$$t=\frac{x}{a}-\frac{b}{x}$$

从而
$$\frac{x^2}{a^2}+\frac{b^2}{x^2}=t^2+\frac{2b}{a}$$

于是方程变为
$$a\left(t^2+\frac{2b}{a}\right)=2\sqrt{2ab}\,t$$
$$at^2-2\sqrt{2ab}\,t+2b=0$$

于是
$$t_{1,2}=\sqrt{\frac{2b}{a}} \quad (\text{二重解})$$

回到 $x$,我们得出

或
$$\frac{x}{a} - \frac{b}{x} = \sqrt{\frac{2b}{a}}$$

$$x^2 - \sqrt{2ab}\,x - ab = 0$$

因此

$$x_{1,2} = \frac{\sqrt{2ab}}{2}(1 \pm \sqrt{3}) \quad (\text{每个解是二重解})$$

17. 证明：如果 $a, b, c$ 是非零实数，使方程
$$ax^2 + bx + c = 0$$
$$bx^2 + cx + a = 0$$
$$cx^2 + ax + b = 0$$
有共同的实数解，那么这个解是 1. 求其他的解.

**证** 令 $t$ 是这 3 个方程的共同实数解，则
$$at^2 + bt + 0$$
$$bt^2 + ct + a = 0$$
$$ct^2 + at + b = 0$$

如果求这 3 个方程的和，我们得
$$(a+b+c)(t^2+t+1) = 0$$

对 $t$ 的任何实数值，表达式 $t^2 + t + 1$ 不能为 0（为什么？），于是我们断定 $a+b+c=0$. 因此易见 $t=1$ 满足所有 3 个方程.

如果方程 $ax^2 + bx + c = 0$ 的解是 $x_1$ 与 $x_2$，那么我们可以写出
$$a(x-x_1)(x-x_2) = 0$$

如果把这乘出，那么得出
$$ax^2 - a(x_1+x_2)x + ax_1x_2 = 0$$

把这与原方程比较，我们求出
$$x_1 + x_2 = -\frac{b}{a}$$
$$x_1 x_2 = \frac{c}{a}$$

这是韦达(Vieta)公式. 从韦达公式知道，第 1 个方程的解之积一定是 $\frac{c}{a}$，于是第 1 个方程的另一个解一定是 $\frac{c}{a}$. 类似的，第 2 个方程的另一个解是 $\frac{a}{b}$，第 3 个方程的另一个解是 $\frac{b}{c}$.

18. 求以下方程的实数解
$$\sqrt{5-x} = 5 - x^2$$

**解** 我们首先注意,左边是非负的,于是 $x^2 \leqslant 5$. 把方程两边平方,得出 $x$ 的四次方程. 我们可以努力把它因式分解或利用 4 项公式,但是以下方法计算较快. 首先我们把 5 换作参数 $a$. 把两边平方,得出 $a$ 的二次方程

$$a^2 - (2x^2+1)a + x^4 + x = 0$$

$a$ 的解是 $a = x^2 + x$ 与 $a = x^2 - x - 1$. 回到 $a = 5$,得出 2 个方程

$$x^2 + x - 5 = 0$$
$$x^2 - x - 4 = 0$$

它们满足 $x^2 < 5$ 的唯一解是

$$x_1 = \frac{-1+\sqrt{21}}{2}$$

$$x_2 = \frac{1-\sqrt{17}}{2}$$

**注** 我们这里考虑的方法,是一个很有效的方法. 我们暂时把方程参数化,得出 2 个二次方程来代替 1 个 4 次方程.

## 2.12 代 数 式

1. 把以下代数式因式分解:

(1) $7x^2 - 7y^2$;

(2) $a^3 b - 8b$;

(3) $ax^2 - 2ax + a$;

(4) $a^4 + a^3 - a^2 - a$;

(5) $a^2 - 1 + ax + x$.

**解** (1) $7x^2 - 7y^2 = 7(x^2 - y^2) = 7(x-y)(x+y)$.

(2) $a^3 b - 8b = b(a^3 - 8) = b(a-2)(a^2 + 2a + 4)$.

(3) $ax^2 - 2ax + a = a(x^2 - 2x + 1) = a(x-1)^2$.

(4) $a^4 + a^3 - a^2 - a = a^3(a+1) - a(a+1) = (a+1)(a^3 - a) = (a+1)a(a^2-1) = (a-1)a(a+1)^2$.

(5) $a^2 - 1 + ax + x = (a-1)(a+1) + x(a+1) = (a+1)(a+x-1)$.

2. 把 $(x-y)(x+y) + 4(y-1)$ 因式分解.

**解** 我们去括号,配方,利用平方差公式

$$\begin{aligned}(x-y)(x+y) + 4(y-1) &= x^2 - y^2 + 4y - 4 \\ &= x^2 - (y-2)^2 \\ &= (x-y+2)(x+y-2)\end{aligned}$$

3. 把以下代数式因式分解：

(1) $x^5 + x^4 + x^3 + x^2 + x + 1$；

(2) $x^8 + x^6 + x^4 + x^2 + 1$.

**解** (1)
$$x^5 + x^4 + x^3 + x^2 + x + 1 = x^3(x^2 + x + 1) + x^2 + x + 1$$
$$= (x^2 + x + 1)(x^3 + 1)$$
$$= (x^2 + x + 1)(x + 1)(x^2 - x + 1)$$

(2) $$x^8 + x^6 + x^4 + x^2 + 1 = \frac{x^{10} - 1}{x^2 - 1} = \frac{(x^5 - 1)(x^5 + 1)}{(x - 1)(x + 1)}$$
$$= (x^4 + x^3 + x^2 + x + 1)(x^4 - x^3 + x^2 - x + 1)$$

4. 101 010 101 是素数，还是合数？

**解** 根据前一问题(2)部分的结果，我们可以记
$$101\,010\,101 = 10^8 + 10^6 + 10^4 + 10^2 + 1$$
$$= (10^4 + 10^3 + 10^2 + 10 + 1)(10^4 - 10^3 + 10^2 - 10 + 1)$$
$$= 11\,111 \cdot 9\,091$$

因此它是合数.

5. 证明
$$a^3 + b^3 + c^3 - 3abc = (a + b + c)((a + b + c)^2 - 3(ab + bc + ca))$$

与

$$a^3 + b^3 + c^3 - 3abc = (a + b + c)(a^2 + b^2 + c^2 - ab - bc - ca)$$

**证** 把它们的右边相乘，不难证明这些恒等式.

6. 证明：如果 $a + b + c = 0$，那么
$$a^3 + b^3 + c^3 = 3abc$$

**证** 我们由 $(a + b + c)^3 = 0$ 得出
$$a^3 + b^3 + c^3 + 6abc + 3(ab(a + b) + bc(b + c) + ca(c + a)) = 0$$

此外，$a + b = -c, b + c = -a, c + a = -b$，于是
$$a^3 + b^3 + c^3 + 6abc - 9abc = 0$$

因此
$$a^3 + b^3 + c^3 = 3abc$$

**注** 这也可由前一问题的恒等式推出.

7. 把下式因式分解
$$a(b^2 + c^2) + b(c^2 + a^2) + c(a^2 + b^2) + 2abc$$

**解** 把第 1 项与最后 1 项合并，再把第 2 项与第 3 项合并，我们得出
$$a(b^2 + c^2) + b(c^2 + a^2) + c(a^2 + b^2) + 2abc$$
$$= a(b + c)^2 + bc^2 + b^2c + a^2(b + c)$$

$$= a(b+c)^2 + bc(b+c) + a^2(b+c)$$
$$= (b+c)(a(b+c) + bc + a^2)$$
$$= (b+c)(b(c+a) + a(c+a))$$
$$= (a+b)(b+c)(c+a)$$

8. 因式分解 $a^4 + b^4 + a^2b^2$.

**解** 我们首先配方
$$a^4 + b^4 + a^2b^2 = a^4 + b^4 + 2a^2b^2 - a^2b^2 = (a^2 + b^2)^2 - a^2b^2$$
现在这是平方差,因此
$$a^4 + b^4 + a^2b^2 = (a^2 + b^2 - ab)(a^2 + b^2 + ab)$$

9. 证明热尔曼恒等式
$$a^4 + 4b^4 = (a^2 + 2b^2 + 2ab)(a^2 + 2b^2 - 2ab)$$

**证** 只要展开恒等式的左边,或注意到可以把它作为平方差处理
$$(a^2 + 2b^2 + 2ab)(a^2 + 2b^2 - 2ab) = (a^2 + 2b^2)^2 - (2ab)^2 = a^4 + 4b^4$$

10. $4^{545} + 545^4$ 是素数吗?

**解** 我们这里可以利用热尔曼恒等式,看出它是合数
$$4^{545} + 545^4 = 545^4 + 4 \cdot 4^{136 \cdot 4} = 545^4 + 4 \cdot (4^{136})^4$$
$$= (545^2 + 2 \cdot (4^{136})^2 + 2 \cdot 545 \cdot 4^{136})(545^2 + 2 \cdot (4^{136})^2 - 2 \cdot 545 \cdot 4^{136})$$

11. 求 $3^{18} - 2^{18}$ 的 5 个素因数.

**解** 我们利用事实:18 可被 2 整除,写出
$$3^{18} - 2^{18} = (3^9 - 2^9)(3^9 + 2^9)$$
对这 2 个因式,我们利用事实:9 可被 3 整除,于是可以把它们因式分解如下
$$3^9 - 2^9 = (3^3 - 2^3)(3^6 + 3^3 \cdot 2^3 + 2^6)$$
$$3^9 + 2^9 = (3^3 + 2^3)(3^6 - 3^3 \cdot 2^3 + 2^6)$$
我们可以进一步用简单方法把 $3^3 - 2^3$ 与 $3^3 + 2^3$ 因式分解,得出
$$3^{18} - 2^{18} = (3^3 - 2^3)(3^6 + 3^3 \cdot 2^3 + 2^6)(3^3 + 2^3)(3^6 - 3^3 \cdot 2^3 + 2^6)$$
$$= (3-2)(3^2 + 3 \cdot 2 + 2^2)(3^6 + 3^3 \cdot 2^3 + 2^6) \cdot$$
$$(3+2)(3^2 - 3 \cdot 2 + 2^2)(3^6 - 3^3 \cdot 2^3 + 2^6)$$
$$= 1 \cdot 19 \cdot 1\,009 \cdot 5 \cdot 7 \cdot 577$$
除了 1 以外,其他因数都是素数.

12. 证明以下恒等式:
(1) $xy(x-y) + yz(y-z) + zx(z-x) = -(x-y)(y-z)(z-x)$;
(2) $(x-y)^3 + (y-z)^3 + (z-x)^3 = 3(x-y)(y-z)(z-x)$;
(3) $a(b+c)^2 + b(c+a)^2 + c(a+b)^2 - 4abc = (a+b)(b+c)(c+a)$;

(4) $\left[x\left(\dfrac{1}{y}-\dfrac{1}{z}\right)+y\left(\dfrac{1}{z}-\dfrac{1}{x}\right)+z\left(\dfrac{1}{x}-\dfrac{1}{y}\right)\right](x+y+z)=x^2\left(\dfrac{1}{y}-\dfrac{1}{z}\right)+y^2\left(\dfrac{1}{z}-\dfrac{1}{x}\right)+z^2\left(\dfrac{1}{x}-\dfrac{1}{y}\right).$

**证** (1) 我们将利用展开式 $z-x=-(x-y+y-z)$ 帮助我们因式分解

$$\begin{aligned}
& xy(x-y)+yz(y-z)+zx(z-x) \\
&= xy(x-y)+yz(y-z)-zx(x-y+y-z) \\
&= (x-y)(xy-zx)+(y-z)(yz-zx) \\
&= x(x-y)(y-z)+z(y-z)(y-x) \\
&= x(x-y)(y-z)-z(y-z)(x-y) \\
&= (x-y)(y-z)(x-z) \\
&= -(x-y)(y-z)(z-x)
\end{aligned}$$

(2) 我们可以利用问题 6 的恒等式

$$a+b+c=0 \Rightarrow a^3+b^3+c^3=3abc$$

马上写出

$$(x-y)^3+(y-z)^3+(z-x)^3=3(x-y)(y-z)(z-x)$$

(3) 再分组,我们得出

$$\begin{aligned}
& a(b+c)^2+b(c+a)^2+c(a+b)^2-4abc \\
&= a(b^2+c^2)+2abc+b(c^2+a^2)+2abc+c(a^2+b^2)+2abc-4abc \\
&= a(b^2+c^2)+b(c^2+a^2)+c(a^2+b^2)+2abc \\
&= (a+b)(b+c)(c+a)
\end{aligned}$$

在最后一步中,我们利用了问题 7 中求出的因式分解

$$a(b^2+c^2)+b(c^2+a^2)+c(a^2+b^2)+2abc=(a+b)(b+c)(c+a)$$

(4) 如果我们在两边做乘法,可见这个恒等式实际上成立.

**注** 这个恒等式可以看作另一个恒等式的推论

$$a^3(b-c)+b^3(c-a)+c^3(a-b)=-(a-b)(b-c)(c-a)(a+b+c)$$

13. 证明以下恒等式:

(1) $(a^2+b^2)(x^2+y^2)=(ax+by)^2+(ay-bx)^2$;

(2) $(a^2+b^2)(x^2+y^2)=(ax-by)^2+(ay+bx)^2$;

(3) $(a^2-b^2)(x^2-y^2)=(ax+by)^2-(ay+bx)^2$.

**证** 所有 3 个恒等式可以在两边做乘法,再比较两边的表达式来证明.

**注** 恒等式(1) 与(2) 最初应归于丢番图(Diophantus,3 世纪),后来被婆罗摩笈多 (Brahmagupta,7 世纪) 与斐波那契重新发现. 这些恒等式表明形如 $m^2+n^2$ 的数在乘法下是封闭的,换言之,2 个平方和的数相乘得出另一个平方和. 它们被推广为拉格朗日

（Lagrange，18 世纪）恒等式.

14. 已知
$$x + \frac{1}{x} = 5$$
求
$$x^3 + \frac{1}{x^3} \text{ 与 } x^9 + \frac{1}{x^9}$$

**解** 我们把 $x + \frac{1}{x} = 5$ 的两边立方，得出 3 次幂
$$x^3 + 3x + 3 \cdot \frac{1}{x} + \frac{1}{x^3} = 125$$
我们看出
$$x^3 + \frac{1}{x^3} = 125 - 3\left(x + \frac{1}{x}\right) = 125 - 3 \cdot 5 = 110$$
按照类似的方法，我们求出
$$x^9 + \frac{1}{x^9} = 110^3 - 3\left(x^3 + \frac{1}{x^3}\right) = 110^3 - 3 \cdot 110 = 1\,330\,670$$

15. 化简以下代数式：

(1) $\dfrac{ab^3}{a^2b - ab^2}$;

(2) $\dfrac{7a^2 + 4ab}{49a^2b - 16b^3}$;

(3) $\dfrac{a^2 + b^2 - c^2 + 2ab}{a^2 - b^2 + c^2 + 2ac}$;

(4) $\left(\dfrac{a+b}{a-b} + \dfrac{a-b}{a+b}\right)^2 - \left(\dfrac{a+b}{a-b} - \dfrac{a-b}{a+b}\right)^2$;

(5) $\dfrac{x^2\left(\dfrac{1}{y} - \dfrac{1}{z}\right) + y^2\left(\dfrac{1}{z} - \dfrac{1}{x}\right) + z^2\left(\dfrac{1}{x} - \dfrac{1}{y}\right)}{\dfrac{x}{yz}(z-y) + \dfrac{y}{zx}(x-z) + \dfrac{z}{xy}(y-x)}$.

**解** (1) 
$$\frac{ab^3}{a^2b - ab^2} = \frac{ab^3}{ab(a-b)} = \frac{b^2}{a-b}$$

(2) 
$$\frac{7a^2 + 4ab}{49a^2b - 16b^3} = \frac{a(7a + 4b)}{b(7a - 4b)(7a + 4b)} = \frac{a}{b(7a - 4b)}$$

(3) 
$$\frac{a^2 + b^2 - c^2 + 2ab}{a^2 - b^2 + c^2 + 2ac} = \frac{(a+b)^2 - c^2}{(a+c)^2 - b^2}$$
$$= \frac{(a+b-c)(a+b+c)}{(a+c-b)(a+c+b)}$$

$$= \frac{a+b-c}{a-b+c}$$

(4)
$$\left(\frac{a+b}{a-b}+\frac{a-b}{a+b}\right)^2 - \left(\frac{a+b}{a-b}-\frac{a-b}{a+b}\right)^2$$

$$=\left(\frac{(a+b)^2+(a-b)^2}{(a-b)(a+b)}\right)^2 - \left(\frac{(a+b)^2-(a-b)^2}{(a-b)(a+b)}\right)^2$$

$$=\left(\frac{2a^2+2b^2}{(a-b)(a+b)}\right)^2 - \left(\frac{4ab}{(a-b)(a+b)}\right)^2$$

$$=\frac{4(a^4+2a^2b^2+b^4)}{(a-b)^2(a+b)^2} - \frac{16a^2b^2}{(a-b)^2(a+b)^2}$$

$$=\frac{4(a^4-2a^2b^2+b^4)}{(a-b)^2(a+b)^2}$$

$$=\frac{4(a^2-b^2)^2}{(a-b)^2(a+b)^2}$$

$$=4$$

根据 $(A+B)^2-(A-B)^2=4B$，可能有更简单的解法

$$\left(\frac{a+b}{a-b}+\frac{a-b}{a+b}\right)^2 - \left(\frac{a+b}{a-b}-\frac{a-b}{a+b}\right)^2 = 4 \cdot \frac{a+b}{a-b} \cdot \frac{a-b}{a+b} = 4$$

(5) 利用以下 2 个著名的循环恒等式①来解答本题

$$\sum a^2(b-c) = -(a-b)(b-c)(c-a)$$

与

$$\sum a^3(b-c) = -(a-b)(b-c)(c-a)(a+b+c)$$

利用它们，在分子与分母都乘以 $xyz$ 以后，我们的问题变为

$$\frac{x^2\left(\frac{1}{y}-\frac{1}{z}\right)+y^2\left(\frac{1}{z}-\frac{1}{x}\right)+z^2\left(\frac{1}{x}-\frac{1}{y}\right)}{\frac{x}{yz}(z-y)+\frac{y}{zx}(x-z)+\frac{z}{xy}(y-x)}$$

$$=\frac{x^3(z-y)+y^3(x-z)+z^3(y-x)}{x^2(z-y)+y^2(x-z)+z^2(y-x)}$$

$$=\frac{(x-y)(y-z)(z-x)(x+y+z)}{(x-y)(y-z)(z-x)}$$

$$=x+y+z$$

---

① 在循环恒等式中，$\sum$ 表示在所有轮换上的和，例如

$$\sum a^2(b-c) = a^2(b-c) + b^2(c-a) + c^2(a-b)$$

## 2.13　线性方程组

1. 计算以下 $2\times 2$ 行列式的值：

(1) $\begin{vmatrix} 1 & 2 \\ 3 & 4 \end{vmatrix}$；

(2) $\begin{vmatrix} 252 & 1 \\ 1 & 8 \end{vmatrix}$；

(3) $\begin{vmatrix} 1+x^2 & 2x \\ 2x & 1+x^2 \end{vmatrix}$.

**解** (1) $\begin{vmatrix} 1 & 2 \\ 3 & 4 \end{vmatrix} = 1\cdot 4 - 2\cdot 3 = 4 - 6 = -2.$

(2) $\begin{vmatrix} 252 & 1 \\ 1 & 8 \end{vmatrix} = 252\cdot 8 - 1\cdot 1 = 2\,016 - 1 = 2\,015.$

(3) $\begin{vmatrix} 1+x^2 & 2x \\ 2x & 1+x^2 \end{vmatrix} = (1+x^2)^2 - 4x^2 = 1 + 2x^2 + x^4 - 4x^2 = (1-x^2)^2.$

2. 计算以下 $3\times 3$ 行列式的值：

(1) $\begin{vmatrix} 1 & 1 & 1 \\ 2 & 1 & 2 \\ 3 & 2 & 3 \end{vmatrix}$；

(2) $\begin{vmatrix} 1 & 1 & 1 \\ 2 & 1 & 2 \\ 3 & 3 & 3 \end{vmatrix}$；

(3) $\begin{vmatrix} a+x & x & x \\ x & b+x & x \\ x & x & c+x \end{vmatrix}$.

**解** (1) $\begin{vmatrix} 1 & 1 & 1 \\ 2 & 1 & 2 \\ 3 & 2 & 3 \end{vmatrix} = 3 + 6 + 4 - 3 - 6 - 4 = 0$

只要注意第 3 行是其他 2 行的和，我们就知道这个行列式为 0. 这是行列式的许多性质之一，它已超出本书的范围.

(2) $\begin{vmatrix} 1 & 1 & 1 \\ 2 & 1 & 2 \\ 3 & 3 & 3 \end{vmatrix} = 3 + 6 + 6 - 3 - 6 - 6 = 0$

对这个行列式,注意第1行与第3行成比例,我们就知道它为0,这是行列式许多性质的另一个性质.

(3) $\begin{vmatrix} a+x & x & x \\ x & b+x & x \\ x & x & c+x \end{vmatrix}$

$= (a+x)(b+x)(c+x) + 2x^3 - x^2(a+b+c+3x)$

$= abc + (ab+bc+ca)x$

3. 证明:$3 \times 3$范德蒙德行列式可以写成

$$\begin{vmatrix} 1 & a & a^2 \\ 1 & b & b^2 \\ 1 & c & c^2 \end{vmatrix} = (b-a)(c-a)(c-b)$$

它什么时候等于0?

**证** 把两边全部展开,我们得出

$$\begin{vmatrix} 1 & a & a^2 \\ 1 & b & b^2 \\ 1 & c & c^2 \end{vmatrix} = bc^2 - b^2c + ab^2 - a^2b + ca^2 - c^2a$$

与

$$(b-a)(c-a)(c-b) = bc^2 - b^2c - abc + ab^2 - c^2a + abc + ca^2 - a^2b$$

这证明结论. 为使它等于0,当且仅当 $a=b$ 或 $b=c$ 或 $c=a$.

4. 证明以下恒等式:

(1) $\begin{vmatrix} 1 & a & bc \\ 1 & b & ca \\ 1 & c & ab \end{vmatrix} = \begin{vmatrix} 1 & a & a^2 \\ 1 & b & b^2 \\ 1 & c & c^2 \end{vmatrix}$;

(2) $\begin{vmatrix} a-b-c & 2b & 2c \\ 2a & b-c-a & 2c \\ 2a & 2b & c-a-b \end{vmatrix} = (a+b+c)^3$;

(3) $\begin{vmatrix} 1 & a & a^3 \\ 1 & b & b^3 \\ 1 & c & c^3 \end{vmatrix} = (a+b+c) \begin{vmatrix} 1 & a & a^2 \\ 1 & b & b^2 \\ 1 & c & c^2 \end{vmatrix}$;

(4) $\begin{vmatrix} 1 & a^2 & a^3 \\ 1 & b^2 & b^3 \\ 1 & c^2 & c^3 \end{vmatrix} = (ab+bc+ca) \begin{vmatrix} 1 & a & a^2 \\ 1 & b & b^2 \\ 1 & c & c^2 \end{vmatrix}$.

**证** (1) 左边是

$$\begin{vmatrix} 1 & a & bc \\ 1 & b & ca \\ 1 & c & ab \end{vmatrix} = ab^2 + ca^2 + bc^2 - b^2c - c^2a - a^2b$$

我们已经在前一问题中看到这个表达式.

(2)(3)(4)的证明是很类似的;只要展开两边,你将得到恒等式.

5.利用高斯消元法解以下方程组

$$\begin{cases} 2x + 3y = 8 \\ 4x - 6y = -3 \end{cases}$$

利用行列式法重复解这个问题.

**解** 我们用$-2$乘以第 1 个方程,然后把它加上第 2 方程,消去$x$,结果是

$$-12y = -19$$

因此

$$y = \frac{19}{12}$$

把它代入原方程的任何一个方程,得出$x$的方程.例如,如果我们回到第 1 个方程,那么

$$2x + 3 \cdot \frac{19}{12} = 8$$

因此

$$x = \frac{13}{8}$$

我们利用行列式法得出相同结果

$$x = \frac{D_x}{D} = \frac{\begin{vmatrix} 8 & 3 \\ -3 & -6 \end{vmatrix}}{\begin{vmatrix} 2 & 3 \\ 4 & -6 \end{vmatrix}} = \frac{-48 + 9}{-12 - 12}$$

$$= \frac{-39}{-24} = \frac{13}{8}$$

$$y = \frac{D_y}{D} = \frac{\begin{vmatrix} 2 & 8 \\ 4 & -3 \end{vmatrix}}{\begin{vmatrix} 2 & 3 \\ 4 & -6 \end{vmatrix}} = \frac{-6 - 32}{-12 - 12}$$

$$= \frac{-38}{-24} = \frac{19}{12}$$

6.利用高斯消元法解以下方程组

$$\begin{cases} x + 2y + 3z = 16 \\ 2x + 3y + z = 7 \\ 3x + y + 2z = 13 \end{cases}$$

利用行列式法重复解这个问题.

**解** 我们利用高斯消元法首先消去第 2 个与第 3 个方程中的 $x$,其次从第 3 个方程中消去 $y$. 这给出容易解答的三角形方程组. 下面是我们怎样进行的:

(1) 第 1 个方程乘以 $-2$,把它加到第 2 个方程,得 $-y-5z=-25$. 类似的,第 1 个方程乘以 $-3$,把它加到第 3 个方程,得 $-5y-7z=-35$. 现在方程变为

$$\begin{cases} x+2y+3z = 16 \\ -y-5z=-25 \\ -5y-7z=-35 \end{cases}$$

(2) 在达到三角形方程组前的最后一步是从第 3 个方程中消去 $y$. 为达到这一点,把新的第 2 个方程乘以 $-5$,把它加到新的第 3 个方程,得 $18z=90$. 现在方程组看来像这个方程组

$$\begin{cases} x+2y+3z = 16 \\ -y-5z=-25 \\ 18z = 90 \end{cases}$$

(3) 现在方程组是三角形形式了,首先可以从第 3 个方程求出 $z$,其次把这个值代入第 2 个方程,求出 $y$,最后把这 2 个值代入第 1 个方程,求出 $x$. 我们用这种方法得出

$$z=\frac{90}{18}=5 \Rightarrow y=25-5z=0 \Rightarrow x=16-3z-2y=1$$

利用克莱姆行列式法,我们得出相同的解. 首先计算方程组的行列式与每个未知数的行列式

$$D=\begin{vmatrix} 1 & 2 & 3 \\ 2 & 3 & 1 \\ 3 & 1 & 2 \end{vmatrix}=6+6+6-27-8-1=-18$$

$$D_x=\begin{vmatrix} 16 & 2 & 3 \\ 7 & 3 & 1 \\ 13 & 1 & 2 \end{vmatrix}=96+26+21-117-28-16=-18$$

$$D_y=\begin{vmatrix} 1 & 16 & 3 \\ 2 & 7 & 1 \\ 3 & 13 & 2 \end{vmatrix}=14+48+78-63-13-64=0$$

$$D_z=\begin{vmatrix} 1 & 2 & 16 \\ 2 & 3 & 7 \\ 3 & 1 & 13 \end{vmatrix}=39+42+32-144-52-7=-90$$

其次,求出解是

$$x=\frac{D_x}{D}=\frac{-18}{-18}=1, y=\frac{D_y}{D}=\frac{0}{-18}=0, z=\frac{D_z}{D}=\frac{-90}{-18}=5$$

7. 利用高斯消元法确定:除了平凡解 $x=y=z=0$ 外,以下这些齐次方程组(右边都是 0),是否有任何别的解?

(1) $\begin{cases} x+2y+3z=0 \\ 2x+3y+z=0; \\ 3x+y+2z=0 \end{cases}$

(2) $\begin{cases} x+y+z=0 \\ x+2y+3z=0. \\ 4x+5y+6z=0 \end{cases}$

利用行列式法重复解这个问题.

**解** (1) 齐次方程组至少有 1 解 $x=y=z=0$,称为平凡解. 我们把已知方程组变为三角形形式,看它是否允许有比刚才平凡解更多的解. 如果有,那么方程组将有无穷多解.

为了用高斯消元法得出三角形形式,我们将从第 2 个与第 3 个方程中消去 $x$,然后从第 3 个方程中消去 $y$. 与前一问题一样,其中各个变量前分别有相同系数,我们得出三角形方程组

$$\begin{cases} x+2y+3z=0 \\ -y-5z=0 \\ 18z=0 \end{cases}$$

我们看出唯一解是 $x=0, y=0, z=0$.

用行列式解答本题,我们看出 $D=-18\neq 0$,于是方程组有唯一解. 因为方程组是齐次的,所以唯一解是平凡解 $x=y=z=0$.

(2) 在本题中,可以从第 2 个方程减去第 1 个方程消去第 2 个方程中的 $x$,得 $y+2z=0$. 说明这一点的另一种方法与我们无论用什么方法写出的计算机程序更加一致,它说我们要把第 1 个方程乘以 $-1$,再把它加到第 2 个方程. 为了消去第 3 个方程中的 $x$,我们要把第 1 个方程乘以 $-4$,再加到第 3 个方程,得 $y+2z=0$. 现在方程组变为

$$\begin{cases} x+y+z=0 \\ y+2z=0 \\ y+2z=0 \end{cases}$$

因为第 2 个方程与第 3 个方程相同,所以不能从第 3 个方程正好消去 $y$. 这告诉我们有无穷多解. 高斯消元法允许我们说出关于这些解的更多内容. 如果我们选出任何 $z=\alpha$,那么有 $y=-2\alpha, x=-z-y=-\alpha+2\alpha=\alpha$. 对 $\alpha=0$,得出平凡解 $x=y=z=0$,而对 $z$ 的其他值,得出其他解. 我们把这写成

$$(x,y,z)=(\alpha,-2\alpha,\alpha)$$

其中任何 $\alpha\in\mathbf{R}$,我们说这些解有 1 个自由度.

如果我们用行列式解答本题,那么首先求出方程组行列式

$$D = \begin{vmatrix} 1 & 1 & 1 \\ 1 & 2 & 3 \\ 4 & 5 & 6 \end{vmatrix} = 12 + 12 + 5 - 8 - 15 - 6 = 0$$

这表示方程组将无解或有无穷多解.因为方程组是齐次的,所以至少有平凡解,因此我们断定,方程组有无穷多解.

8.利用高斯消元法解以下方程组.讨论参数 $a$ 取什么值时,方程组有唯一解

$$\begin{cases} x + 2y = 1 \\ 2x + a^2 y = a \end{cases}$$

利用行列式法重复解这个问题.

**解**   如果我们把第 1 个方程乘以 $-2$,再加到第 2 个方程,于是得 $(a^2 - 4)y = a - 2$. 我们来讨论,对参数 $a$ 的不同值将发生什么情况.最有趣的值是 $a = 2$ 与 $a = -2$.

(1) 当 $a = 2$ 时,得 $0 \cdot y = 0$,这对任何 $y$ 都成立.对 $y$ 的任何特殊值,比如 $y = \alpha$,得 $x = 1 - 2y = 1 - 2\alpha$,于是有无穷多解,所有形式是 $(x, y) = (1 - 2\alpha, \alpha)$.

(2) 当 $a = -2$ 时,得 $0 \cdot y = -4$,这对 $y$ 的任何值都不可能.方程组无解.

(3) 当 $a \neq \pm 2$ 时,方程组有唯一解

$$y = \frac{a-2}{a^2-4} = \frac{1}{a+2} \; \text{与} \; x = 1 - 2y = 1 - \frac{2}{a+2} = \frac{a}{a+2}$$

利用行列式,我们求出

$$D = \begin{vmatrix} 1 & 2 \\ 2 & a^2 \end{vmatrix} = a^2 - 4$$

当 $a = \pm 2$ 时,方程组的行列式为 0,于是对 $a \neq \pm 2$,方程组有唯一解.当 $a = 2$ 时,各个变量的行列式是

$$D_x = \begin{vmatrix} 1 & 2 \\ a & a^2 \end{vmatrix} = a^2 - 2a = a(a-2) = 0$$

$$D_y = \begin{vmatrix} 1 & 1 \\ 2 & a \end{vmatrix} = a - 2 = 0$$

这告诉我们方程组将有无穷多解.当 $a = -2$ 时,各个变量的行列式是

$$D_x = a^2 - 2a = a(a-2) = 8$$
$$D_y = a - 2 = -4$$

这告诉我们方程组将无解.

9.利用高斯消元法解以下方程组.讨论解的个数:

(1) $\begin{cases} x + y = 1 \\ 3x + 3y = 3 \\ ax + 3y = b \end{cases}$

(2) $\begin{cases} x + y = 1 \\ ax + by = 3 \end{cases}$.

利用行列式法重复解这个问题.

**解** (1) 我们首先注意,第 1 个与第 2 个方程是等价的,于是可以消去其中一个,比如第 2 个方程. 现在方程组变为

$$\begin{cases} x + y = 1 \\ ax + 3y = b \end{cases}$$

如果我们把第 1 个方程乘以 $-a$,再加到第 2 个方程,那么方程组变为

$$\begin{cases} x + y = 1 \\ (3-a)y = b - a \end{cases}$$

如果 $a \neq 3$,那么方程组有唯一解

$$y = \frac{b-a}{3-a} \quad \text{与} \quad x = 1 - y = \frac{3-b}{3-a}$$

如果 $a = 3$,那么对 $b = 3$,方程组将有无穷多解;对 $b \neq 3$ 将无解.

利用行列式,我们看出

$$D = 3 - a, \quad D_x = 3 - b, \quad D_y = b - a$$

相同的结论如下:如果 $a \neq 3$,那么方程组将有无穷多解;而如果 $a = 3$,那么方程组对 $b = 3$ 将有无穷多解,对 $b \neq 3$ 将无解.

(2) 在本题中,我们也把第 1 个方程乘以 $-a$,再把它加到第 2 个方程. 于是方程组是

$$\begin{cases} x + y = 1 \\ (b-a)y = 3 - a \end{cases}$$

我们看出,如果 $a \neq b$,那么方程组有唯一解

$$y = \frac{3-a}{b-a} \quad \text{与} \quad x = \frac{b-3}{b-a}$$

如果 $a = b$,那么方程组在 $a \neq 3$ 时无解,在 $a = 3$ 时有无穷多解. 在这种情形下,它们是 $(x, y) = (1-\alpha, \alpha)$,其中 $\alpha$ 是任何实数.

利用行列式,我们看出

$$D = b - a, \quad D_x = b - 3, \quad D_y = 3 - a$$

推出相同结论.

10. 设 $a$ 与 $b$ 是已知数,解以下关于 $x$ 与 $y$ 的方程组

$$\begin{cases} ax - by = x^4 - y^4 \\ ay - bx = 2xy(y^2 - x^2) \end{cases}$$

**解** 虽然本题是解关于 $x$ 与 $y$ 的方程,但是我们将采用不平常步骤,即首先解关于 $a$ 与 $b$ 的方程,因为这时这个问题是线性的. 用消去法,可见

$$a = x^3 + 3xy^2$$
$$b = y^3 + 3x^2y$$

把这些方程相加与相减,得出

$$a + b = (x+y)^3$$
$$a - b = (x-y)^3$$

于是

$$x + y = \sqrt[3]{a+b}$$
$$x - y = \sqrt[3]{a-b}$$

因此

$$x = \frac{\sqrt[3]{a+b} + \sqrt[3]{a-b}}{2}$$

$$y = \frac{\sqrt[3]{a+b} - \sqrt[3]{a-b}}{2}$$

## 2.14 不 等 式

1. 证明:对 2 个任何正实数 $x$ 与 $y$,有二次平均值与算术平均值的 QM—AM 不等式

$$\sqrt{\frac{x^2+y^2}{2}} \geqslant \frac{x+y}{2}$$

**证** 把两边平方,我们得出

$$\sqrt{\frac{x^2+y^2}{2}} \geqslant \frac{x+y}{2} \Leftrightarrow \frac{x^2+y^2}{2} \geqslant \frac{(x+y)^2}{4} \Leftrightarrow (x-y)^2 \geqslant 0$$

当且仅当 $x = y$ 时,等式成立.

2. 证明:对任何实数 $a, b, c$,有

$$a^2 + b^2 + c^2 \geqslant ab + bc + ca$$

**证** 这个不等式由以下平凡不等式推出

$$(a-b)^2 + (b-c)^2 + (c-a)^2 \geqslant 0$$
$$\Leftrightarrow 2a^2 + 2b^2 + 2c^2 - 2ab - 2bc - 2ca \geqslant 0$$
$$\Leftrightarrow a^2 + b^2 + c^2 \geqslant ab + bc + ca$$

3. 证明:对任何正实数 $x, y, z$,有

$$x^3 + y^3 + z^3 \geqslant 3xyz$$

**证** 这个不等式是 AM—GM 不等式的推论

$$\frac{x^3 + y^3 + z^3}{3} \geqslant \sqrt[3]{x^3 y^3 z^3} = xyz$$

4. 证明:对任何实数 $a,b,c$,有
$$a^2b^2 + b^2c^2 + c^2a^2 \geqslant abc(a+b+c)$$

**证** 利用 $x=ab, y=bc, z=ca$,这个不等式变为
$$x^2 + y^2 + z^2 \geqslant xy + yz + zx$$

我们在问题 2 中证明了这个不等式.

5. 证明:对任何实数 $a,b,c$,有
$$\frac{a^2+b^2+c^2}{3} \geqslant \left(\frac{a+b+c}{3}\right)^2$$

**证** 这个不等式实际上是 $(Q(a,b,c))^2 \geqslant (A(a,b,c))^2$. 换言之,我们可以把问题 2 中不等式重排来证明它.

6. 证明:对任何正实数 $a$,有
$$a + \frac{1}{a} \geqslant 2$$

**证 1** 这等价于
$$a^2 + 1 \geqslant 2a \Leftrightarrow (a-1)^2 \geqslant 0$$

**证 2** 用另一种方法,应用 AM-GM 不等式
$$a + \frac{1}{a} \geqslant 2\sqrt{a \cdot \frac{1}{a}} = 2$$

7. 证明:对任何正实数 $x,y,z$,有
$$(x+y+z)\left(\frac{1}{x} + \frac{1}{y} + \frac{1}{z}\right) \geqslant 9$$

**证 1** 在括号中 2 个表达式中应用 3 个数的 AM-GM 不等式
$$(x+y+z)\left(\frac{1}{x} + \frac{1}{y} + \frac{1}{z}\right) \geqslant 3\sqrt[3]{xyz} \cdot 3\sqrt[3]{\frac{1}{x} \cdot \frac{1}{y} \cdot \frac{1}{z}} = 9$$

**证 2** 用另一种方法,把左边乘出,得
$$(x+y+z)\left(\frac{1}{x} + \frac{1}{y} + \frac{1}{z}\right) = 3 + \frac{x}{y} + \frac{y}{x} + \frac{y}{z} + \frac{z}{y} + \frac{z}{x} + \frac{x}{z}$$

因为 $a + \frac{1}{a} \geqslant 2$,所以我们知道
$$\frac{x}{y} + \frac{y}{x} \geqslant 2, \frac{y}{z} + \frac{z}{y} \geqslant 2, \frac{z}{x} + \frac{x}{z} \geqslant 2$$

因此
$$(x+y+z)\left(\frac{1}{x} + \frac{1}{y} + \frac{1}{z}\right) \geqslant 3 + 2 + 2 + 2 = 9$$

8. 证明:对任何正实数 $a,b,c$,有
$$(a+b+c)(a^2+b^2+c^2) \geqslant 9abc$$

**证** 在各个括号中应用 AM−GM 不等式
$$(a+b+c)(a^2+b^2+c^2) \geqslant 3\sqrt[3]{abc} \cdot 3\sqrt[3]{a^2b^2c^2} = 9abc$$

9. 证明:对任何正实数 $a,b,c$,有
$$\frac{a}{b}+\frac{b}{c}+\frac{c}{a} \geqslant 3$$

**证** 应用 AM−GM 不等式
$$\frac{a}{b}+\frac{b}{c}+\frac{c}{a} \geqslant 3\sqrt[3]{\frac{a}{b} \cdot \frac{b}{c} \cdot \frac{c}{a}} = 3$$

10. 证明:对任何正实数 $a,b,c$,有
$$\frac{a^2}{b}+\frac{b^2}{c}+\frac{c^2}{a} \geqslant a+b+c$$

**证** 我们首先注意
$$\frac{x^2}{y} \geqslant 2x-y$$

(这等价于 $x^2 \geqslant 2xy-y^2$,这等价于 $(x-y)^2 \geqslant 0$). 其次
$$\frac{a^2}{b}+\frac{b^2}{c}+\frac{c^2}{a} \geqslant 2a-b+2b-c+2c-a = a+b+c$$

11. 证明:对任何实数 $a,b,c$,有
$$a^2(1+b^2)+b^2(1+c^2)+c^2(1+a^2) \geqslant 6abc$$

**证** 首先注意 AM−GM 不等式给出 $x^2+y^2z^2 \geqslant 2xyz$,因此
$$a^2(1+b^2)+b^2(1+c^2)+c^2(1+a^2)$$
$$=a^2+a^2b^2+b^2+b^2c^2+c^2+c^2a^2$$
$$=a^2+b^2c^2+b^2+c^2a^2+c^2+a^2b^2$$
$$\geqslant 2abc+2abc+2abc = 6abc$$

12. 证明:对任何正实数 $x,y,z$,使 $x+y+z=1$,有
$$\left(\frac{1}{x}-1\right)\left(\frac{1}{y}-1\right)\left(\frac{1}{z}-1\right) \geqslant 8$$

**证** 因为 $1-x=y+z$,等等,所以
$$\left(\frac{1}{x}-1\right)\left(\frac{1}{y}-1\right)\left(\frac{1}{z}-1\right)$$
$$=\left(\frac{1-x}{x}\right)\left(\frac{1-y}{y}\right)\left(\frac{1-z}{z}\right)$$
$$=\left(\frac{y+z}{x}\right)\left(\frac{z+x}{y}\right)\left(\frac{x+y}{z}\right)$$
$$\geqslant \left(\frac{2\sqrt{yz}}{x}\right)\left(\frac{2\sqrt{zx}}{y}\right)\left(\frac{2\sqrt{xy}}{z}\right) = 8$$

13. 证明:对任何正实数 $a,b,c$, 有
$$\frac{a}{b+c}+\frac{b}{c+a}+\frac{c}{a+b}\geqslant\frac{3}{2}$$

**证** 在本题中,我们不能直接应用 AM-GM 不等式,因为行列式没有方便的形式,但是如果我们引入代换 $x=b+c, y=c+a, z=a+b$, 那么 $2a=y+z-x, 2b=z+x-y, 2c=x+y-z$, 我们可以写出

$$\frac{a}{b+c}+\frac{b}{c+a}+\frac{c}{a+b}$$
$$=\frac{y+z-x}{2x}+\frac{z+x-y}{2y}+\frac{x+y-z}{2z}$$
$$=\frac{1}{2}\left(\frac{y+z}{x}+\frac{z+x}{y}+\frac{x+y}{z}\right)-\frac{3}{2}$$
$$=\frac{1}{2}\left(\frac{y}{x}+\frac{x}{y}+\frac{z}{y}+\frac{y}{z}+\frac{x}{z}+\frac{z}{x}\right)-\frac{3}{2}$$
$$\geqslant\frac{1}{2}(2+2+2)-\frac{3}{2}=\frac{3}{2}$$

14. 令 $x,y,z$ 是正实数,使 $x+y+z=1$. 证明
$$x^2+y^2+z^2\geqslant\frac{1}{3}$$

**证** 我们从问题 2 中证明了的以下不等式开始,其中利用了数对 $(x,y), (y,z), (z, x)$ 的平凡不等式
$$x^2+y^2+z^2\geqslant xy+yz+zx$$
把它用在以下不等式中
$$3(x^2+y^2+z^2)\geqslant x^2+y^2+z^2+2(xy+yz+zx)=(x+y+z)^2=1$$
因此
$$x^2+y^2+z^2\geqslant\frac{1}{3}$$

**注** 我们将利用证明 QM-AM 不等式的类似方法. 事实上,本题中的不等式是 QM-AM 不等式的简单推论.

15. 证明:对任何 $n$ 与任何实数 $a_1,\cdots,a_n$, 有 QM-AM 不等式
$$\sqrt{\frac{a_1^2+a_2^2+\cdots+a_n^2}{n}}\geqslant\frac{a_1+a_2+\cdots+a_n}{n}$$

**证** 我们可以从应用于数 $a_1,a_2,\cdots,a_n$ 中所有 $\binom{n}{2}$ 对的平凡不等式,来证明本题中的不等式
$$(a_1-a_2)^2\geqslant 0, (a_1-a_3)^2\geqslant 0, \cdots, (a_1-a_n)^2\geqslant 0$$

$$(a_2-a_3)^2 \geq 0, \cdots, (a_2-a_n)^2 \geq 0$$

$$\vdots$$
$$(a_{n-1}-a_n)^2 \geq 0$$

把它们全部展开并相加，我们得出

$$(n-1)(a_1^2+a_2^2+\cdots+a_n^2) \geq 2(a_1 a_2 + \cdots + a_1 a_n + \cdots + a_{n-1} a_n)$$

把 $a_1^2+a_2^2+\cdots+a_n^2$ 加到两边，得出

$$n(a_1^2+a_2^2+\cdots+a_n^2) \geq (a_1+a_2+\cdots+a_n)^2$$

这等价于 QM - AM 不等式

$$\sqrt{\frac{a_1^2+a_2^2+\cdots+a_n^2}{n}} \geq \frac{a_1+a_2+\cdots+a_n}{n}$$

16. 证明：对任何 $n$ 与任何正实数 $a_1,\cdots,a_n$，有 GM - HM 不等式

$$\sqrt[n]{a_1 a_2 \cdots a_n} \geq \frac{n}{\frac{1}{a_1}+\frac{1}{a_2}+\cdots+\frac{1}{a_n}}$$

**证**  GM - HM 不等式可以看作 AM - GM 不等式的推论. 如果在 AM - GM 不等式

$$\frac{x_1+x_2+\cdots+x_n}{n} \geq \sqrt[n]{x_1 x_2 \cdots x_n}$$

中，我们代入 $a_k = \frac{1}{x_k}$，就得出

$$\frac{\frac{1}{a_1}+\frac{1}{a_2}+\cdots+\frac{1}{a_n}}{n} \geq \sqrt[n]{\frac{1}{a_1} \cdot \frac{1}{a_2} \cdot \cdots \cdot \frac{1}{a_n}}$$

两边取倒数（把不等号反向），我们得出 GM - HM 不等式

$$\sqrt[n]{a_1 a_2 \cdots a_n} \geq \frac{n}{\frac{1}{a_1}+\frac{1}{a_2}+\cdots+\frac{1}{a_n}}$$

17. 对 2 对实数证明重排不等式：如果 $a_1 < a_2$ 与 $b_1 < b_2$，那么

$$a_1 b_1 + a_2 b_2 \geq a_1 b_2 + a_2 b_1$$

我们陈述重排不等式的一般形式：当实数列 $(a_1,a_2,\cdots,a_n)$ 与 $(b_1,b_2,\cdots,b_n)$ 有类似顺序时，例如 $a_1 < a_2 < \cdots < a_n$ 与 $b_1 < b_2 < \cdots < b_n$ 时，量 $a_1 b_1 + a_2 b_2 + \cdots + a_n b_n$ 是最大的.

**证**  我们可以从显然的不等式

$$(a_2-a_1)(b_2-b_1) > 0$$

开始来证明本题中的不等式. 这等价于

$$a_2 b_2 + a_1 b_1 > a_1 b_2 + a_2 b_1$$

18. 证明:对任何 $n$ 与任何正实数 $x_1,\cdots,x_n$,有

$$(x_1+x_2+\cdots+x_n)\left(\frac{1}{x_1}+\frac{1}{x_2}+\cdots+\frac{1}{x_n}\right)\geqslant n^2$$

**证** 这是 AM−HM 不等式

$$\frac{x_1+x_2+\cdots+x_n}{n}\geqslant\frac{n}{\frac{1}{x_1}+\frac{1}{x_2}+\cdots+\frac{1}{x_n}}$$

的直接推论.

## 2.15 第 3 套问题

1. 计算一群孩子的平均体重,David 体重 39 kg,加入这群孩子后,这群孩子的平均体重变为 51 kg. 然后,Ben 体重 61 kg,加入这群孩子后,这群孩子的平均体重变为 52 kg. 在 David 与 Ben 到来前,这群孩子们的平均体重是多少?

**解** 对原来的一群孩子们,平均体重为 $a=\dfrac{W}{n}$,其中 $W$ 是他们的总体重,$n$ 是他们的人数.

在 David 加入时,新的总体重变为 $na+39=51(n+1)$. 在 Ben 加入时,最后的总体重变为

$$51(n+1)+51=52(n+2)$$

因此 $n=8, a=52.5$ kg.

2. 一个运动员绕着城市小区周围 4 条相同长度的道路散步、步行、慢跑、快跑. 他在每条道路上的速度是 4 km/h,5 km/h,10 km/h,20 km/h. 他在整个行程中的平均速度是多少?

**解** 令城市小区周围每条道路长为 $s$(在美国许多城市中,通常 $s$ 为 $\dfrac{1}{8}$ mi(1 mi = 1.609 344 km),即约为 200 m,但是我们这里不假设这一点). 因为平均速度是总距离除以总时间,所以我们可以写出

$$v=\frac{4s}{t_1+t_2+t_3+t_4}$$

其中,$t_1,t_2,t_3,t_4$ 是在小区旁每条路上运动所需要的时间

$$t_1=\frac{s}{v_1}, t_2=\frac{s}{v_2}, t_3=\frac{s}{v_3}, t_4=\frac{s}{v_4}$$

因此

$$v=\frac{4s}{\dfrac{s}{v_1}+\dfrac{s}{v_2}+\dfrac{s}{v_3}+\dfrac{s}{v_4}}=\frac{4}{\dfrac{1}{v_1}+\dfrac{1}{v_2}+\dfrac{1}{v_3}+\dfrac{1}{v_4}}$$

我们看出结果是各个速度的调和平均值

$$v = \frac{4}{\frac{1}{4} + \frac{1}{5} + \frac{1}{10} + \frac{1}{20}} \text{km/h} = \frac{20}{3} \text{km/h}$$

$$\approx 6.67 \text{ km/h}$$

3. 我有 8 个信封,每个信封放 1 美元,另外 8 个信封,每个信封放 3 美元,还有 8 个信封,每个信封放 5 美元. 我在 3 人中可以怎样分配这些信封,使每人得到相同个数的信封与相同的钱?

**解** 因为有 24 个信封,所以每人一定得到 8 个信封. 总的钱数是

$$8 \cdot 1 + 8 \cdot 3 + 8 \cdot 5 = 72(\text{美元})$$

于是每人收到总钱数 24 美元. 令一人分到分别放上 1 美元的 $x$ 个信封,分别放上 3 美元的 $y$ 个信封,分别放上 5 美元的 $z$ 个信封,则

$$x + 3y + 5z = 24, x + y + z = 8$$

如果我们把它们相减,那么得出 $y + 2z = 8$. 因为 $2z$ 是偶数,所以 $y$ 一定是偶数. 尝试 $y = 0, 2, 4, 6, 8$,得出 $z = 4, 3, 2, 1, 0, x = 4, 3, 2, 1, 0$. 因此可能的解是

$$(4,0,4),(3,2,3),(2,4,2),(1,6,1),(0,8,0)$$

我们必须在其中找出 3 个解(可能重复),每个类型的总共 8 个信封分配,例如

$$(4 \times 1 \text{ 美元}, 4 \times 5 \text{ 美元})$$

$$(3 \times 1 \text{ 美元}, 2 \times 3 \text{ 美元}, 3 \times 5 \text{ 美元})$$

$$(1 \times 1 \text{ 美元}, 6 \times 3 \text{ 美元}, 1 \times 5 \text{ 美元})$$

4. Bob 的父亲开车从学校回到他的家. 他们有准时的习惯,这样他的父亲到达学校后立即就能离开,Bob 可以坐进汽车,他们可以动身准时回到家. 昨天学校早放学 1 h, Bob 没让他父亲知道,他先步行,在路上遇见他父亲. 汽车停下 1 min 后带走了 Bob,并掉头行驶,他们比平时早 9 min 到家. Bob 的父亲始终以固定速度 55 km/h 开车. Bob 的平均步行速度是多少千米每小时?

**解** Bob 的父亲行车中节省了 10 min 或在每个方向节省了 5 min. 于是 Bob 比平时在汽车上少花了 5 min. 在 55 min 中,Bob 步行距离与他父亲平时 5 min 开车距离一样. 由此可以记 $55v = 5 \cdot 55$,因此他以 $v = 5$ km/h 步行.

5. 美国瑟夫赛德的短跑运动员们周末以固定步幅在海滨跑步. 在 9 时,他们跑过距离的 $\frac{1}{6}$;在 11 时,他们跑过距离的 $\frac{1}{3}$. 他们在 10∶30 时跑过距离的几分之几?

**解** 在 10∶30,他们会跑过

$$\frac{1}{6} + \frac{10:30 - 9:00}{11:00 - 9:00}\left(\frac{2}{3} - \frac{1}{6}\right) = \frac{1}{6} + \frac{90}{120} \cdot \frac{1}{2} = \frac{13}{24}$$

因此在 10：30，他们跑过总距离的 $\frac{13}{24}$.

6. 在 Phil 13 岁时，Jill 的年龄是 Bill 年龄的 5 倍. 在 Phil 的年龄是 Bill 年龄的 2 倍时，Jill 是 19 岁. 他们现在的年龄之和是 100. 每人现在年多少岁？

**解** 设在 Phil 13 岁时 Bill $x$ 岁，则在 Phil13 岁时 Jill $5x$ 岁. 在 Jill $5x$ 岁与她 19 岁之间经过的时间是 $19-5x$. 于是当 Jill 19 岁时，Bill 是 $x+(19-5x)=19-4x$ 岁，Phil 是 $13+(19-5x)=32-5x$ 岁. 因此 $32-5x=2(19-4x)$，从而 $x=2$. 于是当 Bill 2 岁时，Phil 是 13 岁，Jill 是 10 岁. 他们年龄之和是 25. 为使他们年龄之和达到 100，每人必须把 25 加到他们的年龄上. 因此，Bill 是 27 岁，Phil 是 38 岁，Jill 是 35 岁.

7. Andrew 与 Declan 骑他们的摩托车. Andrew 从澳大利亚墨尔本市出发，Declan 从吉朗市出发，离 Andrew 75 km. 他们以固定速度 15 km/h 相向行驶. 他们的一只鹦鹉名叫 Spot 站在 Andrew 的车把手上. 当 Andrew 出发时，Spot 以固定速度 30 km/h 飞向 Declan. 与 Declan 相遇时，Spot 以相同的固定速度飞向 Andrew. Spot 继续在这 2 个孩子之间来回飞行，直到他们相遇. Spot 飞行的距离是多少？

**解** Andrew 与 Declan 骑车 $2\frac{1}{2}$ h，于是 Spot 以 30 km/h 飞行了这个时间. 因此 Spot 飞行 $30 \cdot 2\frac{1}{2}=75(\text{km})$.

8. 我有 2 个计时的沙漏时钟——1 个没有漏沙 4 min，另一个没有漏沙 7 min. 我可以怎样利用它们准确地测量 10 min？

**解** 2 个时钟同时开始. 当 4 min 时钟结束时，它再开始. 当 7 min 时钟结束时，又重复 4 min 时钟，它将进行到要求的额外 3 min.

9. 求值
$$\frac{1}{\sqrt{1}+\sqrt{2}}+\frac{1}{\sqrt{2}+\sqrt{3}}+\frac{1}{\sqrt{3}+\sqrt{4}}$$

**解** 已知表达式等于
$$\frac{1}{\sqrt{1}+\sqrt{2}}+\frac{1}{\sqrt{2}+\sqrt{3}}+\frac{1}{\sqrt{3}+\sqrt{4}}$$
$$=\frac{\sqrt{2}-1}{(\sqrt{2}+1)(\sqrt{2}-1)}+\frac{\sqrt{3}-\sqrt{2}}{(\sqrt{3}+\sqrt{2})(\sqrt{3}-\sqrt{2})}+\frac{\sqrt{4}-\sqrt{3}}{(\sqrt{4}+\sqrt{3})(\sqrt{4}-\sqrt{3})}$$
$$=\sqrt{2}-1+\sqrt{3}-\sqrt{2}+\sqrt{4}-\sqrt{3}$$
$$=2-1=1$$

10. 因式分解 $6x^2-11x-10$.

**解** 我们有
$$6x^2-11x-10=(3x+2)(2x-5)$$

11. 展开下式
$$(x^2+2x+2)(x^2+2)(x^2-2x+2)(x^2-2)$$

**解** 我们有
$$(x^2+2x+2)(x^2-2x+2)(x^2+2)(x^2-2)$$
$$=[(x^2+2)^2-4x^2](x^4-4)$$
$$=(x^4+4)(x^4-4)$$
$$=x^8-16$$

12. 比较 $2^{333}$ 与 $3^{222}$.

**解** 我们有
$$2^{333}=(2^3)^{111}=8^{111} \text{ 与 } 3^{222}=(3^2)^{111}=9^{111}$$

因此 $3^{222}>2^{333}$.

13. 令
$$A=(1^2-2^2)(2^2-3^2)\cdots(49^2-50^2)$$

与
$$B=(1^2-3^2)(2^2-4^2)\cdots(49^2-51^2)$$

证明
$$AB=2^{48}\cdot 100!$$

**证** 利用 $x^2-y^2=(x-y)(x+y)$,我们得出
$$A=(1-2)(1+2)(2-3)(2+3)\cdots(49-50)(49+50)$$
$$=(-1)^{49}\cdot 3\cdot 5\cdot 7\cdot\cdots\cdot 99$$

与
$$B=(1-3)(1+3)(2-4)(2+4)\cdots(49-51)(49+51)$$
$$=(-2)^{49}\cdot 4\cdot 6\cdot 8\cdot\cdots\cdot 100$$

因此 $AB=2^{48}\cdot 100!$.

14. 令 $N=3+33+\cdots+\underbrace{33\cdots3}_{32\text{个}}$. 证明
$$9N+100=\underbrace{33\cdots34}_{32\text{个}}$$

**证** 我们有
$$3N=10-1+100-1+\cdots+\underbrace{100\cdots0}_{32\text{个}}-1$$

于是
$$3N+33=\underbrace{11\cdots1}_{33\text{个}}$$

因此

$$9N+99=\underbrace{33\cdots3}_{33\text{个}}$$

于是
$$9N+100=\underbrace{33\cdots34}_{32\text{个}}$$

15. 直角三角形的边长是 $x, x-y, x+y$. 求 $\dfrac{x}{y}$.

**解** 易见边长为 $x+y$ 的边是斜边,从而
$$(x+y)^2=(x-y)^2+y^2$$
这等价于 $x^2=4xy$,因此 $\dfrac{x}{y}=4$.

16. 对实数 $x$ 解以下方程
$$x^4-4x=1$$

**解** 没有 3 次项与 2 次项,建议我们尝试配方. 把 $2x^2+1$ 加到两边,把 $4x$ 移到右边,我们得出
$$x^4+2x^2+1=2(x^2+2x+1)$$
把两边配方给出
$$(x^2+1)^2=[\sqrt{2}(x+1)]^2$$
这分为 2 个二次方程
$$x^2-\sqrt{2}x+1-\sqrt{2}=0$$
与
$$x^2+\sqrt{2}x+1+\sqrt{2}=0$$
第 2 个方程的判别式是负的. 第 1 个方程的解是仅有的实数解,即
$$x_{1,2}=\dfrac{1\pm\sqrt{2\sqrt{2}-1}}{\sqrt{2}}$$

17. 对实数 $x$ 解以下方程
$$x^2(x-1)^2+x(x^2-1)=2(x+1)^2$$

**解** 用代换 $u=x(x-1), v=x+1$,把所有的项移到左边,我们得出
$$u^2+uv-2v^2=0$$
它因式分解为
$$(u+2v)(u-v)=0$$
第 1 个因式给出 $x^2+x+2=0$,它没有实根,因为它的判别式是负的. 第 2 个因式给出 $x^2-2x-1=0$,它有实根 $1\pm\sqrt{2}$.

18. 对实数 $x$ 解以下方程

$$(x^2-3x+1)(x^2+3x+2)(x^2-9x+20)=-30$$

**解** 首先注意,方程左边 3 个因式似乎有共同之处.但是注意到
$$(x^2+3x+2)(x^2-9x+20)=(x+1)(x+2)(x-4)(x-5)$$
因为已知方程第 1 个因式包含项 $x^2-3x$,所以我们把 $x+1$ 与 $x-4$ 成对配合,把 $x+2$ 与 $x-5$ 成对配合.这给出
$$(x^2+3x+2)(x^2-9x+20)=(x^2-3x-4)(x^2-3x-10)$$
设 $t=x^2-3x$,原方程变为
$$(t+1)(t-4)(t-10)=-30$$
这化为
$$t^3-13t^2+26t+70=0$$
整数根定理给出 $t_1=5$,方程因式分解为
$$(t-5)(t^2-8t-14)=0$$
它还给出 2 个根 $t_{2,3}=4\pm\sqrt{30}$.回到我们的代换 $t=x^2-3x$,方程分为 3 个二次方程,它们的根是
$$\frac{3\pm\sqrt{29}}{2},\frac{3\pm\sqrt{25+4\sqrt{30}}}{2},\frac{3\pm\sqrt{25-4\sqrt{30}}}{2}$$

19. 对实数 $x$ 解以下方程
$$\left(\frac{x+6}{x-6}\right)\left(\frac{x+4}{x-4}\right)^2+\left(\frac{x-6}{x+6}\right)\left(\frac{x+9}{x-9}\right)^2=2\left(\frac{x^2+36}{x^2-36}\right)$$

**解** 注意到
$$2\left(\frac{x^2+36}{x^2-36}\right)=\frac{x+6}{x-6}+\frac{x-6}{x+6}$$
是有用的.把所有的项移到左边,利用右边的分解,我们有
$$\left(\frac{x+6}{x-6}\right)\left[\left(\frac{x+4}{x-4}\right)^2-1\right]+\left(\frac{x-6}{x+6}\right)\left[\left(\frac{x+9}{x-9}\right)^2-1\right]=0$$
去分母,方程写作
$$4x(4((x+6)(x-9))^2+9((x-4)(x-6))^2)=0$$
因为第 2 个因式是 2 个平方数之和,所以方程的唯一实数解是 $x=0$.

20. 对参数 $a\in\mathbf{R}$ 的所有值解方程
$$(1+a^2)x^2+2(x-a)(1+ax)+1=0$$

**解** 解题的自然方法是合并 $x$ 同次幂的系数.我们保留已知方程的中项.把第 1 项与第 3 项作以下变形,并把剩下的项写成 $(x-a)$ 与 $(1+xa)$ 的形式.现在
$$(1+a^2)x^2+1=(a^2x^2+2ax+1)+(x^2-2ax+a^2)-a^2$$
$$=(ax+1)^2+(x-a)-a^2$$

于是原方程写作
$$(ax+1+x-a)^2-a^2=0$$
它因式分解为
$$((a+1)x-(2a-1))((a+1)x+1)=0$$
对 $a=-1$,方程无解. 对 $a\neq -1$,方程有两解
$$\frac{2a-1}{a+1} \text{ 与 } \frac{1}{a+1}$$

## 2.16 角的寻求 I

1. 如图 2.16.1 所示,5 条射线 $OA, OB, OC, OD, OE$ 从点 $O$ 发出,组成各角,使 $\angle EOD = 2\angle COB, \angle COB = 2\angle BOA$, 而 $\angle DOC = 3\angle BOA$. 如果 $E, O, A$ 共线,求 $\angle DOB$.

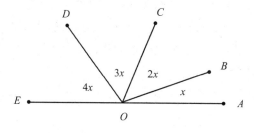

图 2.16.1

**解** 令 $\angle AOB$ 的度数为 $x$,则 $x+2x+3x+4x=180°$. 从而 $10x=180°, x=18°$. 因此 $\angle DOB = 5x = 90°$.

2. 求图 2.16.2 中 $x$ 的值.

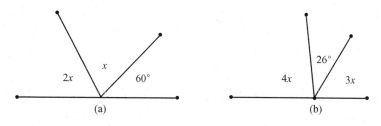

图 2.16.2

**解** 在图 2.16.2(a) 中我们有 $3x+60°=180°$,因此 $x=40°$. 在图 2.16.2(b) 中 $7x+26°=180°$,因此
$$x=\frac{180°-26°}{7}=22°$$

3.(1) 求图 2.16.3 中 $x$ 的值.

(2) 这个图画得不准确. 哪些点应该画在同一条直线上？

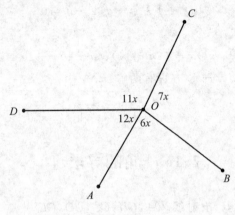

图 2.16.3

**解** (1) $11x+12x+7x+6x=360°$，因此 $x=10°$.

(2) 注意 $\angle DOB=11x+7x=18x=180°$. 因此，$DOB$ 应该是直线.

4. $OX$ 平分 $\angle AOB$，$C$ 在直线 $BO$ 上，$O$ 在 $B$ 与 $C$ 之间，$OY \perp OX$，$Y$ 与 $A$，$X$ 都在 $\angle BOC$ 的同侧. 求 $\angle COY$ 与 $\angle YOA$ 之间的关系.

**解** 令 $\angle BOX=\angle XOA=x$，$\angle AOY=y$，$\angle YOC=z$，则 $x+y=90°$，因为 $BOC$ 是直线，所以 $x+x+y+z=180°$，从而 $x+z=90°$. 因为 $x+y=x+z=90°$，所以得 $y=z$. 因此 $\angle COY=\angle YOA$.

5. 在图 2.16.4 中，$AB \parallel CD$，$\angle BXY=40°$，$\angle DZY=20°$. 求 $\angle XYZ$ 的度数.

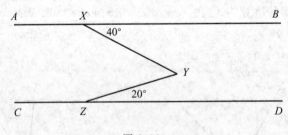

图 2.16.4

**解** 通过 $Y$ 作 $AB$ 的平行线，则由内错角 $\angle BXY$ 与 $\angle DZY$，我们看出
$$\angle XYZ=\angle BXY+\angle DZY=40°+20°=60°$$

6. 在图 2.16.5 中，$\angle UWZ=70°$，$\angle VUW=60°$，$WX \parallel YZ \parallel UV$. 求 $\angle WZY$ 的度数.

**解**
$$\angle WZY=\angle XWZ=180°-\angle VUW-\angle UWZ$$
$$=180°-60°-70°=50°$$

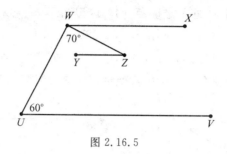

图 2.16.5

## 2.17 角的寻求 Ⅱ

1.(外角)如图 2.17.1 所示,证明:三角形的外角等于 2 个不相邻内角和.

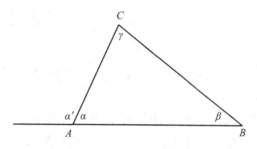

图 2.17.1

**证** 在任意三角形 △ABC 中,令顶点 A 旁边的内角与外角分别表示为 α 与 α′.这 2 个角互补,于是

$$\alpha + \alpha' = 180°$$

如果三角形的其他 2 个角表示为 β 与 γ,那么我们也可以写出

$$\alpha + \beta + \gamma = 180°$$

比较这 2 个方程,我们求出

$$\alpha' = \beta + \gamma$$

**注** 这个小定理在许多问题中都能派上用场.

2.求图 2.17.2 中的 a 与 b.

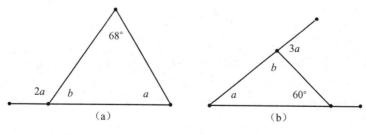

图 2.17.2

**解** 图 2.17.2(a) 利用外角定理,我们可以记 $2a = a + 68°$,于是 $a = 68°$. 最后
$$b = 180° - 2 \cdot 68° = 44°$$

图 2.17.2(b) 从外角定理,$3a = a + 60°$,于是 $a = 30°$. 因此 $b = 180° - 30° - 60° = 90°$.

3. 求图 2.17.3 中的 $x$(在这些图中看似平行的直线实际上平行).

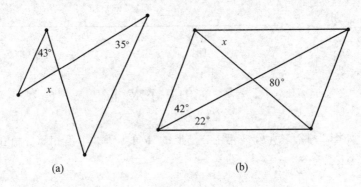

图 2.17.3

**解** 图 2.17.3(a) 较大三角形中的角是 $35°$,$43°$(内错角)与 $180° - x$(补角),从而 $35° + 43° + 100° - x = 180°$,因此 $x = 78°$.

图 2.17.3(b) 图的下底边上的三角形有角 $22°$,$x$(内错角),$100°$(补角),于是 $x = 180° - 22° - 100° = 58°$. 换言之,我们可以对每个三角形利用外角定理,写出 $x + 22° = 80°$,因此 $x = 58°$.

4. 三角形中两角之和是第 3 角的 3 倍. 求第 3 角的度数.

**解** 令 $x, y, z$ 是三角形的角,则我们可以记 $x + y = 3z$. 另外 $x + y + z = 180°$,从而 $4z = 180°$,因此 $z = 45°$.

5. 我们说,三角形的 2 个最大角相差 $30°$,而 2 个最小角相差 $15°$. 请查明这样的三角形是否可能存在;如存在,它是否是唯一的.

**解** 令 $\alpha \geqslant \beta \geqslant \gamma$ 是三角形的角,则 $\alpha - \beta = 30°$,$\beta - \gamma = 15°$. 自然 $\alpha + \beta + \gamma = 180°$. 方程组看来像这个

$$\begin{cases} \alpha - \beta = 30° \\ \beta - \gamma = 15° \\ \alpha + \beta + \gamma = 180° \end{cases}$$

方程组的行列式是 $\begin{vmatrix} 1 & -1 & 0 \\ 0 & 1 & -1 \\ 1 & 1 & 1 \end{vmatrix} = 3 \neq 0$,于是方程组有唯一解. 把第 3 个方程减去第 1 个方程,我们得出

$$\begin{cases} \alpha - \beta & = 30° \\ \beta - \gamma = 15° \\ 2\beta + \gamma = 150° \end{cases}$$

最后从第 3 个方程减去第 2 个方程的 2 倍,得出

$$\begin{cases} \alpha - \beta & = 30° \\ \beta - \gamma = 15° \\ 3\gamma = 120° \end{cases}$$

现在方程组具有三角形形式,我们迅速看出 $\gamma = 40°, \beta = 55°, \alpha = 85°$.

6. 如图 2.17.4 所示,$BD$ 与 $CE$ 分别是 $\angle B$ 与 $\angle C$ 的平分线. 如果 $\angle A = 80°$,$\angle ABC = 30°$,求 $\angle BIC$.

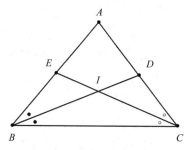

图 2.17.4

**解** $\angle ACB = 180° - 80° - 30° = 70°$. 于是 $\angle BIC = 180° - \dfrac{30°}{2} - \dfrac{70°}{2} = 130°$. 如果不给出 $\angle ABC$ 的度数,再研究这个问题.

7. 在 $\square ABCD$ 中,令 $E$ 是边 $CD$ 上的点,使 $AE$ 是 $\angle DAB$ 的平分线,$BE$ 是 $\angle ABC$ 的平分线. 求 $\angle AEB$ 的度数.

**解** 令 $\angle BAE = x, \angle ABE = y$,则 $2x + 2y = 180°$,因为 $\angle DAB$ 与 $\angle ABC$ 是补角. 因此 $x + y = 90°$. 最后 $\angle BEA = 180° - x - y = 90°$.

8.(1) 在图 2.17.5 中,证明 $x + y + z$ 是周角,即 $360°$.

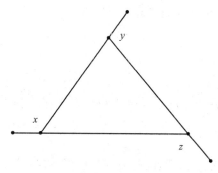

图 2.17.5

(2) 如果 $x+y=3z$,求三角形中最大内角的度数.

**解** (1) 三角形的内角是 $180°-x, 180°-y, 180°-z$,因此
$$(180°-x)+(180°-y)+(180°-z)=180°$$
我们求出 $x+y+z=360°$,也称为周角.

(2) 如果 $x+y=3z$,那么 $4z=360°$,于是 $z=90°$.因此三角形的 1 个内角是 $90°$.这是最大内角,因为其他 2 个角之和一定是 $90°$,所以它们中没有 1 个角大于 $90°$.

## 2.18 三角形的几何学 I

1. $\triangle ABC$ 内角的度数是 $10x, 15x, 20x$.求 $\triangle ABC$ 所有的内角与外角的度数.

**解** 三角形中所有内角的度数和是 $180°$,因此
$$10x+15x+20x=180° \Leftrightarrow 45x=180° \Rightarrow x=4°$$
于是内角是 $40°, 60°, 80°$.外角是内角的补角,因此它们的度数分别是 $180°-40°=140°$,$180°-60°=120°, 180°-80°=100°$.

2. 在锐角 $\triangle ABC$ 中,$\angle A=x°+15°, \angle B=2x°-6°$,在 $C$ 上的外角度数是 $3x°+9°$.求正整数值 $x$ 的个数.

**解** $\triangle ABC$ 是锐角三角形,于是它的内角一定小于 $90°$,它的外角一定大于 $90°$.因此
$$0°<x°+15°<90°, 0°<2x°-6°<90°, 90°<3x°+9°<180°$$
这等价于
$$-15°<x°<75°, 3°<x°<48°, 27°<x°<57°$$
于是所有这些不等式一定满足
$$27°<x°<48°$$
我们看 $x$ 的整数值:$28, 29, \cdots, 47$,共有 20 个 $x$ 的不同可能正整数值.

3. 在 $\triangle ABC$ 中,边长 $AB=x+4, BC=x+9, CA=3x$,其中 $x$ 是整数.$x$ 的最大与最小的可能值是多少?

**解** 在这个三角形中的 3 个三角形不等式是
$$(x+4)+(x+9)>3x$$
$$(x+9)+3x>x+4$$
$$3x+(x+4)>x+9$$
这等价于 $x<13, 3x>-5, 3x>5$.结合这些不等式,得出
$$\frac{5}{3}<x<13$$
因此解是 $x=2, 3, \cdots, 12$.要求读者检验,对 2 个极值,边长是正数,所有不等式都满足.

4. 三角形的两边长是 5 与 13.第 3 边的中线长是 $m$.$m$ 的所有可能整数值是多少?

**解** 在本题中,我们讨论三角形的中线,经验表明,在具有中线的问题中,常常把包含中线的直线延长中线长的2倍,构成平行四边形.在本题中,平行四边形的边长为5与13.它的一条对角线是三角形第3边,而另一条对角线是三角形中线的2倍.在后这条对角线与平行四边形的两边构成的三角形中,我们可以写出三角形不等式如下

$$5+13>2m$$
$$2m+5>13$$
$$13+2m>5$$

这等价于

$$m<9, m>4, m>-4$$

因此 $4<m<9$. 从以上讨论,很明显,这些不等式是唯一的约束,因此整数解是 $m=5,6,7,8$.

5. 证明:对等边三角形内任何一点 $P$,从 $P$ 到三边的距离和等于三角形的一条高线长.

**证** 我们分别以 $PC', PA', PB'$ 表示从 $P$ 到边 $AB, BC, CA$ 的最短距离.其次把 $P$ 与顶点 $A, B, C$ 联结起来,考虑 $\triangle PAB, \triangle PBC, \triangle PCA$. 它们的面积分别等于

$$\frac{1}{2}a \cdot PC', \frac{1}{2}a \cdot PA', \frac{1}{2}a \cdot PB'$$

其中我们利用了 $a=b=c$. 它们全部相加起来得出原 $\triangle ABC$ 的面积

$$\frac{1}{2}a \cdot PC' + \frac{1}{2}a \cdot PA' + \frac{1}{2}a \cdot PB' = \frac{1}{2}ah$$

这个方程的两边除以 $\frac{a}{2}$, 我们得出要求的结果

$$PA' + PB' + PC' = h$$

6. 点 $A, B, C, D$ 依次在一条直线上,使 $AB = CD, BC = 12$. 点 $E$ 不在这条直线上,$BE = CE = 10$. $\triangle AED$ 的周长是 $\triangle BEC$ 的周长的2倍.求 $\triangle AEB$ 的周长.

**解** 令 $AB = CD = x$. 因为 $\triangle BEC$ 是等腰三角形,所以我们得出内角 $\angle ABE = \angle DCE$. 从而由对称性,$\triangle ABE \cong \triangle DCE$, 于是对某 $y, EA = ED = y$. 由假设得

$$2y + 2x + 12 = 2(12 + 10 + 10) = 64$$

从而 $x + y = 26$. 因此 $\triangle AEB$ 的周长是 $x + y + 10 = 36$.

7. 凸多边形的1个内角是 $160°$. 多边形其余的每个内角都是 $112°$. 多边形有多少条边?

**解** 我们以 $n$ 表示多边形的顶点数.我们知道内角和是 $180°(n-2)$. 另一方面,我们有内角和 $160° + 112°(n-1)$, 从而

$$180°(n-2) = 160° + 112°(n-1) \Rightarrow 68°n = 408° \Rightarrow n = 6$$

因此多边形是六边形.

8. △ABD 与 △CBD 不重叠. 三角形的 ∠ABD = 40°, ∠ADB = 55°, ∠CBD = 75°, ∠CDB = 55°. 线段 AB, BC, CD, DA 中哪一条最长？

**解** 我们计算 ∠BAD = 85°, ∠BCD = 50°. 在 △ABD 中, 边 BD 最长, 因为它对最大的角; 从而 BD > AB, AD. 在 △BCD 中, 边 CD 最长, 因为它对最大的角, 从而 CD > BC, BD, 由以上的结果, 我们得出 CD > BC, BD, AB, AD. 因此最长线段是 CD.

9. 已知正六边形 BAGELS. 证明:△SEA 是等边三角形.

**证** 每个内角大小为 $\frac{4}{6} \cdot 180° = 120°$. △SBA 是等腰三角形, 从而

$$\angle BAS = \angle BSA = \frac{1}{2}(60°) = 30°$$

我们用相同方法得出 ∠GAE = 30°, 从而

$$\angle SAE = 120° - 30° - 30° = 60°$$

类似地得出

$$\angle AES = \angle ESA = 60°$$

这得出 △SEA 是等边三角形.

10. 令 ABCDE 是正五边形. 证明:AC ∥ ED.

**证** 每个内角等于 $\frac{3}{5} \cdot 180° = 108°$. 因为 △EDC 是等腰三角形, 所以我们得出 ∠CED = 36°. 我们用相同方法得出 ∠BCA = 36°, 从而

$$\angle ACE = 108° - 36° - 36° = 36°$$

因为直线 EC 是直线 AC 与 ED 的横截线, 组成相等内角, 所以我们一定有 AC ∥ ED.

## 2.19 三角形的几何学 II

1. 证明:如果凸四边形的 2 条对边平行且相等, 那么这个四边形事实上是平行四边形.

**证** 令四边形 ABCD 使 AB = CD, AB ∥ CD. 作对角线 BD. 由 SAS, 我们看出 △ABD ≅ △CDB; 从而 BC = AD, ∠ADB = ∠DBC, 这证明了 AD ∥ BC. 这证明了 ABCD 是平行四边形.

2. 证明:如果凸四边形 ABCD 的 2 条对角线相交于各自的中点, 那么这个四边形是平行四边形.

**证** 令 O 是对角线的交点. 由对顶角, 我们看出 ∠AOB = ∠DOC, 从而由 SAS, △AOB ≅ △COD. 因此求出 ∠ABO = ∠ODC, 这证明了 AB ∥ DC. 类似的, AD ∥ BC, 证毕.

3. 证明:如果平行四边形的对角线相等, 那么这个平行四边形是矩形.

**证** 令四边形 $ABCD$ 是平行四边形,使对角线 $AC=DB$,则我们注意,由 SSS,以下各对三角形全等:$\triangle DAB \cong \triangle CBA$,$\triangle CBA \cong \triangle BCD$,$\triangle BCD \cong \triangle ADC$. 这些全等证明了平行四边形的各角都相等,因为它们之和是 $360°$,所以这蕴涵这个平行四边形是矩形.

4. 证明:如果四边形的对角线是各自角的平分线,那么这个四边形是菱形.

**证** 令 $ABCD$ 是满足题目条件的四边形. 我们注意,由 ASA,$\triangle ABC \cong \triangle ADC$. 用相同方法得出 $\triangle ADB \cong \triangle CDB$. 这 2 个事实联合起来就得出 $AB=BC=CD=DA$,这蕴涵 $ABCD$ 是菱形.

5. 证明以下命题:(1) 等腰梯形一条腰在底边上的投影等于上、下底之差的一半.
(2) 等腰梯形一条对角线在底边上的投影是上、下底之和的一半.

**证** 我们考虑以下等腰梯形.(图 2.19.1)令 $x=FC$ 是一腰的投影. 由 $\triangle BFC \cong \triangle AED$,我们一定有 $DE=x$. 另外,令 $a=AB$. 因为 $ABFE$ 是矩形,所以有 $EF=a$. 于是

$$CD=2x+a=2x+AB \Rightarrow x=\frac{CD-AB}{2}$$

令 $y=DF$ 为对角线 $DB$ 的投影,则

$$y=a+x=\frac{a+2x+a}{2}=\frac{CD+AD}{2}$$

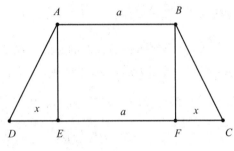

图 2.19.1

6. 证明:在直角三角形中,斜边上的中线是斜边的一半.

**证 1** 如图 2.19.2 所示,令 $\triangle ABC$ 是直角三角形,$\angle A$ 是直角,$O$ 是它的斜边 $BC$ 的中点. 在中线 $AO$ 的延长线上作点 $D$,使 $\triangle ABC \cong \triangle DCB$. 注意 $AD$ 与 $BC$ 是 $\square ABDC$ 的对角线,它们相交于它们的中点. 这蕴涵 $ABDC$ 是平行四边形(由问题2),从而是矩形,因为 $\angle BAC$ 是直角. 因此对角线相等,于是 $AO=\frac{1}{2}AD=\frac{1}{2}BC$.

**证 2** 参考以前所述的特点可以给出另一种证明:在直角三角形中,外接圆圆心在斜边的中点.

7. 证明:菱形面积等于它的 2 条对角线长的乘积的一半.

**证** 令 $ABCD$ 为菱形,$O$ 是对角线的交点. 注意,菱形的对角线互相垂直,因此它的面积是

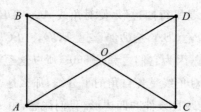

图 2.19.2

$$K_{ABCD} = K_{AOB} + K_{BOC} + K_{COD} + K_{DOA}$$
$$= \frac{1}{2}AO \cdot BO + \frac{1}{2}BO \cdot CO + \frac{1}{2}CO \cdot DO + \frac{1}{2}DO \cdot AO$$
$$= \frac{1}{2}BO \cdot AC + \frac{1}{2}DO \cdot AC$$
$$= \frac{1}{2}AC \cdot BD$$

8. 在 △ABC 中,令 X,Y 在边 AB 与 AC 上,使 XY ∥ BC. 如果 AX = 10, XY = 20, BC = 10,求 XB.

**解** 由泰勒斯定理,我们有

$$\frac{AB}{AX} = \frac{40}{20} = 2 \Rightarrow \frac{AX + XB}{AX} = 1 + \frac{XB}{AX} = 2 \Rightarrow XB = AX = 10$$

9.(四边形各边的中点)证明:任何四边形各边的中点依次连线构成平行四边形.

**证** 如图 2.9.3 所示,考虑任意四边形 ABCD. 令 P,Q,R,S 分别是边 AB,BC,CD,DA 的中点,则线段 PQ 是 △ABC 的中位线,因此 $PQ \underline{\underline{\parallel}} \frac{1}{2}AC$. 类似的,线段 RS 是 △ADC 的中位线,$RS \underline{\underline{\parallel}} \frac{1}{2}AC$,由此我们断定线段 $PQ \underline{\underline{\parallel}} RS$. 类似的,我们可以证明线段 $QR \underline{\underline{\parallel}} PS$,因此证明了,由任何四边形各边的中点构成的四边形是平行四边形.

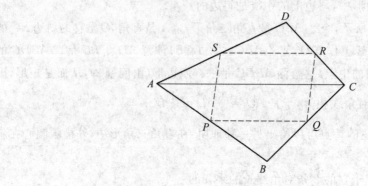

图 2.19.3

10. (梯形的中位线定理) 证明以下命题:

(1) 梯形的中位线与梯形两底平行.

(2) 它的长是两底长的算术平均值.

**证** 如图 2.19.4 所示,对具有底 $AB=a$, $CD=b$ 的任意梯形 $ABCD$,令 $AD$ 与 $BC$ 的中点分别是 $M$ 与 $N$. 不失一般性,我们可以设 $a \geqslant b$. 令点 $R$ 是 $AB$ 上的点,使 $CR \parallel AD$. 令 $CR$ 与 $MN$ 的交点是点 $S$. 注意, $ARCD$ 是平行四边形,于是 $AR=b$, $RB=a-b$. 也注意到 $MS$ 是 $\square ARCD$ 的中位线,于是 $MS \parallel AB$, $MS=b$. 也注意到 $SN$ 是 $\triangle RBC$ 的中位线,于是 $SN \parallel AB$, $SN=\frac{1}{2}RB=\frac{1}{2}(a-b)$. 联合这些结果,我们求出了 $MN \parallel AB$,且

$$MN = b + \frac{a-b}{2} = \frac{2b+a-b}{2} = \frac{a+b}{2}$$

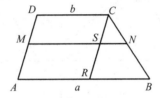

图 2.19.4

11. 证明:联结梯形 2 条对角线中点的线段平行于两底,它的长是两底长差的一半.

**证** 如图 2.19.5 所示,对具有底 $AB=a$, $CD=b$ 的任意梯形 $ABCD$,令对角线 $AC$ 与 $BD$ 的中点分别为 $P$ 与 $R$. 不失一般性,我们可以设 $a \geqslant b$. 如果 $N$ 是腰 $BC$ 的中点,那么可见 $NR$ 是 $\triangle BCD$ 的中位线,而 $NP$ 是 $\triangle ABC$ 的中位线. 因此 $NR$ 与 $NP$ 都平行于梯形的两底,于是它们互相平行,这告诉我们由两条对角线中点确定的线段 $PR$ 平行于两底. 我们来求 $PR$ 的长

$$PR = NP - NR = \frac{a}{2} - \frac{b}{2} = \frac{a-b}{2}$$

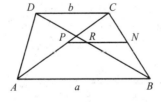

图 2.19.5

## 2.20 第 4 套问题

1. 在 □PQRS 中,如果 ∠PQR = 58°,求 ∠RSP 的度数.

**解** ∠PQR + ∠QRS = 180°(相邻角),从而 ∠QRS = 122°.类似的
$$\angle RSP + \angle QRS = 180°$$
从而 ∠RSP = 58°.一般的,在任何平行四边形中,对角相等.

2. 在图 2.20.1 中,AB // CD,AC // BD,∠BAD = 32°,∠BDE = 71°.求以 a,c,e 表示的每个角.

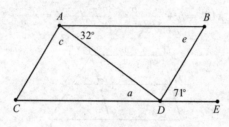

图 2.20.1

**解** a = ∠BAD = 32°(内错角),e = ∠BDE = 71°(也是内错角).因为 ∠ACD = e,三角形内角和是 180°,所以我们可以记 a + c + e = 180°,因此 c = 180° − a − c = 180° − 32° − 71° = 77°.

3. 求图 2.20.2 中每个 x.在图 2.20.2(b) 中 AB // DE.

**解** 图 2.20.2(a) 三角形的第 3 角是已知 85° 的对顶角,于是它也是 85°.三角形内角和是 180°,因此 x = 180° − 85° − 48° = 47°.

图 2.20.2(b) 以 x 表示的角是 ∠ABE 的内错角,于是 ∠ABE = x.因此在 △ABC 中,58° + 36° + x = 180°,于是 x = 86°.

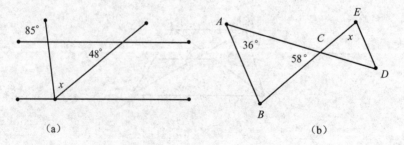

图 2.20.2

4. 如图 2.20.3 所示,AK 平分 ∠BAC. 如果 ∠ACD=142°,∠ABC=68°,求 ∠AKC.

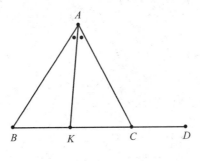

图 2.20.3

**解** 如图 2.20.4 所示,利用外角定理,我们可以记 $z=x+\angle A, y=x+\dfrac{\angle A}{2}$. 从这 2 个方程中消去 $\angle A$,得出 $y=x+\dfrac{z-x}{2}$,这给我们 $y=\dfrac{x+z}{2}=105°$.

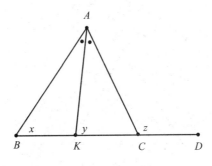

图 2.20.4

5. 在 △ABC 中,∠BAC 的平分线 AD 交 BC 于 D,使 AD=AB. 如果 ∠ACB=51°,求 ∠ABC 的度数.

**解** 令 ∠ABC=$x$,∠BAD=$y$. 在 △ABD 中 $2x+y=180°$. 又 $x$ 是 △ADC 的外角,于是 $x=y+51°$. 我们可以把这 2 个方程相加,消去 $y$,得出 $3x=180°+51°$,因此 $x=77°$.

6. △ABC 是等腰三角形,AB=AC,把 BC 延长到 D. 求 ∠ABC 与 ∠ACD 之和.

**解** 因为 △ABC 是等腰三角形,所以我们有
$$\angle B=\angle C, \angle ACD=180°-\angle C=180°-\angle B$$
因此 ∠ABC+∠ACD=∠B+180°−∠B=180°.

7. 如图 2.20.5 所示,PQ=PR,RS=RQ. 如果 ∠SPR=40°,求:(1)∠SQR,(2)∠PRS.

**解** (1) 令 $x$=∠SQR=∠PQR. 在 △PQR 中我们求出 $2x=180°-40°=140°$,因此 ∠SQR=70°.

(2) △SQR 是等腰三角形,于是 ∠QSR=∠SQR=70°. 因为 ∠QSR 是 △PSR 的外

角，所以我们有 $\angle PRS = 70° - 40° = 30°$.

8. $ABCD$ 是直线，$BE = BC$，各角如图 2.20.6 所示. 确定是否有 $EC = CD$. 注意，这个图可能画得不准确.

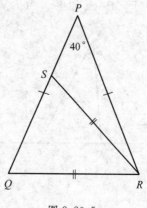

图 2.20.5

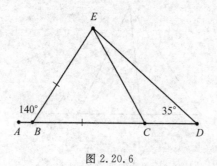

图 2.20.6

**解** $\angle EBC = 180° - 140° = 40°$. 其次 $\angle BEC = \angle BCE = 70°$. 再次 $\angle ECD = 180° - 70° = 110°$. 最后 $\angle CED = 180° - 110° - 35° = 35° = \angle EDC$. 因此 $\triangle CED$ 是等腰三角形，$EC = CD$.

9. 我们说 4 点是循环的，如果它们在同一圆上. 证明：在任何三角形中，垂心、顶点，从其他 2 个顶点做出的高线足是循环的.

**证** 我们考虑顶点 $A$，垂心 $H$，分别从 $B$ 与 $C$ 做出的垂线足 $B'$ 与 $C'$. 注意，$\triangle AHB'$ 是直角三角形，直角在 $B'$ 上. $\triangle AHC'$ 也是直角三角形，直角在 $C'$ 上. 也注意 $AH$ 是 2 个三角形的斜边. 因此 2 个三角形的外心在 $AH$ 的中点，$AH$ 是 2 个外接圆的直径. 于是 2 个外接圆重合，包含所有 4 点 $A, B', H, C'$，因此证明了它们是循环的.

10. 矩形 $ABCD$ 的所有边长是整数，它的内部被分为 7 个不重叠的矩形区域：2 个 $8 \times 10$ 区域，1 个 $10 \times 12$ 区域，1 个 $5 \times 13$ 区域，1 个 $13 \times 13$ 区域，1 个 $10 \times 22$ 区域，1 个 $3 \times 16$ 区域. 这些区域必须转动，以便完全覆盖矩形 $ABCD$. 矩形 $ABCD$ 的长与宽之和是多少？

**解** 如果我们把所有已知区域的面积相加,那么得出矩形 $ABCD$ 的面积等于 782. 782 的素因子分解是 $782 = 2 \cdot 17 \cdot 23$. 因此,如果 $a$ 与 $b$ 是矩形 $ABCD$ 的边长,不失一般性可设 $a < b$, 那么 $ab = 2 \cdot 17 \cdot 23$, 有 4 种可能性,即 $(a,b) = (1,782), (2,391), (17,46)$ 或 $(23,34)$. 前 2 种可能性显然不可能,因为没有一个已知小矩形符合原来矩形. 第 3 种可能性也不可能,因为 $10 \times 22$ 小矩形必须使它长 10 的边平行于 $ABCD$ 的长 17 的边. 但是这会留下到小矩形距离为 $17 - 10 = 7$, 易见 7 不是已知小矩形任何两边长之和. 因此我们一定有 $(a,b) = (23,34), a + b = 57$.

这种情形可以发生. 为了看出这种情形,首先把 2 个 $10 \times 8$ 小矩形放在 $3 \times 16$ 小矩形上方. 这些组合给出了 $13 \times 16$ 小矩形. 把这个小矩形与 $13 \times 5$ 小矩形、$13 \times 13$ 小矩形以某顺序放在一起,给出了 $13 \times 34$ 小矩形. 其次把 $10 \times 12$ 小矩形与 $10 \times 22$ 小矩形可以组合成 $10 \times 34$ 小矩形, 把这小矩形与 $13 \times 34$ 小矩形组合成 $23 \times 34$ 矩形. (图 2.20.7)

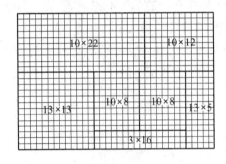

图 2.20.7

11. (角平分线定理) 令 $\triangle ABC$ 的 $\angle A$ 的平分线交边 $BC$ 于点 $L$. 证明
$$\frac{BL}{LC} = \frac{AB}{AC}$$

**证** 如图 2.20.8 所示,我们延长边 $AC$, 通过 $B$ 作 $AL$ 的平行线. 以 $P$ 表示它们的交点. 因为 $PB \parallel AL$, 所以有 $\angle BPA = \angle LAC$(同位角). 我们也有 $\angle PBA = \angle BAL$(内错角). 因为 $\angle LAC = \angle BAL$(每个角是 $\angle A$ 的一半), 所以 $\triangle PBA$ 是等腰三角形, $AP = AB$. 最后从泰勒斯定理
$$\frac{BC}{LC} = \frac{PC}{AC}$$

我们可以改写为
$$\frac{BL + LC}{LC} = \frac{PA + AC}{AC}$$

或
$$1 + \frac{BL}{LC} = 1 + \frac{PA}{AC}$$

最后有

$$\frac{BL}{LC} = \frac{PA}{AC} = \frac{AB}{AC}$$

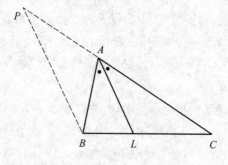

图 2.20.8

12.（梯形的著名性质）如果梯形的两底不相等（于是它不是平行四边形）．证明：对角线的交点，两底的中点，两腰延长线的交点在同一条直线上．

**证** 证明 2 个中点与对角线交点共线的好方法是，首先引入 1 个中点与对角线交点，证明另一底上与它们共线的点是这个底的中点．以 $R$ 表示底 $CD$ 的中点，以 $S$ 表示对角线交点．（图 2.20.9）令 $T$ 是 $RS$ 与 $AB$ 的交点，则 $\triangle SRD \backsim \triangle STB$，于是 $\frac{RD}{TB} = \frac{RS}{ST}$. 类似的

$$\triangle SRC \backsim \triangle STA$$

$$\frac{RC}{AT} = \frac{RS}{AT}$$

因此 $\frac{RD}{TB} = \frac{RC}{AT}$ 或 $\frac{AT}{TB} = \frac{RC}{RD} = 1$. 所以 $T$ 是底 $AB$ 的中点，我们证明了 2 个中点与对角线交点共线．

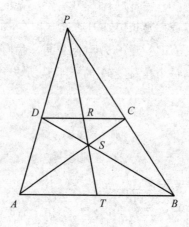

图 2.20.9

现在我们知道 $T$ 是底 $AB$ 的中点，以 $P$ 表示两腰延长线的交点．$\triangle ABP \backsim \triangle DCP$，

$PT$ 与 $PR$ 是它们的中线. 由相似三角形,我们得出

$$\frac{PA}{PD} = \frac{AB}{CD} = \frac{2AT}{2DR} = \frac{AT}{DR}$$

由泰勒斯定理应用于 $\angle P$,$PT$ 与 $CD$ 相交于点 $R'$,使 $\frac{PA}{PD} = \frac{AT}{DR'}$. 因此 $R' = R$,从而 $R$ 在直线 $PT$ 上. 于是 $P,R,T$ 共线.

## 2.21  剖 分 图 形

1. 能不能把 1 个等边三角形分为 2 个具有相等面积的不全等三角形?

**解**  这是不可能的,因为剖分一定要经过一个顶点(为了得出三角形). 为了使 2 个得出的三角形有相等面积,它们的底边一定要相等,这蕴涵 2 个新三角形全等.

2. 剖分一个正方形,使你可以把分成的部分重排为 2 个相等大小的正方形.

**解**  一个可能的解如图 2.21.1 所示.

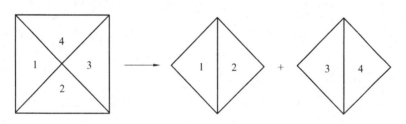

图 2.21.1

3. 把一个等边三角形分为 3 个三角形,使它们有相等面积,且其中没有 2 个三角形全等.

**解**  我们看图 2.21.2.

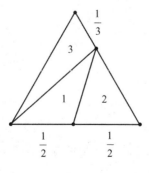

图 2.21.2

注意,三角形 1 与 2 有相等面积,因为它们的底与高分别相等. 三角形 3 有三角形 1 与

2 面积之和的一半. 这表示所有 3 个三角形有相等面积, 我们已经看出它们不全等.

4. 剖分与重排图 2.21.3 所示图形 (5 个全等正方形) 为一个正方形.

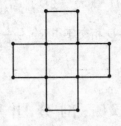

图 2.21.3

**解** 一个可能的剖分如图 2.21.4 所示.

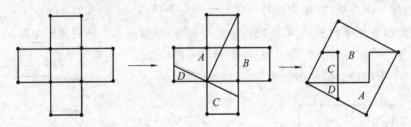

图 2.21.4

5. 剖分一个正六边形为 3 个菱形.

**解** 对本题, 我们把六边形中心与它的 3 个顶点联结起来, 得出像图 2.21.5 那样的 3 个菱形.

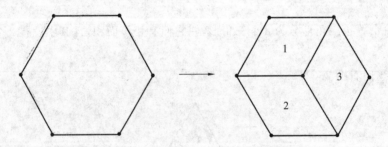

图 2.21.5

6. 剖分与重排一个正六边形为平行四边形.

**解** 我们由问题 5 知道可以剖分正六边形为 3 个菱形. 注意, 3 个菱形彼此全等, 因此我们可以使它们构成平行四边形.

7. 证明: 对所有正整数 $n$, 一个等边三角形可以分为 $n^2$ 个全等的等边三角形.

**解** 以下作法对任何三角形都可以进行. 令 $\triangle ABC$ 是等边三角形. 分边 $AB, BC, CA$ 为 $n$ 等份. 联结各分点成直线. 如果我们从最上层开始计算, 那么有以下三角形总数
$$1+3+5+\cdots+2n-1=n^2$$

8. 把由 3 个全等矩形组成的图 2.21.6 剖分为:(1)3 个全等图形;(2)4 个全等图形.

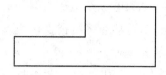

图 2.21.6

**解** 这 2 种情形都可能有解,如图 2.21.7 所示.

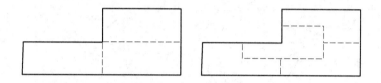

图 2.21.7

9. 剖分与重排图 2.21.8 为等腰三角形.

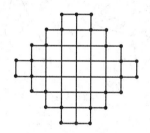

图 2.21.8

**解** 如图 2.21.9 所示,剖分可以做到.

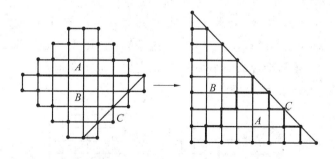

图 2.21.9

10. 已知平面上 6 点,我们用这些点作顶点组成三角形. 这 6 点组成的什么图形可以给我们最多个数的三角形:6 点在六边形中,1 点在五边形内部,2 点在四边形内部,或 3 点在三角形内部?

**解** 设多边形有 $m$ 个顶点,在内部有 $6-m$ 个辅助顶点.我们将用 2 种方法求出被三角剖分的三角形各角之和.第一,如果有 $n$ 个被三角剖分的三角形,每个三角形的各角和是 $180°$,那么有总度数 $180°n$.第二,这些角将组合成 $m$ 边形的角(总度数是 $180°(n-2)$),在每个内点旁有 $360°$.因此和是 $180°(n-2)+360°(6-m)=1\,800°-180°m$.比较这些结果,我们断定 $n=10-m$.因为我们一定有 $m\geqslant 3$,所以我们得出的最大 $n$ 是 $n=7$,这是对具有 3 个内点的三角形作任何三角剖分得出的.这里分别是 $m=6,5,4,3$ 的图解.(图 2.21.10)

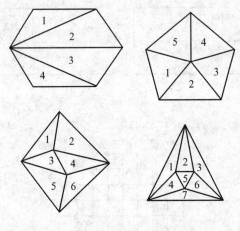

图 2.21.10

## 2.22 再 剖 分

1.把 1 个正六边形剖分成 6 个全等三角形.

**解** 令 $A_1A_2A_3A_4A_5A_6$ 是我们的正六边形.考虑这个六边形的中心 $O$,则 $\triangle A_1OA_2,\triangle A_2OA_3,\triangle A_3OA_4,\triangle A_4OA_5,\triangle A_5OA_6,\triangle A_6OA_1$ 是等边三角形.

2.把 1 个 $4\times 9$ 矩形剖分成 2 小块图,再把它们拼成 1 个正方形.

**解** 如图 2.22.1 所示.

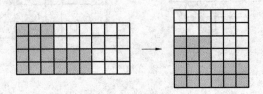

图 2.22.1

3.我们有 3 个大小为 $2\times 2,3\times 3,6\times 6$ 的正方形.我们只用 2 次剖分,能不能把它们重拼成 1 个 $7\times 7$ 正方形?

**解** 有许多方法完成这个任务. 1 个方法如图 2.22.2 所示.

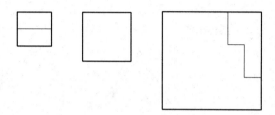

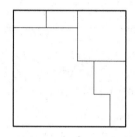

图 2.22.2

## 2.23 等边多边形与等角多边形的比较

1. 证明等角多边形定理: $\alpha = \dfrac{(n-2)}{n}180°$.

**证** $n$ 角形内角和是
$$(n-2)\cdot 180°$$
因为等角多边形的所有角相等, 所以每个角等于
$$\left(\dfrac{n-2}{n}\right)\cdot 180° = 180° - \dfrac{360°}{n}$$

2. 多边形的所有角都等于 $160°$. 这个多边形有多少条边?

**解** 方程 $180° - \dfrac{360°}{n} = 160°$ 可以写作
$$180° - 160° = \dfrac{360°}{n}$$
这蕴涵 $20° = \dfrac{360°}{n}$, 得出 $n=18$.

3. 多边形的所有角都等于 $k°$, 其中 $k$ 是整数. $k$ 可能有多少个不同的值?

**解** 注意 $k° = 180° - \dfrac{360°}{n}$ 必须是正整数. 因此 $k$ 是 360 的大于 2 的因数. 因为

$360 = 2^3 \cdot 3^2$ 有 $(3+1)(2+1)(1+1) = 24$ 个因数,包含 1 与 2,答案是 22.

4. 作 1 个等角六边形,使它的边长依次为 1,2,3,4,5,6.(提示:从等边三角形中切掉它的 3 个内角开始!)

**解** 这里是 1 个可能的解如图 2.23.1 所示.

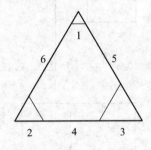

图 2.23.1

5. 等角六边形的边长依次标记为 $a_1, a_2, a_3, a_4, a_5, a_6$. 证明
$$a_1 - a_4 = a_5 - a_2 = a_3 - a_6$$

**证** 在等角六边形外,把等边三角形添加到长为 $a_1, a_3, a_5$ 的边上. 与问题 4 一样,结果是等角(从而是等边)三角形. 从这 3 条不同的边,我们看出这个三角形的边长是
$$a_1 + a_2 + a_3 = a_3 + a_4 + a_5 = a_5 + a_6 + a_1$$
其中第 1 个等式重排为 $a_1 - a_4 = a_5 - a_2$,第 2 个等式重排为 $a_1 - a_4 = a_3 - a_6$.

6. 有没有周长为 20 的等角八边形,使它的所有边长在数 1,2,3,4 中?

**解** 答案是有. 等角八边形各角度数是 $135°$. 考虑 $(4 + 2\sqrt{2}) \times (2 + 2\sqrt{2})$ 矩形,切掉 4 个隅角:2 个直角边长 $\frac{\sqrt{2}}{2}$ 的相对等腰直角三角形与 2 个直角边长 $\frac{3\sqrt{2}}{2}$ 的相对等腰直角三角形. 得出的八角形边长按逆时针方向顺序为 1,2,3,4,1,2,3,4,周长是 20.

7. 对凸等边多边形证明维维安尼定理.

**证** $n$ 个三角形的底边都是多边形的边,这些三角形面积之和是这个多边形的面积. 设多边形为 $A_1 A_2 \cdots A_n$. 令 $A_1 A_2 = A_2 A_3 = \cdots = A_n A_1 = a$,令从直线 $A_1 A_2, A_2 A_3, \cdots, A_n A_1$ 到点 $P$ 的距离分别为 $d_1, d_2, \cdots, d_n$. 以 $K$ 表示多边形 $A_1 A_2 \cdots A_n$ 的面积,则
$$S_{\triangle PA_1 A_2} + S_{\triangle PA_2 A_3} + \cdots + S_{\triangle PA_n A_1} = K$$

蕴涵
$$\frac{1}{2} a d_1 + \frac{1}{2} a d_2 + \cdots + \frac{1}{2} a d_n = K$$

由此得出
$$d_1 + d_2 + \cdots + d_n = \frac{2K}{a} = 常数$$

正是要求的.

8.对等角多边形证明维维安尼定理.

**证** 考虑正多边形,使已知等角多边形在它内部,使 2 个多边形的对应边平行,则可利用与前一问题的方法与记号.作正边形 $B_1B_2\cdots B_n$ 包含 $A_1A_2\cdots A_n$,使 2 个多边形的对应边平行.令 $e$ 是 $B_1B_2$ 与 $A_1A_2$ 之间的距离,$e_2$ 是 $B_2B_3$ 与 $A_2A_3$ 之间的距离,……,$e_n$ 是 $B_nB_1$ 与 $A_nA_1$ 之间的距离.注意 $e_1,e_2,\cdots,e_n$ 是常数,因此 $e_1+e_2+\cdots+e_n$ 是常数.

令从直线 $B_1B_2,B_2B_3,\cdots,B_nB_1$ 到 $P$ 的距离分别为 $f_1,f_2,\cdots,f_n$.把关于等边多边形的维维安尼定理应用于正多角形 $B_1B_2\cdots B_n$(它显然是等边的),得出 $f_1+f_2+\cdots+f_n=$ 常数.由此得出

$$(d_1+e_1)+(d_2+e_2)+\cdots+(d_n+e_n)=\text{常数}$$

于是

$$(d_1+d_2+\cdots+d_n)+(e_1+e_2+\cdots+e_n)=\text{常数}$$

但是 $e_1+e_2+\cdots+e_n$ 是常数,因此 $d_1+d_2+\cdots+d_n$ 也是常数,正是要求的.

## 2.24 组合几何学

1.在 $\triangle ABC$ 中令 $\angle A=90°$.能否把它分成 2 016 个较小三角形且都与 $\triangle ABC$ 相似?

**解** 是的,这是可能的.可从图 2.24.1 看出.

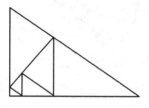

图 2.24.1

在图 2.24.1 中,我们看出可以怎样把 1 个三角形分成 6 个较小三角形.继续这个过程到得出任何较小三角形,从 6 个三角形得 11 个三角形,从 11 个三角形得 16 个三角形,……,直到得 2 016 个三角形.

注意,更简单的是,从直角顶点向斜边做出的高分 1 个三角形为 2 个相似的直角三角形.重复这样做直到得出 2 016 个这样的三角形.

2.把 1 块比萨饼切 3 次,每次不一定通过中心.这样切后,我们可以有多少小块饼?

**解** 以下例子表明我们可以得出 4,5,6 或 7 小块饼.(图 2.24.2)

为了看出这些情形是唯一可能性,首先注意,如果我们通过 $m$ 小块/区域切饼,那么增加 $m$ 小块饼.因为每切 1 次必须至少通过 1 小块饼,我们从 1 小块饼开始,所以可见切 3 次后,我们至少有 4 小块饼.切第 $k$ 次将与以前切 $k-1$ 次中每次至多相交 1 次,这些相交

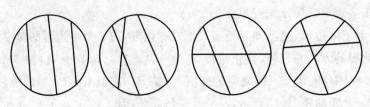

图 2.24.2

点只是可以从切 1 个区域转换到切下 1 个区域的地点.于是切第 $k$ 次至多可以切出 $k$ 个区域.因此切 3 次至多有 $1+1+2+3=7$ 小块饼.

3. 圆集合称为佳集合,如果它满足以下条件:

(1) 没有两圆有多于 1 个公共点.

(2) 至多有两圆包含平面上 1 点.

(3) 集合中每个圆恰好与集合中 5 个其他圆相切.

能否找到具有 12 个佳圆的集合?

**解** 是的,这是可能的,正如可以从图 2.24.3 中看出.

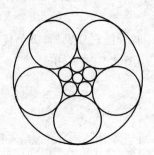

图 2.24.3

4. 能否把 1 个正方形分成 2 个凹多边形?

**解** 是的,这是可能的,正如可以从图 2.24.4 中看出.

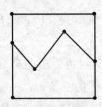

图 2.24.4

5. 证明:任何正方形可以分成偶数 $\geqslant 4$ 个较小正方形.

**证** 如图 2.24.5 所示,通过对边中点作 2 条垂线,我们可以把原正方形分成 4 个较小正方形.对于 6 个与 8 个小正方形,我们利用图 2.24.5 中的构形.我们容易推广这个方法

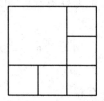 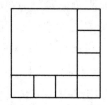

图 2.24.5

$$2+2+1+1=6$$
$$3+3+1+1=8$$
$$k+k+1+1=2k+2$$

因此它对任意 $k$ 都可进行.

6. 利用皮克定理计算图 2.24.6 的面积.

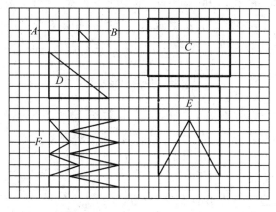

图 2.24.6

**解** $A=1, B=\dfrac{1}{2}, C=40, D=12, E=33, F=21$.

7. 能否把 1 个三角形分成一些凸五边形？

**解** 是的,这是可能的,正如我们从图 2.24.7 中可以看出.

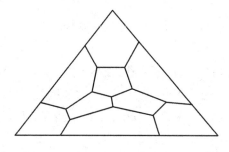

图 2.24.7

8. 在白色平面上随机地涂上蓝色. 证明: 无论怎样看这个图形, 我们总能找到 2 个同色的点(2 个蓝色或白色的点), 使它们相距 10 cm.

**证** 考虑具有边长 10 cm 的任何 1 个等边三角形的顶点. 按照鸽笼原理, 3 个顶点中某 2 个顶点有相同颜色. 注意, 我们实际上不知道, 如果它们将是白色或蓝色, 但这无关紧要, 那么我们只须证明, 有相距 10 cm 的 2 点具有相同颜色.

9. 在白色平面上随机地涂上蓝色. 证明: 无论怎样看这个图形, 我们总能找到 1 个直角三角形, 使它的斜边长 10 cm, 所有顶点有相同颜色.

**证** 利用问题 8 的结果, 从相距 10 cm 的点 $A$ 与 $B$ 开始, 它们有相同颜色, 比如蓝色. 以 $AB$ 为直径作圆. 圆上任何 1 点与 $AB$ 为斜边组成 1 个直角三角形. 如果圆上任何 1 点是蓝色的, 那么证毕. 如果它们都是白色的, 那么在圆上取任何 2 个径对点 $C$ 与 $D$, 点 $M$ 在圆上其他地方(与 $A, B$ 不同), $\triangle CDM$ 是这样的三角形.

10. 在平面上有 88 条直线, 其中没有 3 条相交于一点. 有多少个交点?

**解 1** 我们可以用一些不同方法来解本题. 例如, 知道每个交点由 2 条直线确定, 我们可以用 88 条直线中选择 2 条直线的方法数来计算交点数, 即

$$\binom{88}{2} = \frac{88 \cdot 87}{2} = 3\ 828$$

**解 2** 用另一种方法, 对只有 1 条直线, 没有交点. 增加 2 条直线, 就增加 1 个交点. 增加第 3 条直线, 就再增加 2 个交点. 对 88 条直线, 我们将有的交点个数为

$$0 + 1 + 2 + \cdots + 87 = \frac{88 \cdot 87}{2} = 3\ 828$$

11. 具有 2 018 条边的多边形有多少条对角线?

**解** 一般的, 在具有 $n$ 条边的多边形中, 每个顶点与 $n-3$ 个其他顶点联结成对角线. 积 $n(n-3)$ 计算了每条对角线 2 次, 因此对角线数是 $\frac{n(n-3)}{2}$. 因此对角线的条数为

$$\frac{2\ 018 \cdot 2\ 015}{2} = 2\ 033\ 135$$

## 2.25 第 5 套问题

1. 图 2.25.1 中 3 条直线 $p, q, r$ 每条把此图分成 2 个具有相同面积的区域, 能否确定 $X$ 与 $Y$ 哪个较大?

**解** 如图 2.25.2 所示, 令 $A, B, C, D, E$ 是这个图的其他区域. 因为每条直线分出相等面积

$$Y + C + D = \frac{1}{2}(总面积) = C + D + E + X$$

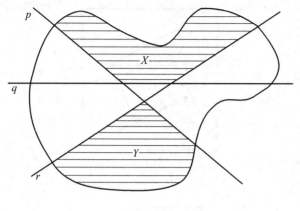

图 2.25.1

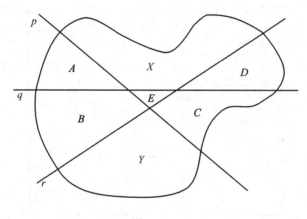

图 2.25.2

因此 $Y=E+X$. 从而 $Y>X$.

2. 考虑矩形,它的长是它的宽的 2 倍. 沿着对角线切它,得出 2 个全等三角形. 证明:利用 5 个这样的三角形,可以做出 1 个矩形,即使这 5 个三角形中只有 1 个可以切成 2 部分.

**解** 在图 2.25.3 中,我们可以看出,这可以怎样做出来.

3. 把 1 个正方形切成 3 个不同部分,使这些部分可以重新拼成以下任何几何图形:

(1) 梯形;

(2) 三角形;

(3) 不是矩形的平行四边形.

**解** 如图 2.25.4 找出各中点,沿着标出的各直线切此正方形. 重排各部分如图 2.25.4 所示.

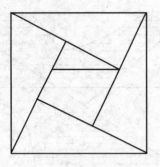

图 2.25.3

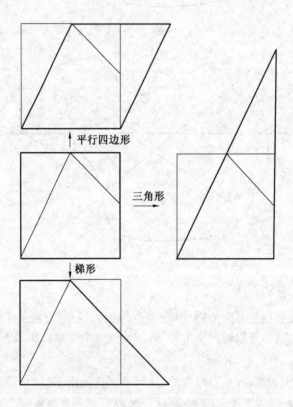

图 2.25.4

4. 设多边形的所有顶点都在矩形格点上，其中相邻格点距离为 1，则由皮克定理，多边形面积为 $A = I + \dfrac{B}{2} - 1$，其中 $I$ 是多边形内的格点数，$B$ 是多边形边上的格点数. Max 把皮克定理用来求多边形面积，但是错误地交换了 $I$ 与 $B$ 的值. 作为他计算面积的结果也小了 35. 利用 $I$ 与 $B$ 的正确值，比 $n = \dfrac{I}{B}$ 是整数. 求 $n$ 的最大可能值.

**解** 正确的面积是
$$A = I + \frac{B}{2} - 1$$
但是 Max 计算了
$$B + \frac{I}{2} - 1 = A - 35$$
把这 2 个方程相减,我们得出
$$\frac{1}{2}(I - B) = 35 \Rightarrow I - B = 70 \Rightarrow n = \frac{I}{B} = \frac{70}{B} + 1$$

因为 $n$ 是整数,所以 $B$ 一定是 70 的因数.因为 $B$ 是多边形边界上的格点数,所以 $B \geqslant 3$,因此 $B$ 的最小值是 5.它得出 $n$ 的最大值是 15.我们必须检验这实际上是否可能.实际上,例如对顶点在点 $(1,0),(0,1),(25,27),(26,26),(27,25)$ 上的五边形,当 $B = 5$ 与 $I = 75$ 时, $n$ 的最大值是 15.

5.随机地给白色平面涂上蓝色.证明:我们总可以找到 2 个同色点,使它们的中点也同色(所有 3 点是蓝色的或所有 3 点是白色的).

**证** 我们早先证明了,我们可以在任何要求的距离上找到同色的点 $A$ 与 $B$.设它们都是蓝色的.我们再求出 3 点: $C$ 作为 $A$ 与 $B$ 之间的中点,也作为 $M$ 与 $N$ 之间的中点,使 $M - A - C - B - N$ 与 $MA = AB = BN$,如图 2.25.5 所示.

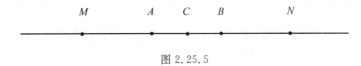

图 2.25.5

如果 $C$ 也是蓝色的,那么我们找到 3 点正是我们期待的 $(A,C,B)$.如果 $C$ 不是蓝色的,那么检查 $M$.如果它是蓝色的,那么我们以 $(M,A,B)$ 结束.如果 $M$ 不是蓝色的,那么我们检查 $N$.如果它是蓝色的,那么我们以 $(A,B,N)$ 结束.如果 $N$ 不是蓝色的,那么我们以 $(M,C,N)$ 结束.

6.在平面上有 99 条直线,其中没有 3 条直线共点.在平面上有多少个区域,使它们的面积是确定的、有限的或无限的?

**解** 在只有 1 条直线的情形下有 2 个区域.增加第 2 条直线,就再增加 2 个区域.增加第 3 条直线,就再增加 3 个区域,等等.如果有 99 条直线,那么共有区域的个数是
$$2 + 2 + 3 + 4 + \cdots + 99 = 1 + \frac{99 \cdot 100}{2}$$
$$= 4\,951$$

## 2.26 关于除数算法

1. 求出
$$A = 3^3 \cdot 33^{33} \cdot 333^{333} \cdot 3\,333^{3\,333}$$
除以 5 时的余数.

**解** 我们首先求 $A$ 的末位数字. 注意, 从 $3^0$ 开始的 3 的幂的个位数字是 $1,3,9,7,1,3,9,7,\cdots$ 我们看出它们以周期 4 重复.

因此 $3^3$ 的末位数字是 $7,33^{33}$ 的末位数字是 $3,333^{333}$ 的末位数字是 $3,3\,333^{3\,333}$ 的末位数字是 $3,A$ 的末位数字与 $7 \cdot 3 \cdot 3 \cdot 3$ 的末位数字相同, 因此它是 9. 最后, 我们考虑的余数是 4.

2. 令 $n$ 是大于 5 的整数. 求
$$B = 1 + 1 \cdot 2 + 1 \cdot 2 \cdot 3 + 1 \cdot 2 \cdot 3 \cdot 4 + \cdots + 1 \cdot 2 \cdot 3 \cdots n$$
除以: (1)5, (2)6 时的余数.

**解** 我们可以把 $B$ 写作
$$B = 1 + 2 + 6 + 24 + 1 \cdot 2 \cdot 3 \cdot 4 \cdot 5 + \cdots + 1 \cdot 2 \cdot 3 \cdots n$$
$$= 33 + 1 \cdot 2 \cdot 3 \cdot 4 \cdot 5 + \cdots + 1 \cdot 2 \cdot 3 \cdots n$$

(1) 显然, 所有整数 $1 \cdot 2 \cdot 3 \cdot 4 \cdot 5, 1 \cdot 2 \cdot 3 \cdot 4 \cdot 5 \cdot 6, \cdots, 1 \cdot 2 \cdot 3 \cdot 4 \cdots n$ 都可被 5 整除, 由此得出, 要求的余数实际上只是 33 除以 5 时的余数, 因此答案是 3.

(2) 又所有整数 $1 \cdot 2 \cdot 3 \cdot 4 \cdot 5, 1 \cdot 2 \cdot 3 \cdot 4 \cdot 5 \cdot 6, \cdots, 1 \cdot 2 \cdot 3 \cdots n$ 都可被 6 整除, 答案是 33 除以 6 时的余数, 它也是 3.

3. 求出:

(1) 大于 400 的最小整数, 使它除以 17 时得出余数 7.

(2) 小于 806 的最大正整数, 使它除以 17 时得出余数 7.

(3) 在 400 与 806 之间的整数个数, 使它除以 17 时得出余数 7.

**解** (1) 我们有 $400 = 23 \cdot 17 + 9$, 因此当除以 17 时给出余数 7 的最小正整数 $> 400$ 是 $24 \cdot 17 + 7 = 415$.

(2) 我们有 $806 = 47 \cdot 17 + 7$, 因此, $46 \cdot 17 + 7 = 789$ 是除以 17 时给出余数 7 的最大整数 $< 806$.

(3) 在 400 与 806 之间除以 17 给出余数 7 的整数是
$$24 \cdot 17 + 7, 25 \cdot 17 + 7, \cdots, 46 \cdot 17 + 7$$
因此有 $46 - 24 + 1 = 23$ 个这样的整数.

4. 求出 $1 \cdot 2 \cdot 3 \cdots 25 + 250$ 除以 $1 \cdot 2 \cdot 3 \cdot 4 \cdot 5 + 111$ 时的余数.

**解** 我们有

$$1 \cdot 2 \cdot 3 \cdot 4 \cdot 5 + 111 = 120 + 111 = 231 = 3 \cdot 7 \cdot 11$$

显然,$1 \cdot 2 \cdot 3 \cdots 25$ 有因数 3,7,11,因此它可被 $3 \cdot 7 \cdot 11 = 231$ 整除. 由此得出,我们要求的余数是 250 除以 231 的余数. 因此我们得出结果 19.

5. 求出大于 100 的最小整数,使它分别除以 5,6,7 时有余数 2.

**解** 可被 5,6,7 整除的最小非负整数是 0. 下 1 个数是 $5 \cdot 6 \cdot 7 = 210$. 由此得出 $212 = 210 + 2$ 是答案.

6. 求出大于 100 的最小整数,使它分别除以 6,7,8 时得出余数 3.

**解** 可被 6,7,8 整除的最小正整数是 168(它们的最小公倍数),因此 $171 = 168 + 3$ 是我们的答案.

## 2.27 最小公倍数

1. 6,8,24,30 的最小公倍数是多少?

**解** $\mathrm{lcm}(6,8,24,30) = 2^3 \cdot 3 \cdot 5 = 120$.

2. 585 与 10 985 的最小公倍数是多少?

**解** $\mathrm{lcm}(585, 10\,985) = 3^2 \cdot 5 \cdot 13^2 = 98\,865$.

3. 求大于 1 的最小整数,使它除以 3,4,5 中每个数时得余数 1.

**解** $\mathrm{lcm}(3,4,5) = 2^2 \cdot 3 \cdot 5 = 60$. 因此除以 3,4,5 时有余数 1 的最小整数是 $60 + 1 = 61$.

4. 4 艘货船在 2010 年 1 月 2 日中午离开港口. 第 1 艘船每 4 周回到这港口,第 2 艘船每 8 周回到这港口,第 3 艘船每 12 周回到这港口,第 4 艘船每 16 周回到这港口. 所有这 4 艘船什么时候再在这港口相遇?

**解** $\mathrm{lcm}(4,8,12,16) = 2^4 \cdot 3 = 48$. 因此,所有的船在 48 周后,即在 2010 年 12 月 4 日再在这港口相遇.

5. 三位数有性质:如果你以它除以 7 的结果减去 7 可被 7 整除,如果你以它除以 8 的结果减去 8 可被 8 整除,如果你以它除以 9 的结果减去 9 可被 9 整除,那么这个数是多少?

**解** $\mathrm{lcm}(7,8,9) = 2^3 \cdot 3^2 \cdot 7 = 504$. 因为这个数是 7 的倍数,从它减去 7,将产生 7 的倍数,即可被 7 整除的数. 对 8 与 9 是类似的. 因此这个数是 504 的倍数. 因为 504 的任何其他倍数至少是 4 位数,所以这个数一定是 504.

6. 已知 1 条狗身上的斑点数小于 20. 又知道这个斑点数可被 3 整除. 此外,当斑点数除以腿数时,余数是 3. 最后,斑点数除以 9 时留下余数 6. 求这条狗身上的斑点数.

**解** $\mathrm{lcm}(3,4) = 12$. 加上余数 3 给出 15. 我们求出 $\mathrm{lcm}(3,9) = 9$. 加上余数 6 也给出 15. $\mathrm{lcm}(3,4,9) = 36$,因此其他可能解是 $15 + 36 = 51, 15 + 2 \cdot 36 = 87, 15 + 3 \cdot 36, \cdots$,但是 15 是小于 20 的唯一可能解.

7. 3 艘船同一天离开纽约去法国. 整个行程第 1 艘用 12 天, 第 2 艘用 16 天, 第 3 艘用 20 天. 经过多少天后, 3 艘船又在同一天离开纽约?

**解** 240 天, 它是 lcm(12,16,20).

8. 在学校自助食堂午餐期间, 乳蛋饼的计时器嗡嗡叫每次间隔 14 分钟, 馅饼的计时器嗡嗡叫每次间隔 6 分钟. 2 个计时器恰好同时嗡嗡叫. 在多少分钟后, 它们又同时嗡嗡叫?

**解** lcm(14,6) = 42. 因此 2 个计时器在 42 分钟后再同时嗡嗡叫.

9. 我考虑 1 个数. 我的数与 9 的最小公倍数是 45. 我的数是多少?

**解** 45 的素因式分解 $45 = 3^2 \cdot 5$. 因此我的数将是 5,15,45, 因为
$$\text{lcm}(5,9) = \text{lcm}(15,9) = \text{lcm}(45,9) = 45$$

10. M 小学自助食堂午餐菜单每 16 天重复一次, 而 S 中学自助食堂午餐菜单每 9 天重复一次. 今天两校正在供应比萨饼. 在多少天后, 它们又都再供应比萨饼?

**解** $\text{lcm}(16,9) = 2^4 \cdot 3^2 = 144$. 因此它们在 144 天后再供应比萨饼.

## 2.28 佳 数

1. 1 条软管单独注水可以在 3 天中注满水池, 而另一条软管单独注水可以在 6 天中注满这个水池. 2 条水管同时注水在多少天中可以注满这个水池?

**解** $\frac{1}{3} + \frac{1}{6} = \frac{1}{2}$, 因此它们同时注水可以在 2 天中注满这个水池.

2. $4 \times 100$ m 接力跑队伍由豹、鸡、狗与兔各 1 只组成. 它们接力平均速度分别为 $v_1 = 20$ m/s, $v_2 = 12$ m/s, $v_3 = 6$ m/s, $v_4 = 5$ m/s. 整个队伍的平均速度是多少?

**解** 注意, 队伍的平均速度不是它们各自速度的平均值(算术平均值), 而是它们的调和平均值. 这是因为它们都跑相同距离, 用不同时间

$$v = \frac{4 \cdot 100}{t_1 + t_2 + t_3 + t_4}$$

$$= \frac{4 \cdot 100}{\frac{100}{v_1} + \frac{100}{v_2} + \frac{100}{v_3} + \frac{100}{v_4}}$$

$$= \frac{4}{\frac{1}{v_1} + \frac{1}{v_2} + \frac{1}{v_3} + \frac{1}{v_4}}$$

$$v = \frac{4}{\frac{1}{20} + \frac{1}{12} + \frac{1}{6} + \frac{1}{5}} = 8 \text{(m/s)}$$

3. 分数称为单位分数, 如果它的分子是 1. 例如

$$\frac{1}{2}, \frac{1}{3}, \frac{1}{7}$$

是单位分数.

(1) 把 $\frac{1}{4}, \frac{1}{5}, \frac{1}{6}$ 写成 2 个单位分数之和.

(2) 证明:任何单位分数可以写成 2 个不同单位分数之和.

**解** (1)
$$\frac{1}{4} = \frac{1}{12} + \frac{1}{6}$$
$$\frac{1}{5} = \frac{1}{30} + \frac{1}{6}$$
$$\frac{1}{6} = \frac{1}{18} + \frac{1}{9}$$

(2) 注意
$$\frac{1}{2} = \frac{1}{3} + \frac{1}{6}$$
$$\frac{1}{3} = \frac{1}{4} + \frac{1}{12}$$
$$\frac{1}{4} = \frac{1}{5} + \frac{1}{20}$$
$$\frac{1}{5} = \frac{1}{6} + \frac{1}{30}$$

于是我们推测
$$\frac{1}{n} = \frac{1}{n+1} + \frac{1}{n(n+1)}$$

容易证明上式成立.因此任何单位分数可以写成 2 个不同单位分数之和.

4.证明:对任何已知数 $M$,我们可以求出 $n$,使
$$1 + \frac{1}{2} + \frac{1}{3} + \frac{1}{4} + \frac{1}{5} + \cdots + \frac{1}{n} > M$$

**证** 像这样的和称为调和和,通常表示为 $H_n$
$$H_n = 1 + \frac{1}{2} + \frac{1}{3} + \frac{1}{4} + \frac{1}{5} + \cdots + \frac{1}{n}$$

我们将发现把 $n$ 的值集中在 2 的幂是有用的,即 $n = 2^m$.于是
$$1 + \frac{1}{2} + \frac{1}{3} + \frac{1}{4} + \frac{1}{5} + \frac{1}{6} + \frac{1}{7} + \frac{1}{8} + \frac{1}{9} + \cdots + \frac{1}{2^m}$$
$$> 1 + \frac{1}{2} + \frac{1}{4} + \frac{1}{4} + \frac{1}{8} + \frac{1}{8} + \frac{1}{8} + \frac{1}{8} + \frac{1}{16} + \cdots + \frac{1}{2^m}$$

$$= 1 + \underbrace{\frac{1}{2} + \frac{1}{2} + \frac{1}{2} + \cdots + \frac{1}{2}}_{m}$$

$$= \frac{m+2}{2}$$

现在条件是

$$\frac{m+2}{2} > M$$

即

$$m > 2M - 2$$

回到 $n$,条件是

$$n > 2^{2(M-1)}$$

例如对大于 $M=10$ 的和,我们可以取和达到 $n=2^{2M-2}=2^{18}=262\,144$. 事实上,更小的 $n$ 将是足够的. 可以根据以下调和和做出更好的估计

$$H_n > \ln n + \gamma$$

其中 $\gamma = 0.577\,215\,664\,9\cdots$ 是欧拉－马斯凯罗尼(Euler-Mascheroni)常数. 由此得出,在大于 $M=10$ 的次数中,只要达到 $n=\lceil e^{10-\gamma} \rceil = 12\,367$ 就足够了. 实际上,快速的程序设计练习题表明了,$n=12\,367$ 使我们取大于 10,而 $n=12\,367$ 不取大于 10.

5. 定义西尔维斯特数列为

$$s_n = s_1 s_2 \cdots s_{n-1} + 1, s_1 = 2$$

求值

$$\frac{1}{s_1} + \frac{1}{s_2} + \cdots + \frac{1}{s_n}$$

**解** 我们可以用归纳法证明

$$\frac{1}{s_1} + \frac{1}{s_2} + \cdots + \frac{1}{s_n} = \frac{s_1 s_2 \cdots s_n - 1}{s_1 s_2 \cdots s_n} = 1 - \frac{1}{s_{n+1} - 1}$$

**注** 由这结果,对任何正整数 $r$,我们可以记

$$\frac{1}{s_1} + \frac{1}{s_2} + \cdots + \frac{1}{s_{r-1}} + \frac{1}{s_r - 1} = 1$$

这证明了我们可以用任何个数的埃及分数写出 1.

## 2.29 包含 2 016 的问题

1. 求以下方程的正整数解

$$x^2 y^2 z^2 - \min\{x^2, y^2, z^2\} = 2\,016$$

**解** 令 $z = \min\{x, y, z\}$,则方程改写为 $z^2(x^2 y^2 - 1) = 2^5 \cdot 3^2 \cdot 7$,得出以下情形

$$z=1 \text{ 与 } (xy)^2 = 2\,017$$
$$z=2 \text{ 与 } (xy)^2 = 505$$
$$z=3 \text{ 与 } (xy)^2 = 225$$
$$z=4 \text{ 与 } (xy)^2 = 127$$
$$z=6 \text{ 与 } (xy)^2 = 57$$
$$z=12 \text{ 与 } (xy)^2 = 15$$

在 $(xy)^2$ 的可能值中,只有 225 是完全平方,因此我们求出 $z=3, xy=15$. 因为 $x, y \geqslant z=3$,所以我们看出只有解 $(5,3,3)$ 及其置换.

2. 如果 $a, b, c$ 是正整数,使 $ab-(a+b)=2\,016$ 与 $bc-(b+c)=2\,016$,求 $ca-(c+a)$ 的值.

**解** 我们有
$$(a-1)(b-1) = 2\,017 \text{ 与 } (b-1)(c-1) = 2\,027$$
因为 2 017 与 2 027 是素数,所以得出
$$b-1=1, a-1=2\,017, c-1=2\,027$$
从而
$$(c-1)(a-1) = 2\,027 \cdot 2\,017$$
因此
$$ca-(c+a) = 2\,017 \cdot 2\,027 - 1 = 4\,088\,458$$

3. 求出具有整数边长与面积为 2 016 的所有直角三角形.

**解** 设直角三角形的边长是 $(a,b,c)$,且 $a^2+b^2=c^2$,不失一般性设 $a \leqslant b$,则三角形面积是 $ab/2 = 2\,016$,从而
$$ab = 4\,032 = 2^6 \cdot 3^2 \cdot 7$$
因为 4 032 有 $(6+1)(2+1)(1+1) = 42$ 个因数,我们需要检验 $(a,b)$(其中 $a \leqslant b$)的 21 种可能性.

注意到所有平方数除以 5 时有余数 0, 1 或 4,我们可以减少检验的情形. 因为 $ab$ 除以 5 时有余数 2,所以 $a^2b^2$ 有余数 4. 于是 $a^2, b^2$ 之一有余数 1,另一个有余数 4. 这样 $a^2+b^2$ 是 5 的倍数. 因此 $c$ 是 5 的倍数, $a^2+b^2=c^2$ 是 25 的倍数. 因为 $ab$ 除以 25 时有余数 7(与 $7^2=25+24$),所以 $a^2b^2$ 有余数 24. 因为 25 整除 $a^2(a^2+b^2) = a^4+a^2b^2$,所以我们看出 $a^4$ 除以 25 时一定有余数 1. 我们可以检验,这表示 $a$ 除以 25 时有余数 1, 7, 18 或 24.

这把我们需要检验的各种情形化为 5 种: $(a,b) = (1, 4\,032), (7, 576), (18, 224), (24, 168), (32, 126)$. 其中只有最后 1 种可以是直角三角形的边. 因此直角三角形 $(32, 126, 130)$ 是唯一的可能性.

4. 解以下方程

$$\frac{2\,016}{x} - \sqrt{x} = 2$$

**解** 令 $\sqrt{x} = y$，则 $y + 2 = \frac{2\,016}{y^2}$，这改写为 $y^3 + 2y^2 - 2\,016 = 0$. 这等价于

$$(y - 12)(y^2 + 14y + 168) = 0$$

它的唯一正实数解是 $y = 12$. 因此 $x = 144$.

5. 求以下方程的正整数解

$$2(x^3 + y^3) - \frac{xy}{2} = 2\,016$$

**解** 令 $x + y = s, xy = p = 2a$，则 $2(s^3 - 6as) - a = 2\,016$，令 $a = 2b$. 我们得出 $s^3 - 12bs - b = 1\,008$，从而 $b = \frac{s^3 - 1\,008}{12s + 1}$. 由此得出 $s \geqslant 11$. 另一方面，不等式 $s^2 \geqslant 4p$ 蕴涵 $s^2(12s+1) \geqslant 16(s^3 - 1\,008)$，这化为 $s^2(4s-1) \leqslant 256 \cdot 63$，从而 $s \leqslant 16$. 检验 $s = 11, 12, 13, 14, 15, 16$，我们看出只有 $s = 16$ 得出正确的 $b$. 由此得出 $s = 16, p = 64$，因此唯一解是 $(x, y) = (8, 8)$.

6. 在所有实数 $x$ 中，求下式的最大值

$$\frac{42^x}{48} + \frac{48^x}{42} - 2\,016^x$$

**解** 因为对 $x \geqslant -1, 48^x - \frac{1}{48} \geqslant 0$，对 $x < -1, 42^x - \frac{1}{42} < 0$ 与 $48^x - \frac{1}{48} < 0$，所以对所有 $x \in \mathbf{R}$，我们有

$$\left(42^x - \frac{1}{42}\right)\left(48^x - \frac{1}{48}\right) \geqslant 0$$

因此

$$2\,016^x - \frac{42^x}{48} - \frac{48^x}{42} + \frac{1}{2\,016} \geqslant 0$$

于是 $\frac{42^x}{48} + \frac{48^x}{42} - 2\,016^x$ 的最大值是 $\frac{1}{2\,016}$，在 $x = -1$ 时达到.

7. 求最大的 $n$，使 $2\,016$ 可以写成不大于 $77$ 的 $n^2$ 个不同正整数之和.

**解** 因为 $2\,016 = 1 + 2 + \cdots + 63$，所以我们看出 $n^2 \leqslant 63$，于是 $n \leqslant 7$. 我们将证明 $n = 7$ 成立. 我们必须把 $2\,016$ 表示为 $49$ 个不大于 $77$ 的正整数，因此必须从原来 $63$ 个被加数中去掉 $14$ 个被加数. 例如可以把 $63$ 与 $14$ 结合，$62$ 与 $13$ 结合，……，$50$ 与 $1$ 结合，保持和 $15 + 16 + \cdots + 49$.

8. $n \times n$ 棋盘上除 $1$ 个方格外，全部方格标上集合 $\{8, 16, \cdots, 8n^2\}$ 中的数，其中没有 $1$ 个方格用了 $1$ 个以上的数，使每行与每列上的各数之和是 $2\,016$，求出未被利用的数.

**解** 各值最小可能和是 $8 + 16 + \cdots + 8(n^2 - 1)$，于是

$$2\,016 \geqslant \frac{8[1+2+\cdots+(n^2-1)]}{n} = \frac{8(n^2-1)n^2}{2n} = 4n(n^2-1)$$

从而 $8(8^2-1) \geqslant n(n^2-1)$,蕴涵 $8 \geqslant n$.另一方面

$$2\,016 < \frac{8+16+\cdots+8n^2}{n} = 4n(n^2+1)$$

蕴涵 $7 \cdot 72 < n(n^2+1)$,于是 $n > 7$.

因此 $n=8$,未被利用的数是 $8 \cdot 8^2 = 512$.

9.求出最小正整数,使它的数字之积是 $2\,016^2$.

**解** 注意 $2\,016 = 2^5 \cdot 3^2 \cdot 7$,从而 $2\,016^2 = 2^{10} \cdot 3^4 \cdot 7^2$.因此数字之积是 $2\,016^2$ 的任何整数一定有 2 个数字 7,剩下的数字之积是 $2^{10} \cdot 3^4 = 82\,944$.因为 $9^5 = 59\,049 < 82\,944$,所以一定至少有 6 个这样的数字(如果有 6 个,那么每个一定至少是 2).我们取 2,8,8,8,9,9 可以达到 6 个数字.反之,如果我们有积为 $2^{10} \cdot 3^4$ 的 6 个数字,其中 1 个为 2,那么其他数字一定有其中$(10-1)+4=13$ 个素因子.因为 8 是具有 3 个素因子的唯一数字,所以它们一定至少包含 3 个数字 8.于是这是唯一的 6 个数字集合,包含 2,且有积 $2^{10} \cdot 3^4$.因此,具有 $2\,016^2$ 数字积的最小正整数是 $27\,788\,899$.

10.求以下方程的素数解

$$xyz + \min\{xy, yz, zx\} = 2\,016$$

**解** 不失一般性,设 $x \leqslant y \leqslant z$,则方程变为 $xy(z+1) = 2\,016$.从而 $x$ 与 $y$ 都整除 $2\,016 = 2^5 \cdot 3^2 \cdot 7$.从而 $x$ 与 $y$ 是 2,3 或 7(它们不能是 7).于是 $xy = 4,6,9,14$ 或 21.这些数分别给出 $z = \frac{2\,016}{xy} - 1 = 503, 335, 223, 143$ 或 95.其中只有第 1 个与第 3 个数是素数.因此只有解 $(x,y,z) = (2,2,503)$ 或 $(3,3,223)$ 及其置换.

11.令 $a$ 与 $b$ 是实数,使

$$\frac{2^{a+6} - 2^{a-6}}{2^{b+3} + 2^{b-3}} = 2\,016$$

求 $a-b$.

**解** 已知关系式等价于

$$\frac{2^{a-6}(2^{12} - 1)}{2^{b-3}(2^6 + 1)} = 2\,016$$

它化为 $2^{a-b-3} = 2^5$.由此得出 $a-b-3 = 5$,因此 $a-b = 8$.

12.求以下方程的正整数解

$$(x+y)(y+z)(z+x) = 2\,016$$

**解** 不失一般性,设 $x \leqslant y \leqslant z$,则 $c = x+y \leqslant b = x+z \leqslant a = y+z$ 是 3 个整数,具有 $abc = 2\,016 = 2^5 \cdot 3^2 \cdot 7$ 与偶数和 $a+b+c = 2(x+y+z)$,它们满足三角形不等式

$$a = y+z < 2x+y+z = b+c$$

如果 $a,b,c$ 中任一数是奇数,那么它们中 2 个数一定是奇数. 从而它们之和是 $1+63$(为使三角形不等式成立,$1+63$ 太大,因为第 3 个数应该是32)或至多是 $3+21=24$(为使三角形不等式成立,24 太小,因为第 3 个数至少应该是32). 因此所有 3 个数应该是偶数,记作 $a=2a',b=2b',c=2c'$,我们得出 $a'b'c'=2^2 \cdot 3^2 \cdot 7=252$.

注意,3 个因数中最小的 $c$ 不能等于 1,因为如果有三角形不等式,那么要迫使 $a' < b'+1$,从而 $a'=b'$. 这不可能,因为 252 不是平方数. 从而 $(b'-2)(c'-2) \geqslant 0$,于是
$$b'c' \geqslant b'+c'-4 \geqslant a'-3$$
因此 $a'(a'-3) \leqslant 252, a' \leqslant 17$. 因为我们也有
$$252 = a'b'c' \leqslant (a')^3$$
所以得出 $a' \geqslant 7$. 252 在这个范围中只有因数 7,9,12 与 14.

如果 $a'=7$,那么因为 $b'c'=36, c' \leqslant b' \leqslant a'$,所以我们一定有 $b'=c'=6$. 如果 $a'=9$,那么 $b'c'=28$,使 $c' \leqslant b' \leqslant a'$ 与 $b'+c' > a'$ 成立的唯一方法是 $c'=4, b'=7$. 如果 $a'=12$,那么 $b'c'=21$,我们得出无解,因为 $c'=1, b'=21$ 违反了 $b' \leqslant a', c'=3$ 与 $b'=7$ 违反了三角形不等式 $b'+c' > a'$. 如果 $a'=14$,那么 $b'c'=18$,那么我们再得出无解,因为 $c'=1$ 给出 $b'=18 > a', c' \geqslant 2$ 给出 $b'+c' \leqslant 11 < a'$.

因此我们求出了 $(a',b',c')=(7,6,6)$ 或 $(9,7,4)$,它们转换为 $(x,y,z)=(5,7,7)$ 或 $(2,6,12)$. 恢复一般性,我们看出这些解及其置换是唯一解.

13. 令 $m$ 与 $n$ 是正整数. 把 $(5m)^4 + 2\,016(mn)^2 + (12n)^4$ 写成 2 个完全平方数之和.

**解** 令 $x=m^2, y=(12n)^2$(注意 $2\,016=12^2 \cdot 14$),则我们看出可以把已知多项式写成 $625x^2+14xy+y^2$. 对变量 $y$ 配方给出
$$625x^2+14xy+y^2=(y+7x)^2+576x^2=(y+7x)^2+(24x)^2$$
因此得出
$$(5m)^4+2\,016(mn)^2+(12n)^4=(7m^2+144n^2)^2+(24m^2)^2$$
是 2 个完全平方数之和.

14. 求以下方程组的正实数解
$$(x+y)\sqrt{xy}=504$$
$$x^2+6xy+y^2=2\,016$$

**解** 我们有
$$x^2+6xy+y^2-4(x+y)\sqrt{xy}=2\,016-4 \cdot 504=0$$
这蕴涵 $(\sqrt{x}-\sqrt{y})^4=0$. 由此得出 $x=y=6\sqrt{7}$.

15. 求出所有三元素数组 $(p,q,r)$,使 $p^3+q^3+r^3-3pqr$ 整除 $2\,016$.

**解** 不失一般性,设 $p \leqslant q \leqslant r$. 回忆
$$p^3+q^3+r^3-3pqr=(p+q+r)(p^2+q^2+r^2-pq-qr-rp)$$

$$= \frac{(p+q+r)[(p-q)^2+(q-r)^2+(r-p)^2]}{2}$$

也注意到
$$p^2+q^2+r^2-pq-qr-rp = (p+q+r)^2 - 3(pq+qr+rp)$$

因此,如果 $p+q+r$ 或 $p^2+q^2+r^2-pq-qr-rp$ 是 3 的倍数,那么另一个因式也是如此. 因为 $2016 = 2^5 \cdot 3^2 \cdot 7$, 所以这表示两者都不能是 9 的倍数. 特别的, 如果两者都是奇数, 那么它一定整除 21.

设 $p=q=2$, 则 $r$ 也不能是 2, 从而它一定是奇数. 但是, 这表示
$$p^2+q^2+r^2-pq-qr-rp = (r-2)^2$$
是奇数, 因此整除 21.

于是我们一定有 $r-2=1$, 从而 $r=3$. 这给出解 $(p,q,r)=(2,2,3)$.

设 $p=2<q$, 则 $q$ 与 $r$ 都是奇数, 从而 $p^2+q^2+r^2-pq-qr-rp$ 也是如此. 因此它一定整除 21. 因为 $(r-q)+(q-p)=r-p$, 所以我们有
$$(r-q)^2+(q-p)^2 \geqslant \frac{(r-p)^2}{2}$$

因此
$$\frac{3(r-p)^2}{2} \leqslant (p-q)^2+(q-r)^2+(r-p)^2$$
$$= 2(p^2+q^2+r^2-pq-qr-rp) \leqslant 42$$

于是 $(r-p)^2 \leqslant 28$, 从而我们断定 $r-p \leqslant 5, r \leqslant 7$. 因此 $q$ 与 $r$ 都在 $\{3,5,7\}$ 中. 检验 6 种情形, 我们看出只有 $(p,q,r)=(2,3,3)$ 与 $(2,3,7)$ 给出解.

最后设 $p,q,r$ 都是奇数, 则 $p+q+r$ 也是奇数, 从而整除 21. 因为 $p+q+r \geqslant 9$, 所以我们一定有 $p+q+r=21$. 只有 4 种方法得出 3 个素数, 使它们的和为 21, 即 $(3,5,13)$, $(3,7,11)$, $(5,5,11)$ 或 $(7,7,7)$. 其中只有 $(p,q,r)=(3,7,11)$ 给出解.

因此解是 $(p,q,r)=(2,2,3),(2,3,3),(2,3,7),(3,7,11)$ 及其置换.

16. 令 $a_k$ 是实数, 使 $a_k \geqslant k, k=0,1,\cdots,62$
$$a_0+a_1+\cdots+a_{62}=2016$$
与
$$\sqrt{a_0}+\sqrt{(a_1-1)(a_2-2)}+\sqrt{(a_3-3)(a_4-4)}+\cdots+\sqrt{(a_{61}-61)(a_{62}-62)}=32$$
求 $a_0-a_1+a_2-a_3+\cdots-a_{61}+a_{62}$ 的值.

**解** 已知条件蕴涵
$$(\sqrt{a_0}-1)^2+(\sqrt{a_1-1}-\sqrt{a_2-2})^2+$$
$$(\sqrt{a_3-3}-\sqrt{a_4-4})^2+\cdots+(\sqrt{a_{61}-61}-\sqrt{a_{62}-62})^2=0$$

于是 $a_0=1, a_k-a_{k-1}=1, k=2,4,6,\cdots,62$. 由此得出

$$a_0 - a_1 + a_2 - a_3 + \cdots - a_{61} + a_{62} = 32$$

17. 三角形数有形式 $T_k = \dfrac{k(k+1)}{2}, k = 1, 2, 3, \cdots$. 证明：2 016 是三角形数，它可以唯一地写成 2 个三角形数的平方差.

**解** 2 016 是第 63 个三角形数：$2\,016 = \dfrac{63 \cdot 64}{2}$. 也有

$$2\,016 = 42 \cdot 48 = (45-3)(45+3) = 45^2 - 3^2 = T_9^2 - T_2^2$$

这个表达式是否唯一？令

$$2\,016 = T_a^2 - T_b^2$$

则我们看出

$$2\,016 \geqslant T_a^2 - T_{a-1}^2 = a^3$$

于是

$$a \leqslant 12$$

另一方面

$$2\,016 \geqslant T_a^2 - T_1^2 \Rightarrow T_a^2 \geqslant 2\,017$$

于是 $a \geqslant 9$，如果我们尝试 $9 \leqslant a \leqslant 12$ 的所有情形，那么求出的只有 $T_9^2 - T_2^2 = 2\,016$.

**注** 因为

$$T_n^2 = 1^3 + 2^3 + \cdots + n^3$$

所以这也给我们

$$2\,016 = 3^3 + 4^3 + \cdots + 9^3$$

## 2.30 第 6 套问题

1. (1) 令 $N$ 是任何三位数. $M$ 是把 $N$ 的数字反向得出的数. 证明：数 $M - N$ 总可被 9 整除.

(2) 证明：如果 $N$ 是四位数，那么相同的结果成立.

**证** (1) 令 $N = \overline{abc}$，则 $M = \overline{cba}$. 因此

$$M - N = 100c + 10b + a - 100a - 10b - c = 99(c-a)$$

显然可被 9 整除.

(2) 令 $N = \overline{abcd}$，则 $M = \overline{dcba}$. 因此

$$M - N = 1\,000d + 100c + 10b + a - 1\,000a - 100b - 10c - d$$
$$= 9(111a + 10b - 10c - 111d)$$

推出结论.

2. 凸多边形的内角用度量度，组成等差数列. 最小角是 $120°$，公差是 $5°$. 求多边形的

边数.

**解** 多边形的内角和是$(n-2)\cdot 180°$,其中$n$是边数.我们的多边形的内角是$120°$,$125°,130°,135°,\cdots,120°+5°(n-1)$.因此

$$(n-2)\cdot 180° = \frac{n}{2}[120°+120°+(n-1)\cdot 5°]$$

这等价于$(n-9)(n-16)=0$.因此候选的解是$n=9$与$n=16$.但是$n=16$是不允许的,因为它会给出最大角$195°$,与凸性矛盾.唯一的解是$n=9$.

3. 数$a,b,15\ 519\ 678\ 084,15\ 519\ 927\ 241,x,y$是6个相继平方数.不求任何平方根的值,求$a,b,x,y$的值.

**解** 相继平方数之差是相继奇数.例如$n^2-(n-1)^2=2n-1$与$(n+1)^2-n^2=2n+1$.在这种情形下,2个已知数之差是$15\ 519\ 927\ 241-15\ 519\ 678\ 084=249\ 157$.于是$15\ 519\ 678\ 084$与$b$之差是$249\ 155$,因此$b=15\ 519\ 428\ 929$.我们用类似方法求出

$$a=15\ 519\ 179\ 776, x=15\ 520\ 176\ 400, y=15\ 520\ 425\ 561$$

4. 怎样的两位数等于它的数字和的7倍?

**解** 令这个数是$\overline{xy}$,则$10x+y=7(x+y)$,从而$x=2y$.因此$x$一定是偶数.对$x=2,4,6,8$,我们求出$y=1,2,3,4$,解是数$21,42,63,84$.

5. 证明:对所有整数$n,n^3+11n$可被6整除.

**证1** 令$k=n^3+11n=n(n^2+11)$.对$n$都是偶数与都是奇数,我们求出$k$是偶数.现在看可被3的整除性,考虑$n$具有$3m,3m+1,3m+2$的情形.检验每种情形,我们求出$k$总是可被3整除.因为$k$可被2与3整除,所以它一定可被6整除.

**证2** 另一种证法是记

$$n^3+11n=(n+1)\cdot n\cdot(n-1)+12n$$
$$=6\binom{n+1}{3}+12n$$

由此可被6整除是显然的.

6. 多少个形如$1!+2!+\cdots+n!$的数是完全平方数?

**解** 如果我们表示$S_n=1!+2!+\cdots+n!$,那么可见$S_1$与$S_3$是完全平方数,而$S_2$与$S_4$不是完全平方数.因为$5!=120$,所以第4项后所有的项都是10的倍数.于是$S_n=S_4+10m=10m+33$,因此$S_n$有末位数字3.但是没有完全平方数以3为末位数字,因此对$n>4$,没有$S_n$是完全平方数,$S_1$与$S_3$是仅有的这样的完全平方数.

7. 如果$a$与$b$是正整数,使$a+ab=2\ 011$,求$b+ba$.

**解** $a(1+b)=2\ 011$,$2\ 011$是素数,蕴涵$a=1,1+b=2\ 011$.由此得出$b=2\ 010$,因此$b+ba=2\ 010+2\ 010=4\ 020$.

8. 证明:为使$2x+3y$可被17整除,当且仅当$9x+5y$可被17整除.

**证** 注意
$$13(2x+3y)=26x+39y=(9x+5y)+17x+34y$$
因为 $17x+34y$ 可被 17 整除,所以推出结论.

9. 如果 $x,y,z$ 是正整数,使 $x^2+y^2=z^2$. 证明:

(1) 其中至少有一数可被 2 整除.

(2) 其中至少有一数可被 3 整除.

**注** 这样的整数称为勾股弦三元数组,因为它们可以是直角三角形的边长. 有无穷多个勾股弦三元数组. 例如:(3,4,5),(5,12,13).

**证** (1) 设相反,即它们都是奇数,则左边得出偶数,右边得出奇数——矛盾. 这证明了数 $x,y,z$ 中至少有一数一定是偶数.

(2) 再设相反,其中没有一数是 0(mod 3). 注意,完全平方数从来没有 2(mod 3). 因此,唯一机会是使三数为 1(mod 3),但这时左边是 2(mod 3),而右边是 1(mod 3)——矛盾. 因此其中至少有一数一定可被 3 整除.

10. 回文数是向前读与向后读都相同的数. 求出可被 11 整除的最大五位回文数.

**解** 显然,作为 11 的倍数的最大五位回文数具有形式 $\overline{99a99}$,如果任何这样的数是 11 的倍数. 因为 $\overline{99a99}=99\cdot 1\,001+100a$,99 可被 11 整除(顺便说,1 001 也如此),我们马上看出,当且仅当 $a$ 可被 11 整除时,$\overline{99a99}$ 是 11 的倍数. 这也可以从对 11 的 2 个整除性准则看出
$$\overline{99a99}\equiv \overline{a99}-99\equiv 100a\equiv a(\bmod 11)$$
与
$$\overline{99a99}\equiv 9-9+a-9+9\equiv a(\bmod 11)$$
因此可以发生这种情形的唯一方法是 $a=0$,答案是 99 099.

11. 证明:对某整数 $k$,大于 3 的素数具有形式 $6k\pm1$.

**证** 所有正整数除以 6 时给出 0 与 5 之间的余数. 因此它们都可以写成以下形式之一:$6k,6k+1,6k+2,6k+3,6k+4$,或 $6k+5$. $6k,6k+2,6k+4$ 的情形都是偶数,因此其中唯一素数是 2. $6k$ 与 $6k+3$ 的情形是 3 的倍数,因此其中唯一素数是 3,从而这些情形中唯一素数是 3. 于是大于 3 的所有素数一定具有形式 $6k+1$ 或 $6k+5$. 因为 $6(k+1)-1=6k+5$,所以后一形式可以写作 $6k-1$,于是我们可以把这些情形结合为 $6k\pm1$. 在这些类型中还有任何素数吗?有,例如 $7=6\cdot 1+1,11=6\cdot 2-1$.

12. 设 $m,n$ 是正整数,使 $75m=n^3$. $m+n$ 的最小可能值是多少?

**解** 因为 $75=3\cdot 5^2$,所以可以配成完全立方的最小 $m$ 是 $m=3^2\cdot 5$. 这将得出最小的 $n=3\cdot 5$. 对这些值,$m+n=45+15=60$.

13. 求出立方数被 7 除时留下的所有可能余数.

**解** 因为 $a^3-b^3=(a-b)(a^2+ab+b^2)$,所以我们看出,如果 $a$ 与 $b$ 被 7 除时有相

同余数,那么 $a-b$ 是 7 的倍数,从而 $a^3-b^3$ 是 7 的倍数. 于是,如果 $a$ 与 $b$ 被 7 除时有相同余数,那么 $a^3$ 与 $b^3$ 也是如此. 因此只要计算 $0^3,1^3,2^3,3^3,4^3,5^3,6^3$ 的余数就够了,我们求出仅有的可能余数是 $0,1,6$. 我们也可以说,仅有的可能余数是 $0,1$ 与 $-1$,因为 $-1\equiv 6(\bmod 7)$.

14. 计算 $2^{100}(\bmod 10)$,即 $2^{100}$ 被 10 除时的余数.

**解** 注意,对模 10,我们有 $2^1\equiv 2,2^2\equiv 4,2^3\equiv 8,2^4\equiv 6,2^5\equiv 2,\cdots$,因此末位数字以周期 4 重复. 这蕴涵 $2^{100}$ 的末位数字是 6.

15. 图 2.30.1 中的 $5\times 3$ 矩形的对角线通过 7 个正方形. 图 2.30.2 中的 $6\times 4$ 矩形的对角线通过 8 个正方形. 求 $m\times n$ 矩形的对角线通过正方形个数的公式.

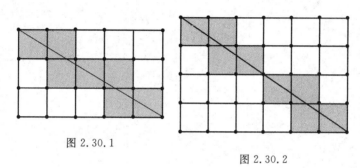

图 2.30.1

图 2.30.2

**解** 从 1 个阴影正方形通过下 1 个正方形时,对角线从 1 行通过下 1 行,或从 1 列通过下 1 列,但是,如果它没有通过隅角,那么就没有以上 2 种通过情形. 如果没有隅角,那么对角线通过左边最高正方形,然后通过 $m-1$ 个正方形(对剩下的每行,通过 1 个正方形)与 $n-1$ 个正方形(对剩下的每列,通过 1 个正方形),总共 $1+(m-1)+(n-1)=m+n-1$ 个正方形. 对每个隅角,对角线通过的正方形少 1 个. 隅角数依赖于 $m$ 与 $n$ 的公因数. 事实上它比最大公因数还小 1. 因此公式是
$$m+n-1-(\gcd(m,n)-1)=m+n-\gcd(m,n)$$

# 刘培杰数学工作室
# 已出版(即将出版)图书目录——初等数学

| 书　　名 | 出版时间 | 定　价 | 编号 |
|---|---|---|---|
| 新编中学数学解题方法全书(高中版)上卷(第2版) | 2018—08 | 58.00 | 951 |
| 新编中学数学解题方法全书(高中版)中卷(第2版) | 2018—08 | 68.00 | 952 |
| 新编中学数学解题方法全书(高中版)下卷(一)(第2版) | 2018—08 | 58.00 | 953 |
| 新编中学数学解题方法全书(高中版)下卷(二)(第2版) | 2018—08 | 58.00 | 954 |
| 新编中学数学解题方法全书(高中版)下卷(三)(第2版) | 2018—08 | 68.00 | 955 |
| 新编中学数学解题方法全书(初中版)上卷 | 2008—01 | 28.00 | 29 |
| 新编中学数学解题方法全书(初中版)中卷 | 2010—07 | 38.00 | 75 |
| 新编中学数学解题方法全书(高考复习卷) | 2010—01 | 48.00 | 67 |
| 新编中学数学解题方法全书(高考真题卷) | 2010—01 | 38.00 | 62 |
| 新编中学数学解题方法全书(高考精华卷) | 2011—03 | 68.00 | 118 |
| 新编平面解析几何解题方法全书(专题讲座卷) | 2010—01 | 18.00 | 61 |
| 新编中学数学解题方法全书(自主招生卷) | 2013—08 | 88.00 | 261 |
| 数学奥林匹克与数学文化(第一辑) | 2006—05 | 48.00 | 4 |
| 数学奥林匹克与数学文化(第二辑)(竞赛卷) | 2008—01 | 48.00 | 19 |
| 数学奥林匹克与数学文化(第二辑)(文化卷) | 2008—07 | 58.00 | 36' |
| 数学奥林匹克与数学文化(第三辑)(竞赛卷) | 2010—01 | 48.00 | 59 |
| 数学奥林匹克与数学文化(第四辑)(竞赛卷) | 2011—08 | 58.00 | 87 |
| 数学奥林匹克与数学文化(第五辑) | 2015—06 | 98.00 | 370 |
| 世界著名平面几何经典著作钩沉——几何作图专题卷(上) | 2009—06 | 48.00 | 49 |
| 世界著名平面几何经典著作钩沉——几何作图专题卷(下) | 2011—01 | 88.00 | 80 |
| 世界著名平面几何经典著作钩沉(民国平面几何老课本) | 2011—03 | 38.00 | 113 |
| 世界著名平面几何经典著作钩沉(建国初期平面三角老课本) | 2015—08 | 38.00 | 507 |
| 世界著名解析几何经典著作钩沉——平面解析几何卷 | 2014—01 | 38.00 | 264 |
| 世界著名数论经典著作钩沉(算术卷) | 2012—01 | 28.00 | 125 |
| 世界著名数学经典著作钩沉——立体几何卷 | 2011—02 | 28.00 | 88 |
| 世界著名三角学经典著作钩沉(平面三角卷Ⅰ) | 2010—06 | 28.00 | 69 |
| 世界著名三角学经典著作钩沉(平面三角卷Ⅱ) | 2011—01 | 38.00 | 78 |
| 世界著名初等数论经典著作钩沉(理论和实用算术卷) | 2011—07 | 38.00 | 126 |
| 发展你的空间想象力(第2版) | 2019—11 | 68.00 | 1117 |
| 空间想象力进阶 | 2019—05 | 68.00 | 1062 |
| 走向国际数学奥林匹克的平面几何试题诠释.第1卷 | 2019—07 | 88.00 | 1043 |
| 走向国际数学奥林匹克的平面几何试题诠释.第2卷 | 2019—09 | 78.00 | 1044 |
| 走向国际数学奥林匹克的平面几何试题诠释.第3卷 | 2019—03 | 78.00 | 1045 |
| 走向国际数学奥林匹克的平面几何试题诠释.第4卷 | 2019—09 | 98.00 | 1046 |
| 平面几何证明方法全书 | 2007—08 | 35.00 | 1 |
| 平面几何证明方法全书习题解答(第2版) | 2006—12 | 18.00 | 10 |
| 平面几何天天练上卷·基础篇(直线型) | 2013—01 | 58.00 | 208 |
| 平面几何天天练中卷·基础篇(涉及圆) | 2013—01 | 28.00 | 234 |
| 平面几何天天练下卷·提高篇 | 2013—01 | 58.00 | 237 |
| 平面几何专题研究 | 2013—07 | 98.00 | 258 |

# 刘培杰数学工作室
## 已出版(即将出版)图书目录——初等数学

| 书　　名 | 出版时间 | 定价 | 编号 |
|---|---|---|---|
| 最新世界各国数学奥林匹克中的平面几何试题 | 2007—09 | 38.00 | 14 |
| 数学竞赛平面几何典型题及新颖解 | 2010—07 | 48.00 | 74 |
| 初等数学复习及研究(平面几何) | 2008—09 | 58.00 | 38 |
| 初等数学复习及研究(立体几何) | 2010—06 | 38.00 | 71 |
| 初等数学复习及研究(平面几何)习题解答 | 2009—01 | 48.00 | 42 |
| 几何学教程(平面几何卷) | 2011—03 | 68.00 | 90 |
| 几何学教程(立体几何卷) | 2011—07 | 68.00 | 130 |
| 几何变换与几何证题 | 2010—06 | 88.00 | 70 |
| 计算方法与几何证题 | 2011—06 | 28.00 | 129 |
| 立体几何技巧与方法 | 2014—04 | 88.00 | 293 |
| 几何瑰宝——平面几何500名题暨1000条定理(上、下) | 2010—07 | 138.00 | 76,77 |
| 三角形的解法与应用 | 2012—07 | 18.00 | 183 |
| 近代的三角形几何学 | 2012—07 | 48.00 | 184 |
| 一般折线几何学 | 2015—08 | 48.00 | 503 |
| 三角形的五心 | 2009—06 | 28.00 | 51 |
| 三角形的六心及其应用 | 2015—10 | 68.00 | 542 |
| 三角形趣谈 | 2012—08 | 28.00 | 212 |
| 解三角形 | 2014—01 | 28.00 | 265 |
| 三角学专门教程 | 2014—09 | 28.00 | 387 |
| 图天下几何新题试卷.初中(第2版) | 2017—11 | 58.00 | 855 |
| 圆锥曲线习题集(上册) | 2013—06 | 68.00 | 255 |
| 圆锥曲线习题集(中册) | 2015—01 | 78.00 | 434 |
| 圆锥曲线习题集(下册·第1卷) | 2016—10 | 78.00 | 683 |
| 圆锥曲线习题集(下册·第2卷) | 2018—01 | 98.00 | 853 |
| 圆锥曲线习题集(下册·第3卷) | 2019—10 | 128.00 | 1113 |
| 论九点圆 | 2015—05 | 88.00 | 645 |
| 近代欧氏几何学 | 2012—03 | 48.00 | 162 |
| 罗巴切夫斯基几何学及几何基础概要 | 2012—07 | 28.00 | 188 |
| 罗巴切夫斯基几何学初步 | 2015—06 | 28.00 | 474 |
| 用三角、解析几何、复数、向量计算解数学竞赛几何题 | 2015—03 | 48.00 | 455 |
| 美国中学几何教程 | 2015—04 | 88.00 | 458 |
| 三线坐标与三角形特征点 | 2015—04 | 98.00 | 460 |
| 平面解析几何方法与研究(第1卷) | 2015—05 | 18.00 | 471 |
| 平面解析几何方法与研究(第2卷) | 2015—06 | 18.00 | 472 |
| 平面解析几何方法与研究(第3卷) | 2015—07 | 18.00 | 473 |
| 解析几何研究 | 2015—01 | 38.00 | 425 |
| 解析几何学教程.上 | 2016—01 | 38.00 | 574 |
| 解析几何学教程.下 | 2016—01 | 38.00 | 575 |
| 几何学基础 | 2016—01 | 58.00 | 581 |
| 初等几何研究 | 2015—02 | 58.00 | 444 |
| 十九和二十世纪欧氏几何学中的片段 | 2017—01 | 58.00 | 696 |
| 平面几何中考.高考.奥数一本通 | 2017—07 | 28.00 | 820 |
| 几何学简史 | 2017—08 | 28.00 | 833 |
| 四面体 | 2018—01 | 48.00 | 880 |
| 平面几何证明方法思路 | 2018—12 | 68.00 | 913 |
| 平面几何图形特性新析.上篇 | 2019—01 | 68.00 | 911 |
| 平面几何图形特性新析.下篇 | 2018—06 | 88.00 | 912 |
| 平面几何范例多解探究.上篇 | 2018—04 | 48.00 | 910 |
| 平面几何范例多解探究.下篇 | 2018—12 | 68.00 | 914 |
| 从分析解题过程学解题:竞赛中的几何问题研究 | 2018—07 | 68.00 | 946 |
| 从分析解题过程学解题:竞赛中的向量几何与不等式研究(全2册) | 2019—06 | 138.00 | 1090 |
| 二维、三维欧氏几何的对偶原理 | 2018—12 | 38.00 | 990 |
| 星形大观及闭折线论 | 2019—03 | 68.00 | 1020 |
| 圆锥曲线之设点与设线 | 2019—05 | 60.00 | 1063 |
| 立体几何的问题和方法 | 2019—11 | 58.00 | 1127 |

# 刘培杰数学工作室
## 已出版(即将出版)图书目录——初等数学

| 书 名 | 出版时间 | 定 价 | 编号 |
| --- | --- | --- | --- |
| 俄罗斯平面几何问题集 | 2009—08 | 88.00 | 55 |
| 俄罗斯立体几何问题集 | 2014—03 | 58.00 | 283 |
| 俄罗斯几何大师——沙雷金论数学及其他 | 2014—01 | 48.00 | 271 |
| 来自俄罗斯的5000道几何习题及解答 | 2011—03 | 58.00 | 89 |
| 俄罗斯初等数学问题集 | 2012—05 | 38.00 | 177 |
| 俄罗斯函数问题集 | 2011—03 | 38.00 | 103 |
| 俄罗斯组合分析问题集 | 2011—01 | 48.00 | 79 |
| 俄罗斯初等数学万题选——三角卷 | 2012—11 | 38.00 | 222 |
| 俄罗斯初等数学万题选——代数卷 | 2013—08 | 68.00 | 225 |
| 俄罗斯初等数学万题选——几何卷 | 2014—01 | 68.00 | 226 |
| 俄罗斯《量子》杂志数学征解问题100题选 | 2018—08 | 48.00 | 969 |
| 俄罗斯《量子》杂志数学征解问题又100题选 | 2018—08 | 48.00 | 970 |
| 俄罗斯《量子》杂志数学征解问题 | 2020—05 | 48.00 | 1138 |
| 463个俄罗斯几何老问题 | 2012—01 | 28.00 | 152 |
| 《量子》数学短文精粹 | 2018—09 | 38.00 | 972 |
| 用三角、解析几何等计算解来自俄罗斯的几何题 | 2019—11 | 88.00 | 1119 |
| 谈谈素数 | 2011—03 | 18.00 | 91 |
| 平方和 | 2011—03 | 18.00 | 92 |
| 整数论 | 2011—05 | 38.00 | 120 |
| 从整数谈起 | 2015—10 | 28.00 | 538 |
| 数与多项式 | 2016—01 | 38.00 | 558 |
| 谈谈不定方程 | 2011—05 | 28.00 | 119 |
| 解析不等式新论 | 2009—06 | 68.00 | 48 |
| 建立不等式的方法 | 2011—03 | 98.00 | 104 |
| 数学奥林匹克不等式研究(第2版) | 2020—07 | 68.00 | 1181 |
| 不等式研究(第二辑) | 2012—02 | 68.00 | 153 |
| 不等式的秘密(第一卷)(第2版) | 2014—02 | 38.00 | 286 |
| 不等式的秘密(第二卷) | 2014—01 | 38.00 | 268 |
| 初等不等式的证明方法 | 2010—06 | 38.00 | 123 |
| 初等不等式的证明方法(第二版) | 2014—11 | 38.00 | 407 |
| 不等式・理论・方法(基础卷) | 2015—07 | 38.00 | 496 |
| 不等式・理论・方法(经典不等式卷) | 2015—07 | 38.00 | 497 |
| 不等式・理论・方法(特殊类型不等式卷) | 2015—07 | 48.00 | 498 |
| 不等式探究 | 2016—03 | 38.00 | 582 |
| 不等式探秘 | 2017—01 | 88.00 | 689 |
| 四面体不等式 | 2017—01 | 68.00 | 715 |
| 数学奥林匹克中常见重要不等式 | 2017—09 | 38.00 | 845 |
| 三正弦不等式 | 2018—09 | 98.00 | 974 |
| 函数方程与不等式:解法与稳定性结果 | 2019—04 | 68.00 | 1058 |
| 同余理论 | 2012—05 | 38.00 | 163 |
| [x]与{x} | 2015—04 | 48.00 | 476 |
| 极值与最值.上卷 | 2015—06 | 28.00 | 486 |
| 极值与最值.中卷 | 2015—06 | 38.00 | 487 |
| 极值与最值.下卷 | 2015—06 | 28.00 | 488 |
| 整数的性质 | 2012—11 | 38.00 | 192 |
| 完全平方数及其应用 | 2015—08 | 78.00 | 506 |
| 多项式理论 | 2015—10 | 88.00 | 541 |
| 奇数、偶数、奇偶分析法 | 2018—09 | 98.00 | 876 |
| 不定方程及其应用.上 | 2018—12 | 58.00 | 992 |
| 不定方程及其应用.中 | 2019—01 | 78.00 | 993 |
| 不定方程及其应用.下 | 2019—02 | 98.00 | 994 |

# 刘培杰数学工作室
## 已出版(即将出版)图书目录——初等数学

| 书 名 | 出版时间 | 定 价 | 编号 |
|---|---|---|---|
| 历届美国中学生数学竞赛试题及解答(第一卷)1950—1954 | 2014—07 | 18.00 | 277 |
| 历届美国中学生数学竞赛试题及解答(第二卷)1955—1959 | 2014—04 | 18.00 | 278 |
| 历届美国中学生数学竞赛试题及解答(第三卷)1960—1964 | 2014—06 | 18.00 | 279 |
| 历届美国中学生数学竞赛试题及解答(第四卷)1965—1969 | 2014—04 | 28.00 | 280 |
| 历届美国中学生数学竞赛试题及解答(第五卷)1970—1972 | 2014—06 | 18.00 | 281 |
| 历届美国中学生数学竞赛试题及解答(第六卷)1973—1980 | 2017—07 | 18.00 | 768 |
| 历届美国中学生数学竞赛试题及解答(第七卷)1981—1986 | 2015—01 | 18.00 | 424 |
| 历届美国中学生数学竞赛试题及解答(第八卷)1987—1990 | 2017—05 | 18.00 | 769 |
| 历届中国数学奥林匹克试题集(第2版) | 2017—03 | 38.00 | 757 |
| 历届加拿大数学奥林匹克试题集 | 2012—08 | 38.00 | 215 |
| 历届美国数学奥林匹克试题集:1972~2019 | 2020—04 | 88.00 | 1135 |
| 历届波兰数学竞赛试题集.第1卷,1949~1963 | 2015—03 | 18.00 | 453 |
| 历届波兰数学竞赛试题集.第2卷,1964~1976 | 2015—03 | 18.00 | 454 |
| 历届巴尔干数学奥林匹克试题集 | 2015—05 | 38.00 | 466 |
| 保加利亚数学奥林匹克 | 2014—10 | 38.00 | 393 |
| 圣彼得堡数学奥林匹克试题集 | 2015—01 | 38.00 | 429 |
| 匈牙利奥林匹克数学竞赛题解.第1卷 | 2016—05 | 28.00 | 593 |
| 匈牙利奥林匹克数学竞赛题解.第2卷 | 2016—05 | 28.00 | 594 |
| 历届美国数学邀请赛试题集(第2版) | 2017—10 | 78.00 | 851 |
| 全国高中数学竞赛试题及解答.第1卷 | 2014—07 | 38.00 | 331 |
| 普林斯顿大学数学竞赛 | 2016—06 | 38.00 | 669 |
| 亚太地区数学奥林匹克竞赛题 | 2015—07 | 18.00 | 492 |
| 日本历届(初级)广中杯数学竞赛试题及解答.第1卷(2000~2007) | 2016—05 | 28.00 | 641 |
| 日本历届(初级)广中杯数学竞赛试题及解答.第2卷(2008~2015) | 2016—05 | 38.00 | 642 |
| 360个数学竞赛问题 | 2016—08 | 58.00 | 677 |
| 奥数最佳实战题.上卷 | 2017—06 | 38.00 | 760 |
| 奥数最佳实战题.下卷 | 2017—05 | 58.00 | 761 |
| 哈尔滨市早期中学数学竞赛试题汇编 | 2016—07 | 28.00 | 672 |
| 全国高中数学联赛试题及解答:1981—2019(第4版) | 2020—07 | 138.00 | 1176 |
| 20世纪50年代全国部分城市数学竞赛试题汇编 | 2017—07 | 28.00 | 797 |
| 国内外数学竞赛题及精解:2018~2019 | 2020—08 | 45.00 | 1192 |
| 许康华竞赛优学精选集.第一辑 | 2018—08 | 68.00 | 949 |
| 天问叶班数学问题征解100题.Ⅰ,2016—2018 | 2019—05 | 88.00 | 1075 |
| 天问叶班数学问题征解100题.Ⅱ,2017—2019 | 2020—07 | 98.00 | 1177 |
| 美国初中数学竞赛:AMC8准备(共6卷) | 2019—07 | 138.00 | 1089 |
| 美国高中数学竞赛:AMC10准备(共6卷) | 2019—08 | 158.00 | 1105 |
| 高考数学临门一脚(含密押三套卷)(理科版) | 2017—01 | 45.00 | 743 |
| 高考数学临门一脚(含密押三套卷)(文科版) | 2017—01 | 45.00 | 744 |
| 高考数学题型全归纳:文科版.上 | 2016—05 | 53.00 | 663 |
| 高考数学题型全归纳:文科版.下 | 2016—05 | 53.00 | 664 |
| 高考数学题型全归纳:理科版.上 | 2016—05 | 58.00 | 665 |
| 高考数学题型全归纳:理科版.下 | 2016—05 | 58.00 | 666 |

# 刘培杰数学工作室
## 已出版(即将出版)图书目录——初等数学

| 书　名 | 出版时间 | 定　价 | 编号 |
|---|---|---|---|
| 王连笑教你怎样学数学:高考选择题解题策略与客观题实用训练 | 2014—01 | 48.00 | 262 |
| 王连笑教你怎样学数学:高考数学高层次讲座 | 2015—02 | 48.00 | 432 |
| 高考数学的理论与实践 | 2009—08 | 38.00 | 53 |
| 高考数学核心题型解题方法与技巧 | 2010—01 | 28.00 | 86 |
| 高考思维新平台 | 2014—03 | 38.00 | 259 |
| 30分钟拿下高考数学选择题、填空题(理科版) | 2016—10 | 39.80 | 720 |
| 30分钟拿下高考数学选择题、填空题(文科版) | 2016—10 | 39.80 | 721 |
| 高考数学压轴题解题诀窍(上)(第2版) | 2018—01 | 58.00 | 874 |
| 高考数学压轴题解题诀窍(下)(第2版) | 2018—01 | 48.00 | 875 |
| 北京市五区文科数学三年高考模拟题详解:2013～2015 | 2015—08 | 48.00 | 500 |
| 北京市五区理科数学三年高考模拟题详解:2013～2015 | 2015—09 | 68.00 | 505 |
| 向量法巧解数学高考题 | 2009—08 | 28.00 | 54 |
| 高考数学解题金典(第2版) | 2017—01 | 78.00 | 716 |
| 高考物理解题金典(第2版) | 2019—05 | 68.00 | 717 |
| 高考化学解题金典(第2版) | 2019—05 | 58.00 | 718 |
| 我一定要赚分:高中物理 | 2016—01 | 38.00 | 580 |
| 数学高考参考 | 2016—01 | 78.00 | 589 |
| 2011～2015年全国及各省市高考数学文科精品试题审题要津与解法研究 | 2015—10 | 68.00 | 539 |
| 2011～2015年全国及各省市高考数学理科精品试题审题要津与解法研究 | 2015—10 | 88.00 | 540 |
| 新课程标准高考数学解答题各种题型解法指导 | 2020—08 | 78.00 | 1196 |
| 2011年全国及各省市高考数学试题审题要津与解法研究 | 2011—10 | 48.00 | 139 |
| 2013年全国及各省市高考数学试题解析与点评 | 2014—01 | 48.00 | 282 |
| 全国及各省市高考数学试题审题要津与解法研究 | 2015—02 | 48.00 | 450 |
| 高中数学章节起始课的教学研究与案例设计 | 2019—05 | 28.00 | 1064 |
| 新课标高考数学——五年试题分章详解(2007～2011)(上、下) | 2011—10 | 78.00 | 140,141 |
| 全国中考数学压轴题审题要津与解法研究 | 2013—04 | 78.00 | 248 |
| 新编全国及各省市中考数学压轴题审题要津与解法研究 | 2014—05 | 58.00 | 342 |
| 全国及各省市5年中考数学压轴题审题要津与解法研究(2015版) | 2015—04 | 58.00 | 462 |
| 中考数学专题总复习 | 2007—04 | 28.00 | 6 |
| 中考数学较难题常考题型解题方法与技巧 | 2016—09 | 48.00 | 681 |
| 中考数学难题常考题型解题方法与技巧 | 2016—09 | 48.00 | 682 |
| 中考数学中档题常考题型解题方法与技巧 | 2017—08 | 68.00 | 835 |
| 中考数学选择填空压轴好题妙解365 | 2017—05 | 38.00 | 759 |
| 中考数学:三类重点考题的解法例析与习题 | 2020—04 | 48.00 | 1140 |
| 中小学数学的历史文化 | 2019—11 | 48.00 | 1124 |
| 初中平面几何百题多思创新解 | 2020—01 | 58.00 | 1125 |
| 初中数学中考备考 | 2020—01 | 58.00 | 1126 |
| 高考数学之九章演义 | 2019—08 | 68.00 | 1044 |
| 化学可以这样学:高中化学知识方法智慧感悟疑难辨析 | 2019—07 | 58.00 | 1103 |
| 如何成为学习高手 | 2019—09 | 58.00 | 1107 |
| 高考数学:经典真题分类解析 | 2020—04 | 78.00 | 1134 |
| 从分析解题过程学解题:高考压轴题与竞赛题之关系探究 | 2020—08 | 88.00 | 1179 |

# 刘培杰数学工作室
## 已出版(即将出版)图书目录——初等数学

| 书 名 | 出版时间 | 定价 | 编号 |
| --- | --- | --- | --- |
| 中考数学小压轴汇编初讲 | 2017—07 | 48.00 | 788 |
| 中考数学大压轴专题微言 | 2017—09 | 48.00 | 846 |
| 怎么解中考平面几何探索题 | 2019—06 | 48.00 | 1093 |
| 北京中考数学压轴题解题方法突破(第5版) | 2020—01 | 58.00 | 1120 |
| 助你高考成功的数学解题智慧:知识是智慧的基础 | 2016—01 | 58.00 | 596 |
| 助你高考成功的数学解题智慧:错误是智慧的试金石 | 2016—04 | 58.00 | 643 |
| 助你高考成功的数学解题智慧:方法是智慧的推手 | 2016—04 | 68.00 | 657 |
| 高考数学奇思妙解 | 2016—04 | 38.00 | 610 |
| 高考数学解题策略 | 2016—05 | 48.00 | 670 |
| 数学解题泄天机(第2版) | 2017—10 | 48.00 | 850 |
| 高考物理压轴题全解 | 2017—04 | 48.00 | 746 |
| 高中物理经典问题25讲 | 2017—05 | 28.00 | 764 |
| 高中物理教学讲义 | 2018—01 | 48.00 | 871 |
| 中学物理基础问题解析 | 2020—08 | 48.00 | 1183 |
| 2016年高考文科数学真题研究 | 2017—04 | 58.00 | 754 |
| 2016年高考理科数学真题研究 | 2017—04 | 78.00 | 755 |
| 2017年高考理科数学真题研究 | 2018—01 | 58.00 | 867 |
| 2017年高考文科数学真题研究 | 2018—01 | 48.00 | 868 |
| 初中数学、高中数学脱节知识补缺教材 | 2017—06 | 48.00 | 766 |
| 高考数学小题抢分必练 | 2017—10 | 48.00 | 834 |
| 高考数学核心素养解读 | 2017—09 | 38.00 | 839 |
| 高考数学客观题解题方法和技巧 | 2017—10 | 38.00 | 847 |
| 十年高考数学精品试题审题要津与解法研究.上卷 | 2018—01 | 68.00 | 872 |
| 十年高考数学精品试题审题要津与解法研究.下卷 | 2018—01 | 58.00 | 873 |
| 中国历届高考数学试题及解答.1949—1979 | 2018—01 | 38.00 | 877 |
| 历届中国高考数学试题及解答.第二卷,1980—1989 | 2018—10 | 28.00 | 975 |
| 历届中国高考数学试题及解答.第三卷,1990—1999 | 2018—10 | 48.00 | 976 |
| 数学文化与高考研究 | 2018—03 | 48.00 | 882 |
| 跟我学解高中数学题 | 2018—07 | 58.00 | 926 |
| 中学数学研究的方法及案例 | 2018—05 | 58.00 | 869 |
| 高考数学抢分技能 | 2018—07 | 68.00 | 934 |
| 高一新生常用数学方法和重要数学思想提升教材 | 2018—06 | 38.00 | 921 |
| 2018年高考数学真题研究 | 2019—01 | 68.00 | 1000 |
| 2019年高考数学真题研究 | 2020—05 | 88.00 | 1137 |
| 高考数学全国卷16道选择、填空题常考题型解题诀窍.理科 | 2018—09 | 88.00 | 971 |
| 高考数学全国卷16道选择、填空题常考题型解题诀窍.文科 | 2020—01 | 88.00 | 1123 |
| 高中数学一题多解 | 2019—06 | 58.00 | 1087 |
| 新编640个世界著名数学智力趣题 | 2014—01 | 88.00 | 242 |
| 500个最新世界著名数学智力趣题 | 2008—06 | 48.00 | 3 |
| 400个最新世界著名数学最值问题 | 2008—09 | 48.00 | 36 |
| 500个世界著名数学征解问题 | 2009—06 | 48.00 | 52 |
| 400个中国最佳初等数学征解老问题 | 2010—01 | 48.00 | 60 |
| 500个俄罗斯数学经典老题 | 2011—01 | 28.00 | 81 |
| 1000个国外中学物理好题 | 2012—04 | 48.00 | 174 |
| 300个日本高考数学题 | 2012—05 | 38.00 | 142 |
| 700个早期日本高考数学试题 | 2017—02 | 88.00 | 752 |
| 500个前苏联早期高考数学试题及解答 | 2012—05 | 28.00 | 185 |
| 546个早期俄罗斯大学生数学竞赛题 | 2014—03 | 38.00 | 285 |
| 548个来自美苏的数学好问题 | 2014—11 | 28.00 | 396 |
| 20所苏联著名大学早期入学试题 | 2015—02 | 18.00 | 452 |
| 161道德国工科大学生必做的微分方程习题 | 2015—05 | 28.00 | 469 |
| 500个德国工科大学生必做的高数习题 | 2015—06 | 28.00 | 478 |
| 360个数学竞赛问题 | 2016—08 | 58.00 | 677 |
| 200个趣味数学故事 | 2018—02 | 48.00 | 857 |
| 470个数学奥林匹克中的最值问题 | 2018—10 | 88.00 | 985 |
| 德国讲义日本考题.微积分卷 | 2015—04 | 48.00 | 456 |
| 德国讲义日本考题.微分方程卷 | 2015—04 | 38.00 | 457 |
| 二十世纪中叶中、英、美、日、法、俄高考数学试题精选 | 2017—06 | 38.00 | 783 |

# 刘培杰数学工作室
## 已出版(即将出版)图书目录——初等数学

| 书　　名 | 出版时间 | 定　价 | 编号 |
|---|---|---|---|
| 中国初等数学研究　2009卷(第1辑) | 2009—05 | 20.00 | 45 |
| 中国初等数学研究　2010卷(第2辑) | 2010—05 | 30.00 | 68 |
| 中国初等数学研究　2011卷(第3辑) | 2011—07 | 60.00 | 127 |
| 中国初等数学研究　2012卷(第4辑) | 2012—07 | 48.00 | 190 |
| 中国初等数学研究　2014卷(第5辑) | 2014—02 | 48.00 | 288 |
| 中国初等数学研究　2015卷(第6辑) | 2015—06 | 68.00 | 493 |
| 中国初等数学研究　2016卷(第7辑) | 2016—04 | 68.00 | 609 |
| 中国初等数学研究　2017卷(第8辑) | 2017—01 | 98.00 | 712 |
| 初等数学研究在中国.第1辑 | 2019—03 | 158.00 | 1024 |
| 初等数学研究在中国.第2辑 | 2019—10 | 158.00 | 1116 |
| 几何变换(Ⅰ) | 2014—07 | 28.00 | 353 |
| 几何变换(Ⅱ) | 2015—06 | 28.00 | 354 |
| 几何变换(Ⅲ) | 2015—01 | 38.00 | 355 |
| 几何变换(Ⅳ) | 2015—12 | 38.00 | 356 |
| 初等数论难题集(第一卷) | 2009—05 | 68.00 | 44 |
| 初等数论难题集(第二卷)(上、下) | 2011—02 | 128.00 | 82,83 |
| 数论概貌 | 2011—03 | 18.00 | 93 |
| 代数数论(第二版) | 2013—08 | 58.00 | 94 |
| 代数多项式 | 2014—06 | 38.00 | 289 |
| 初等数论的知识与问题 | 2011—02 | 28.00 | 95 |
| 超越数论基础 | 2011—03 | 28.00 | 96 |
| 数论初等教程 | 2011—03 | 28.00 | 97 |
| 数论基础 | 2011—03 | 18.00 | 98 |
| 数论基础与维诺格拉多夫 | 2014—03 | 18.00 | 292 |
| 解析数论基础 | 2012—08 | 28.00 | 216 |
| 解析数论基础(第二版) | 2014—01 | 48.00 | 287 |
| 解析数论问题集(第二版)(原版引进) | 2014—05 | 88.00 | 343 |
| 解析数论问题集(第二版)(中译本) | 2016—04 | 88.00 | 607 |
| 解析数论基础(潘承洞,潘承彪著) | 2016—07 | 98.00 | 673 |
| 解析数论导引 | 2016—07 | 58.00 | 674 |
| 数论入门 | 2011—03 | 38.00 | 99 |
| 代数数论入门 | 2015—03 | 38.00 | 448 |
| 数论开篇 | 2012—07 | 28.00 | 194 |
| 解析数论引论 | 2011—03 | 48.00 | 100 |
| Barban Davenport Halberstam 均值和 | 2009—01 | 40.00 | 33 |
| 基础数论 | 2011—03 | 28.00 | 101 |
| 初等数论100例 | 2011—05 | 18.00 | 122 |
| 初等数论经典例题 | 2012—07 | 18.00 | 204 |
| 最新世界各国数学奥林匹克中的初等数论试题(上、下) | 2012—01 | 138.00 | 144,145 |
| 初等数论(Ⅰ) | 2012—01 | 18.00 | 156 |
| 初等数论(Ⅱ) | 2012—01 | 18.00 | 157 |
| 初等数论(Ⅲ) | 2012—01 | 28.00 | 158 |

# 刘培杰数学工作室
## 已出版（即将出版）图书目录——初等数学

| 书　　名 | 出版时间 | 定　价 | 编号 |
|---|---|---|---|
| 平面几何与数论中未解决的新老问题 | 2013—01 | 68.00 | 229 |
| 代数数论简史 | 2014—11 | 28.00 | 408 |
| 代数数论 | 2015—09 | 88.00 | 532 |
| 代数、数论及分析习题集 | 2016—11 | 98.00 | 695 |
| 数论导引提要及习题解答 | 2016—01 | 48.00 | 559 |
| 素数定理的初等证明.第2版 | 2016—09 | 48.00 | 686 |
| 数论中的模函数与狄利克雷级数(第二版) | 2017—11 | 78.00 | 837 |
| 数论：数学导引 | 2018—01 | 68.00 | 849 |
| 范氏大代数 | 2019—02 | 98.00 | 1016 |
| 解析数学讲义.第一卷,导来式及微分、积分、级数 | 2019—04 | 88.00 | 1021 |
| 解析数学讲义.第二卷,关于几何的应用 | 2019—04 | 68.00 | 1022 |
| 解析数学讲义.第三卷,解析函数论 | 2019—04 | 78.00 | 1023 |
| 分析·组合·数论纵横谈 | 2019—04 | 58.00 | 1039 |
| Hall代数：民国时期的中学数学课本：英文 | 2019—08 | 88.00 | 1106 |
| 数学精神巡礼 | 2019—01 | 58.00 | 731 |
| 数学眼光透视(第2版) | 2017—06 | 78.00 | 732 |
| 数学思想领悟(第2版) | 2018—01 | 68.00 | 733 |
| 数学方法溯源(第2版) | 2018—08 | 68.00 | 734 |
| 数学解题引论 | 2017—05 | 58.00 | 735 |
| 数学史话览胜(第2版) | 2017—01 | 48.00 | 736 |
| 数学应用展观(第2版) | 2017—08 | 68.00 | 737 |
| 数学建模尝试 | 2018—04 | 48.00 | 738 |
| 数学竞赛采风 | 2018—01 | 68.00 | 739 |
| 数学测评探营 | 2019—05 | 58.00 | 740 |
| 数学技能操握 | 2018—03 | 48.00 | 741 |
| 数学欣赏拾趣 | 2018—02 | 48.00 | 742 |
| 从毕达哥拉斯到怀尔斯 | 2007—10 | 48.00 | 9 |
| 从迪利克雷到维斯卡尔迪 | 2008—01 | 48.00 | 21 |
| 从哥德巴赫到陈景润 | 2008—05 | 98.00 | 35 |
| 从庞加莱到佩雷尔曼 | 2011—08 | 138.00 | 136 |
| 博弈论精粹 | 2008—03 | 58.00 | 30 |
| 博弈论精粹.第二版(精装) | 2015—01 | 88.00 | 461 |
| 数学 我爱你 | 2008—01 | 28.00 | 20 |
| 精神的圣徒　别样的人生——60位中国数学家成长的历程 | 2008—09 | 48.00 | 39 |
| 数学史概论 | 2009—06 | 78.00 | 50 |
| 数学史概论(精装) | 2013—03 | 158.00 | 272 |
| 数学史选讲 | 2016—01 | 48.00 | 544 |
| 斐波那契数列 | 2010—02 | 28.00 | 65 |
| 数学拼盘和斐波那契魔方 | 2010—07 | 38.00 | 72 |
| 斐波那契数列欣赏(第2版) | 2018—08 | 58.00 | 948 |
| Fibonacci数列中的明珠 | 2018—06 | 58.00 | 928 |
| 数学的创造 | 2011—02 | 48.00 | 85 |
| 数学美与创造力 | 2016—01 | 48.00 | 595 |
| 数海拾贝 | 2016—01 | 48.00 | 590 |
| 数学中的美(第2版) | 2019—04 | 68.00 | 1057 |
| 数论中的美学 | 2014—12 | 38.00 | 351 |

# 刘培杰数学工作室
# 已出版(即将出版)图书目录——初等数学

| 书　名 | 出版时间 | 定　价 | 编号 |
|---|---|---|---|
| 数学王者　科学巨人——高斯 | 2015—01 | 28.00 | 428 |
| 振兴祖国数学的圆梦之旅:中国初等数学研究史话 | 2015—06 | 98.00 | 490 |
| 二十世纪中国数学史料研究 | 2015—10 | 48.00 | 536 |
| 数字谜、数阵图与棋盘覆盖 | 2016—01 | 58.00 | 298 |
| 时间的形状 | 2016—01 | 38.00 | 556 |
| 数学发现的艺术:数学探索中的合情推理 | 2016—07 | 58.00 | 671 |
| 活跃在数学中的参数 | 2016—07 | 48.00 | 675 |
| 数学解题——靠数学思想给力(上) | 2011—07 | 38.00 | 131 |
| 数学解题——靠数学思想给力(中) | 2011—07 | 48.00 | 132 |
| 数学解题——靠数学思想给力(下) | 2011—07 | 38.00 | 133 |
| 我怎样解题 | 2013—01 | 48.00 | 227 |
| 数学解题中的物理方法 | 2011—06 | 28.00 | 114 |
| 数学解题的特殊方法 | 2011—06 | 48.00 | 115 |
| 中学数学计算技巧 | 2012—01 | 48.00 | 116 |
| 中学数学证明方法 | 2012—01 | 58.00 | 117 |
| 数学趣题巧解 | 2012—03 | 28.00 | 128 |
| 高中数学教学通鉴 | 2015—05 | 58.00 | 479 |
| 和高中生漫谈:数学与哲学的故事 | 2014—08 | 28.00 | 369 |
| 算术问题集 | 2017—03 | 38.00 | 789 |
| 张教授讲数学 | 2018—07 | 38.00 | 933 |
| 陈永明实话实说数学教学 | 2020—04 | 68.00 | 1132 |
| 中学数学学科知识与教学能力 | 2020—06 | 58.00 | 1155 |
| 自主招生考试中的参数方程问题 | 2015—01 | 28.00 | 435 |
| 自主招生考试中的极坐标问题 | 2015—04 | 28.00 | 463 |
| 近年全国重点大学自主招生数学试题全解及研究.华约卷 | 2015—02 | 38.00 | 441 |
| 近年全国重点大学自主招生数学试题全解及研究.北约卷 | 2016—05 | 38.00 | 619 |
| 自主招生数学解证宝典 | 2015—09 | 48.00 | 535 |
| 格点和面积 | 2012—07 | 18.00 | 191 |
| 射影几何趣谈 | 2012—04 | 28.00 | 175 |
| 斯潘纳尔引理——从一道加拿大数学奥林匹克试题谈起 | 2014—01 | 28.00 | 228 |
| 李普希兹条件——从几道近年高考数学试题谈起 | 2012—10 | 18.00 | 221 |
| 拉格朗日中值定理——从一道北京高考试题的解法谈起 | 2015—10 | 18.00 | 197 |
| 闵科夫斯基定理——从一道清华大学自主招生试题谈起 | 2014—01 | 28.00 | 198 |
| 哈尔测度——从一道冬令营试题的背景谈起 | 2012—08 | 28.00 | 202 |
| 切比雪夫逼近问题——从一道中国台北数学奥林匹克试题谈起 | 2013—04 | 38.00 | 238 |
| 伯恩斯坦多项式与贝齐尔曲面——从一道全国高中数学联赛试题谈起 | 2013—03 | 38.00 | 236 |
| 卡塔兰猜想——从一道普特南竞赛试题谈起 | 2013—06 | 18.00 | 256 |
| 麦卡锡函数和阿克曼函数——从一道前南斯拉夫数学奥林匹克试题谈起 | 2012—08 | 18.00 | 201 |
| 贝蒂定理与拉姆贝克莫斯尔定理——从一个拣石子游戏谈起 | 2012—08 | 18.00 | 217 |
| 皮亚诺曲线和豪斯道夫分球定理——从无限集谈起 | 2012—08 | 18.00 | 211 |
| 平面凸图形与凸多面体 | 2012—10 | 28.00 | 218 |
| 斯坦因豪斯问题——从一道二十五省市自治区中学数学竞赛试题谈起 | 2012—07 | 18.00 | 196 |

# 刘培杰数学工作室
## 已出版(即将出版)图书目录——初等数学

| 书　名 | 出版时间 | 定　价 | 编号 |
|---|---|---|---|
| 纽结理论中的亚历山大多项式与琼斯多项式——从一道北京市高一数学竞赛试题谈起 | 2012—07 | 28.00 | 195 |
| 原则与策略——从波利亚"解题表"谈起 | 2013—04 | 38.00 | 244 |
| 转化与化归——从三大尺规作图不能问题谈起 | 2012—08 | 28.00 | 214 |
| 代数几何中的贝祖定理(第一版)——从一道 IMO 试题的解法谈起 | 2013—08 | 18.00 | 193 |
| 成功连贯理论与约当块理论——从一道比利时数学竞赛试题谈起 | 2012—04 | 18.00 | 180 |
| 素数判定与大数分解 | 2014—08 | 18.00 | 199 |
| 置换多项式及其应用 | 2012—10 | 18.00 | 220 |
| 椭圆函数与模函数——从一道美国加州大学洛杉矶分校(UCLA)博士资格考题谈起 | 2012—10 | 28.00 | 219 |
| 差分方程的拉格朗日方法——从一道 2011 年全国高考理科试题的解法谈起 | 2012—08 | 28.00 | 200 |
| 力学在几何中的一些应用 | 2013—01 | 38.00 | 240 |
| 从根式解到伽罗华理论 | 2020—01 | 48.00 | 1121 |
| 康托洛维奇不等式——从一道全国高中联赛试题谈起 | 2013—03 | 28.00 | 337 |
| 西格尔引理——从一道第 18 届 IMO 试题的解法谈起 | 即将出版 | | |
| 罗斯定理——从一道前苏联数学竞赛试题谈起 | 即将出版 | | |
| 拉克斯定理和阿廷定理——从一道 IMO 试题的解法谈起 | 2014—01 | 58.00 | 246 |
| 毕卡大定理——从一道美国大学数学竞赛试题谈起 | 2014—07 | 18.00 | 350 |
| 贝齐尔曲线——从一道全国高中联赛试题谈起 | 即将出版 | | |
| 拉格朗日乘子定理——从一道 2005 年全国高中联赛试题的高等数学解法谈起 | 2015—05 | 28.00 | 480 |
| 雅可比定理——从一道日本数学奥林匹克试题谈起 | 2013—04 | 48.00 | 249 |
| 李天岩—约克定理——从一道波兰数学竞赛试题谈起 | 2014—06 | 28.00 | 349 |
| 整系数多项式因式分解的一般方法——从克朗耐克算法谈起 | 即将出版 | | |
| 布劳维不动点定理——从一道前苏联数学奥林匹克试题谈起 | 2014—01 | 38.00 | 273 |
| 伯恩赛德定理——从一道英国数学奥林匹克试题谈起 | 即将出版 | | |
| 布查特—莫斯特定理——从一道上海市初中竞赛试题谈起 | 即将出版 | | |
| 数论中的同余数问题——从一道普特南竞赛试题谈起 | 即将出版 | | |
| 范·德蒙行列式——从一道美国数学奥林匹克试题谈起 | 即将出版 | | |
| 中国剩余定理:总数法构建中国历史年表 | 2015—01 | 28.00 | 430 |
| 牛顿程序与方程求根——从一道全国高考试题解法谈起 | 即将出版 | | |
| 库默尔定理——从一道 IMO 预选试题谈起 | 即将出版 | | |
| 卢丁定理——从一道冬令营试题的解法谈起 | 即将出版 | | |
| 沃斯滕霍姆定理——从一道 IMO 预选试题谈起 | 即将出版 | | |
| 卡尔松不等式——从一道莫斯科数学奥林匹克试题谈起 | 即将出版 | | |
| 信息论中的香农熵——从一道近年高考压轴题谈起 | 即将出版 | | |
| 约当不等式——从一道希望杯竞赛试题谈起 | 即将出版 | | |
| 拉比诺维奇定理 | 即将出版 | | |
| 刘维尔定理——从一道《美国数学月刊》征解问题的解法谈起 | 即将出版 | | |
| 卡塔兰恒等式与级数求和——从一道 IMO 试题的解法谈起 | 即将出版 | | |
| 勒让德猜想与素数分布——从一道爱尔兰竞赛试题谈起 | 即将出版 | | |
| 天平称重与信息论——从一道基辅市数学奥林匹克试题谈起 | 即将出版 | | |
| 哈密尔顿—凯莱定理:从一道高中数学联赛试题的解法谈起 | 2014—09 | 18.00 | 376 |
| 艾思特曼定理——从一道 CMO 试题的解法谈起 | 即将出版 | | |

# 刘培杰数学工作室
# 已出版(即将出版)图书目录——初等数学

| 书　名 | 出版时间 | 定　价 | 编号 |
|---|---|---|---|
| 阿贝尔恒等式与经典不等式及应用 | 2018—06 | 98.00 | 923 |
| 迪利克雷除数问题 | 2018—07 | 48.00 | 930 |
| 幻方、幻立方与拉丁方 | 2019—08 | 48.00 | 1092 |
| 帕斯卡三角形 | 2014—03 | 18.00 | 294 |
| 蒲丰投针问题——从2009年清华大学的一道自主招生试题谈起 | 2014—01 | 38.00 | 295 |
| 斯图姆定理——从一道"华约"自主招生试题的解法谈起 | 2014—01 | 18.00 | 296 |
| 许瓦兹引理——从一道加利福尼亚大学伯克利分校数学系博士生试题谈起 | 2014—08 | 18.00 | 297 |
| 拉姆塞定理——从王诗宬院士的一个问题谈起 | 2016—04 | 48.00 | 299 |
| 坐标法 | 2013—12 | 28.00 | 332 |
| 数论三角形 | 2014—04 | 38.00 | 341 |
| 毕克定理 | 2014—07 | 18.00 | 352 |
| 数林掠影 | 2014—09 | 48.00 | 389 |
| 我们周围的概率 | 2014—10 | 38.00 | 390 |
| 凸函数最值定理:从一道华约自主招生题的解法谈起 | 2014—10 | 28.00 | 391 |
| 易学与数学奥林匹克 | 2014—10 | 38.00 | 392 |
| 生物数学趣谈 | 2015—01 | 18.00 | 409 |
| 反演 | 2015—01 | 28.00 | 420 |
| 因式分解与圆锥曲线 | 2015—01 | 18.00 | 426 |
| 轨迹 | 2015—01 | 28.00 | 427 |
| 面积原理:从常庚哲命的一道CMO试题的积分解法谈起 | 2015—01 | 48.00 | 431 |
| 形形色色的不动点定理:从一道28届IMO试题谈起 | 2015—01 | 38.00 | 439 |
| 柯西函数方程:从一道上海交大自主招生的试题谈起 | 2015—02 | 28.00 | 440 |
| 三角恒等式 | 2015—02 | 28.00 | 442 |
| 无理性判定:从一道2014年"北约"自主招生试题谈起 | 2015—01 | 38.00 | 443 |
| 数学归纳法 | 2015—03 | 18.00 | 451 |
| 极端原理与解题 | 2015—04 | 28.00 | 464 |
| 法雷级数 | 2014—08 | 18.00 | 367 |
| 摆线族 | 2015—01 | 38.00 | 438 |
| 函数方程及其解法 | 2015—05 | 38.00 | 470 |
| 含参数的方程和不等式 | 2012—09 | 28.00 | 213 |
| 希尔伯特第十问题 | 2016—01 | 38.00 | 543 |
| 无穷小量的求和 | 2016—01 | 28.00 | 545 |
| 切比雪夫多项式:从一道清华大学金秋营试题谈起 | 2016—01 | 38.00 | 583 |
| 泽肯多夫定理 | 2016—03 | 38.00 | 599 |
| 代数等式证题法 | 2016—01 | 28.00 | 600 |
| 三角等式证题法 | 2016—01 | 28.00 | 601 |
| 吴大任教授藏书中的一个因式分解公式:从一道美国数学邀请赛试题的解法谈起 | 2016—06 | 28.00 | 656 |
| 易卦——类万物的数学模型 | 2017—08 | 68.00 | 838 |
| "不可思议"的数与数系可持续发展 | 2018—01 | 38.00 | 878 |
| 最短线 | 2018—01 | 38.00 | 879 |
| 幻方和魔方(第一卷) | 2012—05 | 68.00 | 173 |
| 尘封的经典——初等数学经典文献选读(第一卷) | 2012—07 | 48.00 | 205 |
| 尘封的经典——初等数学经典文献选读(第二卷) | 2012—07 | 38.00 | 206 |
| 初级方程式论 | 2011—03 | 28.00 | 106 |
| 初等数学研究(Ⅰ) | 2008—09 | 68.00 | 37 |
| 初等数学研究(Ⅱ)(上、下) | 2009—05 | 118.00 | 46,47 |

# 刘培杰数学工作室
## 已出版(即将出版)图书目录——初等数学

| 书　　名 | 出版时间 | 定价 | 编号 |
|---|---|---|---|
| 趣味初等方程妙题集锦 | 2014—09 | 48.00 | 388 |
| 趣味初等数论选美与欣赏 | 2015—02 | 48.00 | 445 |
| 耕读笔记(上卷):一位农民数学爱好者的初数探索 | 2015—04 | 28.00 | 459 |
| 耕读笔记(中卷):一位农民数学爱好者的初数探索 | 2015—05 | 28.00 | 483 |
| 耕读笔记(下卷):一位农民数学爱好者的初数探索 | 2015—05 | 28.00 | 484 |
| 几何不等式研究与欣赏.上卷 | 2016—01 | 88.00 | 547 |
| 几何不等式研究与欣赏.下卷 | 2016—01 | 48.00 | 552 |
| 初等数列研究与欣赏·上 | 2016—01 | 48.00 | 570 |
| 初等数列研究与欣赏·下 | 2016—01 | 48.00 | 571 |
| 趣味初等函数研究与欣赏.上 | 2016—09 | 48.00 | 684 |
| 趣味初等函数研究与欣赏.下 | 2018—09 | 48.00 | 685 |
| 三角不等式研究与欣赏 | 2020—10 | 68.00 | 1197 |
| 火柴游戏 | 2016—05 | 38.00 | 612 |
| 智力解谜.第1卷 | 2017—07 | 38.00 | 613 |
| 智力解谜.第2卷 | 2017—07 | 38.00 | 614 |
| 故事智力 | 2016—07 | 48.00 | 615 |
| 名人们喜欢的智力问题 | 2020—01 | 48.00 | 616 |
| 数学大师的发现、创造与失误 | 2018—01 | 48.00 | 617 |
| 异曲同工 | 2018—09 | 48.00 | 618 |
| 数学的味道 | 2018—01 | 58.00 | 798 |
| 数学千字文 | 2018—10 | 68.00 | 977 |
| 数贝偶拾——高考数学题研究 | 2014—04 | 28.00 | 274 |
| 数贝偶拾——初等数学研究 | 2014—04 | 38.00 | 275 |
| 数贝偶拾——奥数题研究 | 2014—04 | 48.00 | 276 |
| 钱昌本教你快乐学数学(上) | 2011—12 | 48.00 | 155 |
| 钱昌本教你快乐学数学(下) | 2012—03 | 58.00 | 171 |
| 集合、函数与方程 | 2014—01 | 28.00 | 300 |
| 数列与不等式 | 2014—01 | 38.00 | 301 |
| 三角与平面向量 | 2014—01 | 28.00 | 302 |
| 平面解析几何 | 2014—01 | 38.00 | 303 |
| 立体几何与组合 | 2014—01 | 28.00 | 304 |
| 极限与导数、数学归纳法 | 2014—01 | 38.00 | 305 |
| 趣味数学 | 2014—03 | 28.00 | 306 |
| 教材教法 | 2014—04 | 68.00 | 307 |
| 自主招生 | 2014—05 | 58.00 | 308 |
| 高考压轴题(上) | 2015—01 | 48.00 | 309 |
| 高考压轴题(下) | 2014—10 | 68.00 | 310 |
| 从费马到怀尔斯——费马大定理的历史 | 2013—10 | 198.00 | I |
| 从庞加莱到佩雷尔曼——庞加莱猜想的历史 | 2013—10 | 298.00 | II |
| 从切比雪夫到爱尔特希(上)——素数定理的初等证明 | 2013—07 | 48.00 | III |
| 从切比雪夫到爱尔特希(下)——素数定理100年 | 2012—12 | 98.00 | III |
| 从高斯到盖尔方特——二次域的高斯猜想 | 2013—10 | 198.00 | IV |
| 从库默尔到朗兰兹——朗兰兹猜想的历史 | 2014—01 | 98.00 | V |
| 从比勒巴赫到德布朗斯——比勒巴赫猜想的历史 | 2014—02 | 298.00 | VI |
| 从麦比乌斯到陈省身——麦比乌斯变换与麦比乌斯带 | 2014—02 | 298.00 | VII |
| 从布尔到豪斯道夫——布尔方程与格论漫谈 | 2013—10 | 198.00 | VIII |
| 从开普勒到阿诺德——三体问题的历史 | 2014—05 | 298.00 | IX |
| 从华林到华罗庚——华林问题的历史 | 2013—10 | 298.00 | X |

# 刘培杰数学工作室
## 已出版(即将出版)图书目录——初等数学

| 书　　名 | 出版时间 | 定　价 | 编号 |
| --- | --- | --- | --- |
| 美国高中数学竞赛五十讲.第1卷(英文) | 2014—08 | 28.00 | 357 |
| 美国高中数学竞赛五十讲.第2卷(英文) | 2014—08 | 28.00 | 358 |
| 美国高中数学竞赛五十讲.第3卷(英文) | 2014—09 | 28.00 | 359 |
| 美国高中数学竞赛五十讲.第4卷(英文) | 2014—09 | 28.00 | 360 |
| 美国高中数学竞赛五十讲.第5卷(英文) | 2014—10 | 28.00 | 361 |
| 美国高中数学竞赛五十讲.第6卷(英文) | 2014—11 | 28.00 | 362 |
| 美国高中数学竞赛五十讲.第7卷(英文) | 2014—12 | 28.00 | 363 |
| 美国高中数学竞赛五十讲.第8卷(英文) | 2015—01 | 28.00 | 364 |
| 美国高中数学竞赛五十讲.第9卷(英文) | 2015—01 | 28.00 | 365 |
| 美国高中数学竞赛五十讲.第10卷(英文) | 2015—02 | 38.00 | 366 |
| 三角函数(第2版) | 2017—04 | 38.00 | 626 |
| 不等式 | 2014—01 | 38.00 | 312 |
| 数列 | 2014—01 | 38.00 | 313 |
| 方程(第2版) | 2017—04 | 38.00 | 624 |
| 排列和组合 | 2014—01 | 28.00 | 315 |
| 极限与导数(第2版) | 2016—04 | 38.00 | 635 |
| 向量(第2版) | 2018—08 | 58.00 | 627 |
| 复数及其应用 | 2014—08 | 28.00 | 318 |
| 函数 | 2014—01 | 38.00 | 319 |
| 集合 | 2020—01 | 48.00 | 320 |
| 直线与平面 | 2014—01 | 28.00 | 321 |
| 立体几何(第2版) | 2016—04 | 38.00 | 629 |
| 解三角形 | 即将出版 |  | 323 |
| 直线与圆(第2版) | 2016—11 | 38.00 | 631 |
| 圆锥曲线(第2版) | 2016—09 | 48.00 | 632 |
| 解题通法(一) | 2014—07 | 38.00 | 326 |
| 解题通法(二) | 2014—07 | 38.00 | 327 |
| 解题通法(三) | 2014—05 | 38.00 | 328 |
| 概率与统计 | 2014—01 | 28.00 | 329 |
| 信息迁移与算法 | 即将出版 |  | 330 |
| IMO 50年.第1卷(1959—1963) | 2014—11 | 28.00 | 377 |
| IMO 50年.第2卷(1964—1968) | 2014—11 | 28.00 | 378 |
| IMO 50年.第3卷(1969—1973) | 2014—09 | 28.00 | 379 |
| IMO 50年.第4卷(1974—1978) | 2016—04 | 38.00 | 380 |
| IMO 50年.第5卷(1979—1984) | 2015—04 | 38.00 | 381 |
| IMO 50年.第6卷(1985—1989) | 2015—04 | 58.00 | 382 |
| IMO 50年.第7卷(1990—1994) | 2016—01 | 48.00 | 383 |
| IMO 50年.第8卷(1995—1999) | 2016—06 | 38.00 | 384 |
| IMO 50年.第9卷(2000—2004) | 2015—04 | 58.00 | 385 |
| IMO 50年.第10卷(2005—2009) | 2016—01 | 48.00 | 386 |
| IMO 50年.第11卷(2010—2015) | 2017—03 | 48.00 | 646 |

# 刘培杰数学工作室
## 已出版(即将出版)图书目录——初等数学

| 书 名 | 出版时间 | 定 价 | 编号 |
|---|---|---|---|
| 数学反思(2006—2007) | 2020-09 | 88.00 | 915 |
| 数学反思(2008—2009) | 2019-01 | 68.00 | 917 |
| 数学反思(2010—2011) | 2018-05 | 58.00 | 916 |
| 数学反思(2012—2013) | 2019-01 | 58.00 | 918 |
| 数学反思(2014—2015) | 2019-03 | 78.00 | 919 |
| 历届美国大学生数学竞赛试题集.第一卷(1938—1949) | 2015-01 | 28.00 | 397 |
| 历届美国大学生数学竞赛试题集.第二卷(1950—1959) | 2015-01 | 28.00 | 398 |
| 历届美国大学生数学竞赛试题集.第三卷(1960—1969) | 2015-01 | 28.00 | 399 |
| 历届美国大学生数学竞赛试题集.第四卷(1970—1979) | 2015-01 | 18.00 | 400 |
| 历届美国大学生数学竞赛试题集.第五卷(1980—1989) | 2015-01 | 28.00 | 401 |
| 历届美国大学生数学竞赛试题集.第六卷(1990—1999) | 2015-01 | 28.00 | 402 |
| 历届美国大学生数学竞赛试题集.第七卷(2000—2009) | 2015-08 | 18.00 | 403 |
| 历届美国大学生数学竞赛试题集.第八卷(2010—2012) | 2015-01 | 18.00 | 404 |
| 新课标高考数学创新题解题诀窍:总论 | 2014-09 | 28.00 | 372 |
| 新课标高考数学创新题解题诀窍:必修 1~5 分册 | 2014-08 | 38.00 | 373 |
| 新课标高考数学创新题解题诀窍:选修 2-1,2-2,1-1,1-2分册 | 2014-09 | 38.00 | 374 |
| 新课标高考数学创新题解题诀窍:选修 2-3,4-4,4-5分册 | 2014-09 | 18.00 | 375 |
| 全国重点大学自主招生英文数学试题全攻略:词汇卷 | 2015-07 | 48.00 | 410 |
| 全国重点大学自主招生英文数学试题全攻略:概念卷 | 2015-01 | 28.00 | 411 |
| 全国重点大学自主招生英文数学试题全攻略:文章选读卷(上) | 2016-09 | 38.00 | 412 |
| 全国重点大学自主招生英文数学试题全攻略:文章选读卷(下) | 2017-01 | 58.00 | 413 |
| 全国重点大学自主招生英文数学试题全攻略:试题卷 | 2015-07 | 38.00 | 414 |
| 全国重点大学自主招生英文数学试题全攻略:名著欣赏卷 | 2017-03 | 48.00 | 415 |
| 劳埃德数学趣题大全.题目卷.1:英文 | 2016-01 | 18.00 | 516 |
| 劳埃德数学趣题大全.题目卷.2:英文 | 2016-01 | 18.00 | 517 |
| 劳埃德数学趣题大全.题目卷.3:英文 | 2016-01 | 18.00 | 518 |
| 劳埃德数学趣题大全.题目卷.4:英文 | 2016-01 | 18.00 | 519 |
| 劳埃德数学趣题大全.题目卷.5:英文 | 2016-01 | 18.00 | 520 |
| 劳埃德数学趣题大全.答案卷:英文 | 2016-01 | 18.00 | 521 |
| 李成章教练奥数笔记.第 1 卷 | 2016-01 | 48.00 | 522 |
| 李成章教练奥数笔记.第 2 卷 | 2016-01 | 48.00 | 523 |
| 李成章教练奥数笔记.第 3 卷 | 2016-01 | 38.00 | 524 |
| 李成章教练奥数笔记.第 4 卷 | 2016-01 | 38.00 | 525 |
| 李成章教练奥数笔记.第 5 卷 | 2016-01 | 38.00 | 526 |
| 李成章教练奥数笔记.第 6 卷 | 2016-01 | 38.00 | 527 |
| 李成章教练奥数笔记.第 7 卷 | 2016-01 | 38.00 | 528 |
| 李成章教练奥数笔记.第 8 卷 | 2016-01 | 48.00 | 529 |
| 李成章教练奥数笔记.第 9 卷 | 2016-01 | 28.00 | 530 |

# 刘培杰数学工作室
# 已出版(即将出版)图书目录——初等数学

| 书　　　名 | 出版时间 | 定　价 | 编号 |
|---|---|---|---|
| 第19～23届"希望杯"全国数学邀请赛试题审题要津详细评注(初一版) | 2014—03 | 28.00 | 333 |
| 第19～23届"希望杯"全国数学邀请赛试题审题要津详细评注(初二、初三版) | 2014—03 | 38.00 | 334 |
| 第19～23届"希望杯"全国数学邀请赛试题审题要津详细评注(高一版) | 2014—03 | 28.00 | 335 |
| 第19～23届"希望杯"全国数学邀请赛试题审题要津详细评注(高二版) | 2014—03 | 38.00 | 336 |
| 第19～25届"希望杯"全国数学邀请赛试题审题要津详细评注(初一版) | 2015—01 | 38.00 | 416 |
| 第19～25届"希望杯"全国数学邀请赛试题审题要津详细评注(初二、初三版) | 2015—01 | 58.00 | 417 |
| 第19～25届"希望杯"全国数学邀请赛试题审题要津详细评注(高一版) | 2015—01 | 48.00 | 418 |
| 第19～25届"希望杯"全国数学邀请赛试题审题要津详细评注(高二版) | 2015—01 | 48.00 | 419 |
| 物理奥林匹克竞赛大题典——力学卷 | 2014—11 | 48.00 | 405 |
| 物理奥林匹克竞赛大题典——热学卷 | 2014—04 | 28.00 | 339 |
| 物理奥林匹克竞赛大题典——电磁学卷 | 2015—07 | 48.00 | 406 |
| 物理奥林匹克竞赛大题典——光学与近代物理卷 | 2014—06 | 28.00 | 345 |
| 历届中国东南地区数学奥林匹克试题集(2004～2012) | 2014—06 | 18.00 | 346 |
| 历届中国西部地区数学奥林匹克试题集(2001～2012) | 2014—07 | 18.00 | 347 |
| 历届中国女子数学奥林匹克试题集(2002～2012) | 2014—08 | 18.00 | 348 |
| 数学奥林匹克在中国 | 2014—06 | 98.00 | 344 |
| 数学奥林匹克问题集 | 2014—01 | 38.00 | 267 |
| 数学奥林匹克不等式散论 | 2010—06 | 38.00 | 124 |
| 数学奥林匹克不等式欣赏 | 2011—09 | 38.00 | 138 |
| 数学奥林匹克超级题库(初中卷上) | 2010—01 | 58.00 | 66 |
| 数学奥林匹克不等式证明方法和技巧(上、下) | 2011—08 | 158.00 | 134,135 |
| 他们学什么:原民主德国中学数学课本 | 2016—09 | 38.00 | 658 |
| 他们学什么:英国中学数学课本 | 2016—09 | 38.00 | 659 |
| 他们学什么:法国中学数学课本.1 | 2016—09 | 38.00 | 660 |
| 他们学什么:法国中学数学课本.2 | 2016—09 | 28.00 | 661 |
| 他们学什么:法国中学数学课本.3 | 2016—09 | 38.00 | 662 |
| 他们学什么:苏联中学数学课本 | 2016—09 | 28.00 | 679 |
| 高中数学题典——集合与简易逻辑·函数 | 2016—07 | 48.00 | 647 |
| 高中数学题典——导数 | 2016—07 | 48.00 | 648 |
| 高中数学题典——三角函数·平面向量 | 2016—07 | 48.00 | 649 |
| 高中数学题典——数列 | 2016—07 | 58.00 | 650 |
| 高中数学题典——不等式·推理与证明 | 2016—07 | 38.00 | 651 |
| 高中数学题典——立体几何 | 2016—07 | 48.00 | 652 |
| 高中数学题典——平面解析几何 | 2016—07 | 78.00 | 653 |
| 高中数学题典——计数原理·统计·概率·复数 | 2016—07 | 48.00 | 654 |
| 高中数学题典——算法·平面几何·初等数论·组合数学·其他 | 2016—07 | 68.00 | 655 |

# 刘培杰数学工作室
## 已出版(即将出版)图书目录——初等数学

| 书　　名 | 出版时间 | 定　价 | 编号 |
|---|---|---|---|
| 台湾地区奥林匹克数学竞赛试题.小学一年级 | 2017—03 | 38.00 | 722 |
| 台湾地区奥林匹克数学竞赛试题.小学二年级 | 2017—03 | 38.00 | 723 |
| 台湾地区奥林匹克数学竞赛试题.小学三年级 | 2017—03 | 38.00 | 724 |
| 台湾地区奥林匹克数学竞赛试题.小学四年级 | 2017—03 | 38.00 | 725 |
| 台湾地区奥林匹克数学竞赛试题.小学五年级 | 2017—03 | 38.00 | 726 |
| 台湾地区奥林匹克数学竞赛试题.小学六年级 | 2017—03 | 38.00 | 727 |
| 台湾地区奥林匹克数学竞赛试题.初中一年级 | 2017—03 | 38.00 | 728 |
| 台湾地区奥林匹克数学竞赛试题.初中二年级 | 2017—03 | 38.00 | 729 |
| 台湾地区奥林匹克数学竞赛试题.初中三年级 | 2017—03 | 28.00 | 730 |
| 不等式证题法 | 2017—04 | 28.00 | 747 |
| 平面几何培优教程 | 2019—08 | 88.00 | 748 |
| 奥数鼎级培优教程.高一分册 | 2018—09 | 88.00 | 749 |
| 奥数鼎级培优教程.高二分册.上 | 2018—04 | 68.00 | 750 |
| 奥数鼎级培优教程.高二分册.下 | 2018—04 | 68.00 | 751 |
| 高中数学竞赛冲刺宝典 | 2019—04 | 68.00 | 883 |
| 初中尖子生数学超级题典.实数 | 2017—07 | 58.00 | 792 |
| 初中尖子生数学超级题典.式、方程与不等式 | 2017—08 | 58.00 | 793 |
| 初中尖子生数学超级题典.圆、面积 | 2017—08 | 38.00 | 794 |
| 初中尖子生数学超级题典.函数、逻辑推理 | 2017—08 | 48.00 | 795 |
| 初中尖子生数学超级题典.角、线段、三角形与多边形 | 2017—07 | 58.00 | 796 |
| 数学王子——高斯 | 2018—01 | 48.00 | 858 |
| 坎坷奇星——阿贝尔 | 2018—01 | 48.00 | 859 |
| 闪烁奇星——伽罗瓦 | 2018—01 | 58.00 | 860 |
| 无穷统帅——康托尔 | 2018—01 | 48.00 | 861 |
| 科学公主——柯瓦列夫斯卡娅 | 2018—01 | 48.00 | 862 |
| 抽象代数之母——埃米·诺特 | 2018—01 | 48.00 | 863 |
| 电脑先驱——图灵 | 2018—01 | 58.00 | 864 |
| 昔日神童——维纳 | 2018—01 | 48.00 | 865 |
| 数坛怪侠——爱尔特希 | 2018—01 | 68.00 | 866 |
| 传奇数学家徐利治 | 2019—09 | 88.00 | 1110 |
| 当代世界中的数学.数学思想与数学基础 | 2019—01 | 38.00 | 892 |
| 当代世界中的数学.数学问题 | 2019—01 | 38.00 | 893 |
| 当代世界中的数学.应用数学与数学应用 | 2019—01 | 38.00 | 894 |
| 当代世界中的数学.数学王国的新疆域(一) | 2019—01 | 38.00 | 895 |
| 当代世界中的数学.数学王国的新疆域(二) | 2019—01 | 38.00 | 896 |
| 当代世界中的数学.数林撷英(一) | 2019—01 | 38.00 | 897 |
| 当代世界中的数学.数林撷英(二) | 2019—01 | 48.00 | 898 |
| 当代世界中的数学.数学之路 | 2019—01 | 38.00 | 899 |

# 刘培杰数学工作室
## 已出版(即将出版)图书目录——初等数学

| 书　名 | 出版时间 | 定　价 | 编号 |
| --- | --- | --- | --- |
| 105 个代数问题:来自 AwesomeMath 夏季课程 | 2019－02 | 58.00 | 956 |
| 106 个几何问题:来自 AwesomeMath 夏季课程 | 2020－07 | 58.00 | 957 |
| 107 个几何问题:来自 AwesomeMath 全年课程 | 2020－07 | 58.00 | 958 |
| 108 个代数问题:来自 AwesomeMath 全年课程 | 2019－01 | 68.00 | 959 |
| 109 个不等式:来自 AwesomeMath 夏季课程 | 2019－04 | 58.00 | 960 |
| 国际数学奥林匹克中的 110 个几何问题 | 即将出版 |  | 961 |
| 111 个代数和数论问题 | 2019－05 | 58.00 | 962 |
| 112 个组合问题:来自 AwesomeMath 夏季课程 | 2019－05 | 58.00 | 963 |
| 113 个几何不等式:来自 AwesomeMath 夏季课程 | 2020－08 | 58.00 | 964 |
| 114 个指数和对数问题:来自 AwesomeMath 夏季课程 | 2019－09 | 48.00 | 965 |
| 115 个三角问题:来自 AwesomeMath 夏季课程 | 2019－09 | 58.00 | 966 |
| 116 个代数不等式:来自 AwesomeMath 全年课程 | 2019－04 | 58.00 | 967 |
| 紫色彗星国际数学竞赛试题 | 2019－02 | 58.00 | 999 |
| 数学竞赛中的数学:为数学爱好者、父母、教师和教练准备的丰富资源.第一部 | 2020－04 | 58.00 | 1141 |
| 数学竞赛中的数学:为数学爱好者、父母、教师和教练准备的丰富资源.第二部 | 2020－07 | 48.00 | 1142 |
| 澳大利亚中学数学竞赛试题及解答(初级卷)1978～1984 | 2019－02 | 28.00 | 1002 |
| 澳大利亚中学数学竞赛试题及解答(初级卷)1985～1991 | 2019－02 | 28.00 | 1003 |
| 澳大利亚中学数学竞赛试题及解答(初级卷)1992～1998 | 2019－02 | 28.00 | 1004 |
| 澳大利亚中学数学竞赛试题及解答(初级卷)1999～2005 | 2019－02 | 28.00 | 1005 |
| 澳大利亚中学数学竞赛试题及解答(中级卷)1978～1984 | 2019－03 | 28.00 | 1006 |
| 澳大利亚中学数学竞赛试题及解答(中级卷)1985～1991 | 2019－03 | 28.00 | 1007 |
| 澳大利亚中学数学竞赛试题及解答(中级卷)1992～1998 | 2019－03 | 28.00 | 1008 |
| 澳大利亚中学数学竞赛试题及解答(中级卷)1999～2005 | 2019－03 | 28.00 | 1009 |
| 澳大利亚中学数学竞赛试题及解答(高级卷)1978～1984 | 2019－05 | 28.00 | 1010 |
| 澳大利亚中学数学竞赛试题及解答(高级卷)1985～1991 | 2019－05 | 28.00 | 1011 |
| 澳大利亚中学数学竞赛试题及解答(高级卷)1992～1998 | 2019－05 | 28.00 | 1012 |
| 澳大利亚中学数学竞赛试题及解答(高级卷)1999～2005 | 2019－05 | 28.00 | 1013 |
| 天才中小学生智力测验题.第一卷 | 2019－03 | 38.00 | 1026 |
| 天才中小学生智力测验题.第二卷 | 2019－03 | 38.00 | 1027 |
| 天才中小学生智力测验题.第三卷 | 2019－03 | 38.00 | 1028 |
| 天才中小学生智力测验题.第四卷 | 2019－03 | 38.00 | 1029 |
| 天才中小学生智力测验题.第五卷 | 2019－03 | 38.00 | 1030 |
| 天才中小学生智力测验题.第六卷 | 2019－03 | 38.00 | 1031 |
| 天才中小学生智力测验题.第七卷 | 2019－03 | 38.00 | 1032 |
| 天才中小学生智力测验题.第八卷 | 2019－03 | 38.00 | 1033 |
| 天才中小学生智力测验题.第九卷 | 2019－03 | 38.00 | 1034 |
| 天才中小学生智力测验题.第十卷 | 2019－03 | 38.00 | 1035 |
| 天才中小学生智力测验题.第十一卷 | 2019－03 | 38.00 | 1036 |
| 天才中小学生智力测验题.第十二卷 | 2019－03 | 38.00 | 1037 |
| 天才中小学生智力测验题.第十三卷 | 2019－03 | 38.00 | 1038 |

# 刘培杰数学工作室
## 已出版(即将出版)图书目录——初等数学

| 书　　名 | 出版时间 | 定　价 | 编号 |
|---|---|---|---|
| 重点大学自主招生数学备考全书:函数 | 2020—05 | 48.00 | 1047 |
| 重点大学自主招生数学备考全书:导数 | 2020—08 | 48.00 | 1048 |
| 重点大学自主招生数学备考全书:数列与不等式 | 2019—10 | 78.00 | 1049 |
| 重点大学自主招生数学备考全书:三角函数与平面向量 | 2020—08 | 68.00 | 1050 |
| 重点大学自主招生数学备考全书:平面解析几何 | 2020—07 | 58.00 | 1051 |
| 重点大学自主招生数学备考全书:立体几何与平面几何 | 2019—08 | 48.00 | 1052 |
| 重点大学自主招生数学备考全书:排列组合·概率统计·复数 | 2019—09 | 48.00 | 1053 |
| 重点大学自主招生数学备考全书:初等数论与组合数学 | 2019—08 | 48.00 | 1054 |
| 重点大学自主招生数学备考全书:重点大学自主招生真题.上 | 2019—04 | 68.00 | 1055 |
| 重点大学自主招生数学备考全书:重点大学自主招生真题.下 | 2019—04 | 58.00 | 1056 |
| 高中数学竞赛培训教程:平面几何问题的求解方法与策略.上 | 2018—05 | 68.00 | 906 |
| 高中数学竞赛培训教程:平面几何问题的求解方法与策略.下 | 2018—06 | 78.00 | 907 |
| 高中数学竞赛培训教程:整除与同余以及不定方程 | 2018—01 | 88.00 | 908 |
| 高中数学竞赛培训教程:组合计数与组合极值 | 2018—04 | 48.00 | 909 |
| 高中数学竞赛培训教程:初等代数 | 2019—04 | 78.00 | 1042 |
| 高中数学讲座:数学竞赛基础教程(第一册) | 2019—06 | 48.00 | 1094 |
| 高中数学讲座:数学竞赛基础教程(第二册) | 即将出版 |  | 1095 |
| 高中数学讲座:数学竞赛基础教程(第三册) | 即将出版 |  | 1096 |
| 高中数学讲座:数学竞赛基础教程(第四册) | 即将出版 |  | 1097 |

联系地址:哈尔滨市南岗区复华四道街 10 号　哈尔滨工业大学出版社刘培杰数学工作室
网　　址:http://lpj.hit.edu.cn/
邮　　编:150006
联系电话:0451—86281378　　13904613167
E-mail:lpj1378@163.com